全国高职高专建筑类专业规划教材

建筑工程进度控制

主　编　张　迪　胡彩虹
副主编　李艳梅
主　审　王启亮

黄河水利出版社
·郑州·

内 容 提 要

本书是全国高职高专建筑类专业规划教材，是根据教育部对高职高专教育的教学基本要求及全国水利水电高职教研会制定的建筑工程进度控制课程教学大纲编写完成的。全书共分8个学习单元，主要内容包括建筑工程进度控制系统的建立、流水施工计划的编制、网络计划的编制与控制、进度计划的监测与调整、设计阶段的进度控制、施工阶段的进度控制、物资供应的进度控制、进度控制的计算机系统。

本书主要作为高等职业教育土建类建筑工程监理专业的教学用书，建筑工程技术、工程造价等专业的教学参考用书，也可作为岗位培训教材或供土建工程技术人员学习参考。

图书在版编目(CIP)数据

建筑工程进度控制/张迪，胡彩虹主编. —郑州：黄河水利出版社，2010.9 (2016.1 重印)
全国高职高专建筑类专业规划教材
ISBN 978-7-80734-903-7

Ⅰ.①建… Ⅱ.①张… ②胡… Ⅲ.①建筑工程-施工进度计划-高等学校：技术学校—教材 Ⅳ.①TU722

中国版本图书馆 CIP 数据核字(2010)第181105号

组稿编辑：王路平　电话：0371-66022212　E-mail：hhslwlp@163.com
　　　　　简　群　　　　66026749　　　　w_jq001@163.com

出 版 社：黄河水利出版社
　　地址：河南省郑州市顺河路黄委会综合楼14层　邮政编码：450003
发行单位：黄河水利出版社
　　发行部电话：0371-66026940、66020550、66028024、66022620(传真)
　　E-mail：hhslcbs@126.com
承印单位：郑州一帆印务有限公司
开本：787 mm×1 092 mm　1/16
印张：12.75
字数：300千字　　　　印数：8 001—12 000
版次：2010年9月第1版　　　　印次：2016年1月第3次印刷

定价：23.00元

前　言

本书是根据《教育部、财政部关于实施国家示范性高等职业院校建设计划，加快高等职业教育改革与发展的意见》（教高[2006]14 号）、《教育部关于全面提高高等职业教育教学质量的若干意见》（教高[2006]16 号）等文件精神，由全国水利水电高职教研会拟定的教材编写规划，在中国水利教育协会的指导下，由全国水利水电高职教研会组织编写的建筑类专业规划教材。本套教材以培养学生能力为主线，具有鲜明的时代特点，体现出实用性、实践性、创新性的教材特色，是一套理论联系实际、教学面向生产的高职高专教育精品规划教材。

“建筑工程进度控制”是高等职业教育建筑工程监理专业的一门必修课程，主要任务是阐述建筑工程进度控制的基本理论、基本方法以及建筑工程进度控制的系统和主要内容，建筑工程进度控制的现行行业规范和标准。

本书是以全国水利类高职高专院校土建专业组的专业标准为依据，结合市场需求实际编写的。注重结合建筑监理行业的实际，体现了建筑监理业的人才需求特点，重点突出基本知识和基本技能的培养及质量标准的熟悉、对职业能力的训练和个性培养，坚持学生知识、能力、素质协调发展，力求做到“简、实、新”。在内容编排上，以建立系统—工具的掌握—设计进度控制—施工阶段控制—材料物资控制为主线。在编写过程中，突出了“以就业为导向、以岗位为依据、以能力为本位”的思想，体现了工学结合、学习情境化的本质特征。

本书编写人员及编写分工如下：学习单元 1、3 由湖南水利水电职业技术学院胡彩虹编写，学习单元 2、6 由杨凌职业技术学院张迪编写，学习单元 4 由湖南水利水电职业技术学院李艳梅编写，学习单元 5、8 由长江工程职业技术学院谢永亮编写，学习单元 7 由黑龙江农垦科技职业学院姜峰编写。本书由张迪和胡彩虹担任主编，并承担了全书的统稿和校订工作；由李艳梅担任副主编；由山西水利职业技术学院王启亮担任主审。

本书在编写中引用了大量的规范、专业文献和资料，恕未在书中一一注明。在此，对有关作者表示诚挚的谢意。

对书中存在的缺点和疏漏，恳请广大读者批评指正。

编　者

2010 年 5 月

目 录

学习单元1　建筑工程进度控制系统的建立

【学习目标】

通过本单元的学习，明确建筑工程进度控制的基本概念、影响因素，懂得进度控制的措施以及建筑工程施工阶段进度控制的主要任务，明确建筑工程进度控制在建筑工程中的重要地位，能够建立建筑工程进度控制的计划系统，做好控制的基础工作。

1.1　建筑工程进度影响因素的分析

控制建筑工程进度，不仅能够确保工程建设项目按预定的时间交付使用，及时发挥投资效益，而且有益于维持国家良好的经济秩序。

1.1.1　进度控制的概念及控制原理

建筑工程进度控制是指对工程项目建设各阶段的工作内容、工作程序、持续时间和衔接关系根据进度总目标及资源优化配置的原则编制计划并付诸实施，然后在进度计划的实施过程中经常检查实际进度是否按计划要求进行，对出现的偏差情况进行分析，采取补救措施或调整、修改原计划后再付诸实施，如此循环，直到建筑工程竣工验收交付使用。建筑工程进度控制的最终目的是确保建设项目按预定的时间动用或提前交付使用，建筑工程进度控制的总目标是建设工期。

由于在工程建设过程中存在着许多影响进度的因素，这些因素往往来自不同的部门和不同的时期，它们对建筑工程进度产生着复杂的影响。因此，进度控制人员必须事先对影响建筑工程进度的各种因素进行调查分析，预测它们对建筑工程进度的影响程度，确定合理的进度控制目标，编制可行的进度计划，使工程建设工作始终按计划进行。

进度计划不管编制得如何周密，一定会受到各种因素的影响，使工程无法按原计划进行，故进度控制必须遵循动态控制原理，在计划执行过程中不断检查，并将实际状况与计划安排进行对比，在分析偏差及其产生原因的基础上，通过采取纠偏措施，使之能正常实施。如果采取措施后不能维持原计划，则需要对原进度计划进行调整或修正，再按新的进度计划实施。这样在进度计划的执行过程中进行不断地检查和调整，以保证建设工程进度得到有效控制。进度控制示意图如图1-1所示。

1.1.2　影响进度的因素分析

由于建筑工程具有规模庞大、工程结构与工艺技术复杂、建设周期长及相关单位多等特点，决定了建筑工程进度将受到许多因素的影响。要想有效地控制建筑工程进度，就必须对影响进度的有利因素和不利因素进行全面、细致的分析和预测。这样，一方面可以促进对有利因素的充分利用和对不利因素的妥善预防；另一方面也便于事先制定预防措施，

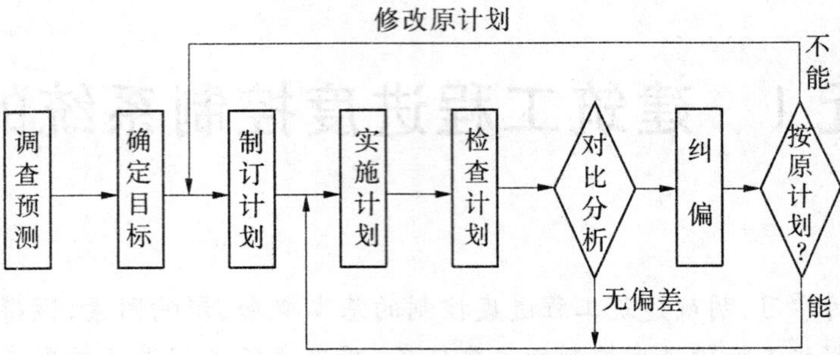

图 1-1　进度控制示意图

事中采取有效对策，事后进行妥善补救，以缩小实际进度与计划进度的偏差，实现对建筑工程进度的主动控制和动态控制。

影响建筑工程进度的不利因素有很多，如人为因素，技术因素，设备、材料及构配件因素，机具因素，资金因素，水文、地质与气象因素，以及其他自然与社会环境等方面的因素。其中，人为因素是最大的干扰因素。从产生的根源看，有的来源于建设单位及其上级主管部门，有的来源于勘察设计、施工及材料、设备供应单位，有的来源于政府、建设主管部门、有关协作单位和社会，有的来源于各种自然条件，也有的来源于建设监理单位本身。在工程建设过程中，常见的影响因素如下：

(1)业主因素。如业主使用要求改变而进行设计变更；应提供的施工场地条件不能及时提供，或所提供的场地不能满足工程正常需要；不能及时向施工承包单位或材料供应商付款等。

(2)勘察设计因素。如勘察资料不准确，特别是地质资料错误或遗漏；设计内容不完善，规范应用不恰当，设计有缺陷或错误；设计对施工的可能性未考虑或考虑不周；施工图纸供应不及时、不配套，或出现重大差错等。

(3)施工技术因素。如施工工艺错误、施工方案不合理、施工安全措施不当、不可靠技术的应用等。

(4)自然环境因素。如复杂的工程地质条件，不明的水文气象条件，地下埋藏文物的保护、处理，洪水、地震、台风等不可抗力等。

(5)社会环境因素。如外单位临近工程施工干扰，节假日交通、市容整顿的限制，临时停水、停电、断路，以及在国外常见的法律及制度变化，经济制裁，战争、骚乱、罢工、企业倒闭等。

(6)组织管理因素。如向有关部门提出的各种申请审批手续的延误；合同签订时遗漏条款、表达失当；计划安排不周密，组织协调不力，导致停工待料、相关作业脱节；领导不力，指挥失当，使参加工程建设的各个单位、各个专业、各个施工过程之间交接、配合上发生矛盾等。

(7)材料、设备因素。如材料、构配件、机具、设备供应环节的差错，品种、规格、质量、数量、时间不能满足工程的需要；特殊材料及新材料的不合理使用；施工设备不配套，选型失当，安装失误，出现故障等。

(8)资金因素。如有关方拖欠资金，资金不到位、资金短缺，汇率浮动和通货膨胀等。

1.2　进度控制的措施和主要任务

1.2.1　进度控制的措施

为了实施进度控制，监理工程师必须根据建筑工程的具体情况，认真制定进度控制措施，以确保建筑工程进度控制目标的实现。进度控制的措施应包括组织措施、技术措施、经济措施及合同措施。

1.2.1.1　组织措施

进度控制的组织措施主要包括：

(1)建立进度控制目标体系，明确建筑工程现场监理组织机构中的进度控制人员及其职责分工；

(2)建立工程进度报告制度及进度信息沟通网络；

(3)建立进度计划审核制度和进度计划实施中的检查分析制度；

(4)建立进度协调会议制度，包括协调会议举行的时间、地点，协调会议的参加人员等；

(5)建立图纸审查、工程变更和设计变更管理制度。

1.2.1.2　技术措施

进度控制的技术措施主要包括：

(1)审查承包商提交的进度计划，使承包商能在合理的状态下施工；

(2)编制进度控制工作细则，指导监理人员实施进度控制；

(3)采用网络计划技术及其他科学适用的计划方法，并结合电子计算机的应用，对建筑工程进度实施动态控制。

1.2.1.3　经济措施

进度控制的经济措施主要包括：

(1)及时办理工程预付款及工程进度款支付手续；

(2)对应急赶工给予优厚的赶工费用；

(3)对工期提前给予奖励；

(4)对工程延误收取误期损失赔偿金。

1.2.1.4　合同措施

进度控制的合同措施主要包括：

(1)推行 CM 承发包模式，对建筑工程实行分段设计、分段发包和分段施工；

(2)加强合同管理，协调合同工期与进度计划之间的关系，保证合同中进度目标的实现；

(3)严格控制合同变更，对各方提出的工程变更和设计变更，监理工程师应严格审查后再补入合同文件之中；

(4)加强风险管理，在合同中应充分考虑风险因素及其对进度的影响，以及相应的处理方法；

(5)加强索赔管理,公正地处理索赔。

1.2.2 建筑工程实施阶段进度控制的主要任务

建筑工程进度控制是我国建筑工程监理的一项主要任务。进度控制贯穿于建筑工程各个阶段,而在项目决策完成之后,项目进度控制的重点在于实施阶段,包括设计准备阶段、设计阶段和施工阶段。

1.2.2.1 设计准备阶段进度控制的任务

(1)收集有关工期的信息,进行工期目标和进度控制决策;

(2)编制工程项目总进度计划;

(3)编制设计准备阶段详细工作计划,并控制其执行;

(4)进行环境及施工现场条件的调查和分析。

1.2.2.2 设计阶段进度控制的任务

(1)编制设计阶段工作计划,并控制其执行;

(2)编制详细的工作计划,并控制其执行。

1.2.2.3 施工阶段进度控制的任务

(1)编制施工总进度计划,并控制其执行;

(2)编制单位工程施工进度计划,并控制其执行;

(3)编制工程年、季、月实施计划,并控制其执行。

为了有效地控制建筑工程进度,监理工程师要在设计准备阶段向建设单位提供有关工期的信息,协助建设单位确定工期总目标,并进行环境及施工现场条件的调查和分析。在设计阶段和施工阶段,监理工程师不仅要审查设计单位和施工单位提交的进度计划,更要编制监理进度计划,以确保进度控制目标的实现。

1.3 进度控制计划系统的建立

为了确保建筑工程进度控制目标的实现,参与工程项目建设的各有关单位都要编制进度计划,并且控制这些进度计划的实施。建筑工程进度控制计划体系主要包括建设单位的计划系统、监理单位的计划系统、设计单位的计划系统和施工单位的计划系统。

1.3.1 建设单位计划系统的建立

建设单位编制(也可委托监理单位编制)的进度计划包括工程项目前期工作计划、工程项目建设总进度计划和工程项目年度计划。

1.3.1.1 工程项目前期工作计划

工程项目前期工作计划是指对工程项目可行性研究、项目评估及初步设计的工作进度安排,它可使工程项目前期决策阶段各项工作的时间得到控制。工程项目前期工作计划需要在预测的基础上编制,其格式如表 1-1 所示。其中“建设性质”是指新建、改建或扩建;“建设规模”是指生产能力、使用规模或建筑面积等。

表 1-1　工程项目前期工作进度计划

项目名称	建设性质	建设规模	可行性研究		项目评估		初步设计	
			进度要求	负责单位 负责人	进度要求	负责单位 负责人	进度要求	负责单位 负责人

1.3.1.2　工程项目建设总进度计划

工程项目建设总进度计划是指初步设计被批准后，在编报工程项目年度计划之前，根据初步设计，对工程项目从开始建设（设计、施工准备）至竣工投产（动用）全过程的统一部署。其主要目的是安排各单位工程的建设进度，合理分配年度投资，组织各方面的协作，保证初步设计所确定的各项建设任务的完成。工程项目建设总进度计划对于保证工程项目建设的连续性，增强工程建设的预见性，确保工程项目按期动用，都具有十分重要的作用。

工程项目建设总进度计划是编报工程项目年度计划的依据，其主要内容包括文字和表格两部分。

1. 文字部分

说明工程项目的概况和特点，安排建设总进度的原则和依据，建设投资来源和资金年度安排情况，技术设计、施工图设计、设备交付和施工力量进场时间的安排，道路、供电、供水等方面的协作配合及进度的衔接，计划中存在的主要问题及采取的措施，需要上级及有关部门解决的重大问题等。

2. 表格部分

1）工程项目一览表

工程项目一览表将初步设计中确定的建设内容，按照单位工程归类并编号，明确其建设内容和投资额，以便各部门按统一的口径确定工程项目投资额，并以此为依据对其进行管理。工程项目一览表如表 1-2 所示。

表 1-2　工程项目一览表

单位工程名称	工程编号	工程内容	概算额（千元）						备注
			合计	建　筑 工程费	安　装 工程费	设　备 工程费	工器具 购置费	工程建设 其他费用	

2）工程项目总进度计划

工程项目总进度计划是根据初步设计中确定的建设工期和工艺流程，具体安排单位工程的开工日期和竣工日期。其格式如表 1-3 所示。

表 1-3　工程项目总进度计划

工程编号	单位工程名称	工程量		××年				××年				…
		单位	数量	一季	二季	三季	四季	一季	二季	三季	四季	

3)投资计划年度分配表

投资计划年度分配表是根据工程项目总进度计划安排各个年度的投资，以便预测各个年度的投资规模，为筹集建设资金或与银行签订借款合同及制订分年用款计划提供依据。其格式如表 1-4 所示。

表 1-4　投资计划年度分配表

工程编号	单位工程名称	投资额	投资分配(万元)					
			××年	××年	××年	××年	××年	…
合计 其中： 建安工程投资 设备投资 工器具投资 其他投资								

4)工程项目进度平衡表

工程项目进度平衡表用来明确各种设计文件交付日期、主要设备交货日期、施工单位进场日期、水电及道路接通日期等，以保证工程建设中各个环节相互衔接，确保工程项目按期投产或交付使用。其格式如表 1-5 所示。

表 1-5　工程项目进度平衡表

工程编号	单位工程名称	开工日期	竣工日期	要求设计进度				要求设备进度			要求施工进度			协作配合进度				
				交付日期			设计单位	数量	交货日期	供货单位	进场日期	竣工日期	施工单位	道路通行日期	供电		供水	
				技术设计	施工图	设计清单									数量	日期	数量	日期

在此基础上，可以分别编制综合进度控制计划、设计进度控制计划、采购进度控制计划、施工进度控制计划和验收投产进度计划等。

1.3.1.3　**工程项目年度计划**

工程项目年度计划是依据工程项目建设总进度计划和批准的设计文件进行编制的。

该计划既要满足工程项目建设总进度计划的要求，又要与当年可能获得的资金、设备、材料、施工力量相适应。应根据分批配套投产或交付使用的要求，合理安排本年度建设的工程项目。工程项目年度计划主要包括文字和表格两部分。

1. 文字部分

说明编制年度计划的依据和原则，建设进度、今年计划投资额及计划建造的建筑面积，施工图、设备、材料、施工力量等建设条件的落实情况，动力资源情况，对外部协作配合项目建设进度的安排或要求，需要上级主管部门协助解决的问题，计划中存在的其他问题，以及为完成计划而采取的各项措施等。

2. 表格部分

1）年度计划项目表

年度计划项目表将确定年度施工项目的投资额和年末形象进度，并阐明建设条件（图纸、设备、材料、施工力量）的落实情况。其格式如表 1-6 所示。

表 1-6　年度计划项目表　（单位：投资，万元；面积，m^2）

工程编号	单位工程名称	开工日期	竣工日期	投资额	投资来源	年初完成			本年计划							建设条件落实情况			
						投资额	建安投资	设备投资	投资			建筑面积			年末形象进度	施工图	设备	材料	施工力量
									合计	建安	设备	新开工	续建	竣工					

2）年度竣工投产交付使用计划表

年度竣工投产交付使用计划表将阐明各单位工程的建筑面积、投资额、新增固定资产、新增生产能力等建筑总规模及本年计划完成情况，并阐明其竣工日期。其格式如表 1-7 所示。

表 1-7　年度竣工投产交付使用计划表（单位：投资，万元；面积，m^2）

工程编号	单位工程名称	总规模				本年计划完成				
		建筑面积	投资	新增固定资产	新增生产能力	竣工日期	建筑面积	投资	新增固定资产	新增生产能力

3）年度建设资金平衡表

年度建设资金平衡表格式如表 1-8 所示。

表 1-8　年度建设资金平衡表　（单位：万元）

工程编号	单位工程名称	本年计划投资	动用内部资金	储备资金	本年计划需要资金	资金来源				
						预算拨款	自筹资金	基建贷款	国外贷款	…

4）年度设备平衡表

年度设备平衡表格式如表1-9所示。

表1-9 年度设备平衡表

工程编号	单位工程名称	设备名称规格	要求到货		利用	自制		已订货		采购数量
			数量	时间		数量	完成时间	数量	到货时间	

1.3.2 监理单位计划系统的建立

监理单位除对被监理单位的进度计划进行监控外，自己也应编制有关进度计划，以便更有效地控制建筑工程实施进度。

1.3.2.1 监理总进度计划

在对建筑工程实施全过程监理的情况下，监理总进度计划是依据工程项目可行性研究报告、工程项目前期工作计划和工程项目建设总进度计划编制的，其目的是对建筑工程进度控制总目标进行规划，明确建筑工程前期准备、设计、施工、动用前准备及项目动用等各个阶段的进度安排。其格式如表1-10所示。

表1-10 监理总进度计划

建设阶段	各阶段进度																
	××年				××年				××年				××年				…
	1	2	3	4	1	2	3	4	1	2	3	4	1	2	3	4	…
前期准备																	
设　　计																	
施　　工																	
动用前准备																	
项目动用																	

1.3.2.2 监理总进度分解计划

1.按工程进展阶段分解

按工程进展阶段分解，监理总进度分解计划包括：①设计准备阶段进度计划；②设计阶段进度计划；③施工阶段进度计划；④动用前准备阶段进度计划。

2.按时间分解

按时间分解，监理总进度分解计划包括：①年度进度计划；②季度进度计划；③月度进度计划。

1.3.3 设计单位计划系统的建立

设计单位的计划系统包括设计总进度计划、阶段性设计进度计划和设计作业进度计划。

1.3.3.1 设计总进度计划

设计总进度计划主要用来安排自设计准备开始至施工图设计完成的总设计时间内所包含的各阶段工作的开始时间和完成时间,从而确保设计进度控制总目标的实现。该计划的格式见表1-11。

表1-11 设计总进度计划

阶段名称	进 度(月)																	
	1	2	3	4	5	6	7	8	9	10	11	12	13	14	15	16	17	18
设计准备																		
方案设计																		
初步设计																		
技术设计																		
施工图设计																		

1.3.3.2 阶段性设计进度计划

阶段性设计进度计划包括:设计准备工作进度计划、初步设计(技术设计)工作进度计划和施工图设计工作进度计划。这些计划用来控制各阶段的设计进度,从而实现阶段性设计进度目标。在编制阶段性设计进度计划时,必须考虑设计总进度计划对各个设计阶段的时间要求。

1. 设计准备工作进度计划

设计准备工作进度计划中一般要考虑规划设计条件的确定、设计基础资料的提供及委托设计等工作的时间安排,见表1-12。表中的项目还可根据需要进一步细化。

表1-12 设计准备工作进度计划

工作内容	进 度(周)														
	2	4	6	8	10	12	14	16	18	20	22	24	26	28	30
确定规划设计条件															
提供设计基础资料															
委托设计															

2. 初步设计(技术设计)工作进度计划

初步设计(技术设计)工作进度计划要考虑方案设计、初步设计、技术设计、设计的分析评审、概算的编制、修正概算的编制以及设计文件审批等的时间安排,一般按单位工程编制,其格式见表1-13。

表 1-13　××单位工程初步设计（技术设计）工作进度计划

工作内容	进　度(周)																	
	1	2	3	4	5	6	7	8	9	10	11	12	13	14	15	16	17	18
方案设计																		
初步设计																		
编制概算																		
技术设计																		
编制修正概算																		
分析评审																		
审批设计																		

3. 施工图设计工作进度计划

施工图设计工作进度计划主要考虑各单位工程的设计进度及其搭接关系，其格式见表 1-14。

表 1-14　××工程施工图设计工作进度计划

工程名称	建筑规模	设计工日定额（工日）	设计人数	进　度(d)									
				1	2	3	4	5	6	7	8	9	10
××工程													
××工程													
××工程													
××工程													
××工程													

1.3.3.3　设计作业进度计划

为了控制各专业的设计进度，并作为设计人员承包设计任务的依据，应根据施工图设计工作进度计划、单位工程设计工日定额及所投入的设计人员数，编制设计作业进度计划。其格式见表 1-15。

表 1-15　××工程设计作业进度计划

工作内容	工日定额	设计人数	进　度(d)													
			2	4	6	8	10	12	14	16	18	20	22	24	26	28
工艺设计																
建筑设计																
结构设计																
给排水设计																
通风设计																
电气设计																
审查设计																

1.3.4 施工单位计划系统的建立

施工单位的进度计划包括施工准备工作计划、施工总进度计划、单位工程施工进度计划及分部分项工程进度计划。

1.3.4.1 施工准备工作计划

施工准备工作的主要任务是为建筑工程的施工创造必要的技术和物资条件,统筹安排施工力量和施工现场。施工准备的工作内容通常包括:技术准备、物资准备、劳动组织准备、施工现场准备和施工场外准备。为落实各项施工准备工作、加强检查和监督,应根据各项施工准备工作的内容、时间和人员,编制施工准备工作计划。其格式见表1-16。

表1-16 施工准备工作计划

序号	施工准备项目	简要内容	负责单位	负责人	开始日期	完成日期	备 注

1.3.4.2 施工总进度计划

施工总进度计划是根据施工部署中施工方案和工程项目的开展程序,对全工地所有单位工程作出时间上的安排。其目的在于确定各单位工程和全工地性工程的施工期限及开竣工日期,进而确定施工现场劳动力、材料、成品、半成品、施工机械的需要数量和调配情况,以及现场临时设施的数量、水电供应量和能源交通需求量。因此,科学、合理地编制施工总进度计划,是保证整个建设工程按期交付使用,充分发挥投资效益,降低建设工程成本的重要条件。

1.3.4.3 单位工程施工进度计划

单位工程施工进度计划是在既定施工方案的基础上,根据规定的工期和各种资源供应条件,遵循各施工过程的合理施工顺序,对单位工程中的各施工过程作出时间和空间上的安排,并以此为依据,确定施工作业所必需的劳动力、施工机具和材料供应计划。因此,合理安排单位工程施工进度,是保证在规定工期内完成符合质量要求的工程任务的重要前提。同时,为编制各种资源需要量计划和施工准备工作计划提供依据。

1.3.4.4 分部分项工程进度计划

分部分项工程进度计划是针对工程量较大或施工技术比较复杂的分部分项工程,在依据工程具体情况所制定的施工方案基础上,对其各施工过程所作出的时间安排。如:大型基础土方工程、复杂的基础加固工程、大体积混凝土工程、大型桩基工程、大面积预制构件吊装工程等,均应编制详细的进度计划,以保证单位工程施工进度计划的顺利实施。

此外,为了有效地控制建筑工程施工进度,施工单位还应编制年度施工计划、季度施工计划和月(旬)施工进度计划,逐层细化,形成一个旬保月、月保季、季保年的计划体系。

1.4 进度控制实施系统的建立

建设项目进度控制实施系统可用图 1-2 表示。图中系统关系是:建设单位委托监理单位进行进度控制;监理单位根据建设监理合同分别对建设单位、设计单位、施工单位的进度控制实施监督;各单位都按本单位编制的各种计划进行实施,并接受监理单位的监督;各单位的进度控制实施又相互衔接和联系,进行合理而协调地运行,从而保证进度控制总目标的实现。

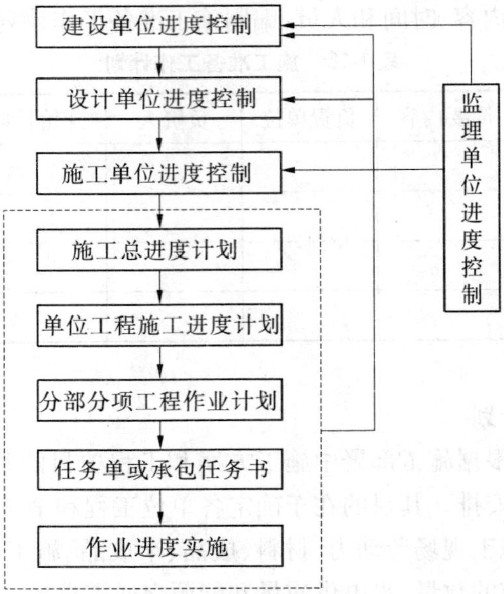

图 1-2 项目进度控制实施系统

1.4.1 项目进度监测的系统过程

在项目的实施过程中,要求监理工程师经常地、定期地对进度执行情况跟踪检查,发现问题,及时采取有效措施加以解决。就项目进度的监测过程而言,主要应包括以下一些工作。

1.4.1.1 跟踪检查进度执行情况

这一工作主要是定期收集反映实际项目进度的有关数据。收集的方式:一是以报表的形式;二是进行实地检查。收集的数据质量要高,不完整或不正确的进度数据将导致不全面或不正确的决策。为了全面而准确地了解进度的执行情况,监理工程师必须经常地、定期地收集进度报表资料,派监理人员长驻现场,检查进度的实际执行情况,定期召开现场会议。

究竟多长时间进行一次进度检查,这是监理工程师常常关心的问题。一般地,进度控制的效果与收集信息资料的时间间隔有关,如果不能经常地、定期地获得进度信息资料,就难以达到进度控制的效果。此外,进度检查的时间间隔还与项目的类型、规模、监理对象的范围大小、现场条件等多方面的因素有关。

1.4.1.2 整理、统计和分析收集的数据

收集到有关的数据资料后，要进行必要的整理、统计和分析，形成与计划具有可比性的数据资料。例如，根据现场本期实际完成的工作量确定累计完成的工作量、本期实际完成工作量的百分比、累计完成工作量的百分比、进展状况等。

1.4.1.3 对比实际进度与计划进度

这一工作主要是将实际的数据与计划的数据进行对比，通常可利用表格制作各种进度比较报表或直接绘制比较图形来直观地反映实际进度与计划进度的差距。通过比较了解实际进度比计划进度拖后、超前，还是与进度计划一致。

项目进度监测的系统过程如图 1-3 所示。

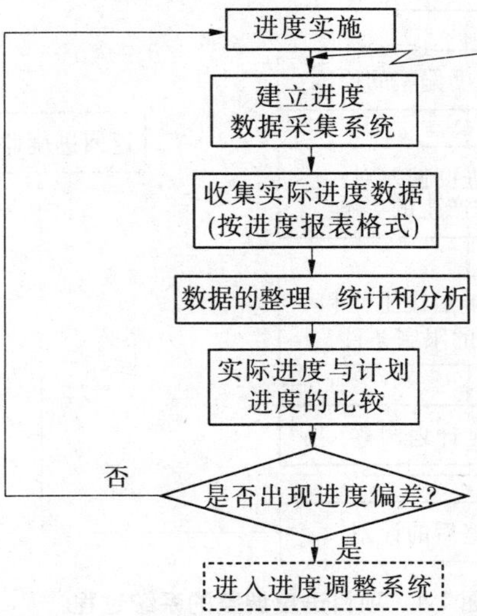

图 1-3 项目进度监测的系统过程

1.4.2 项目进度调整的系统过程

在项目进度监测过程中，一旦发现实际进度与计划进度出现偏差，进度控制人员必须认真寻找产生进度偏差的原因，分析进度偏差对后续工作产生的影响，并采取必要的进度调整措施，以确保进度总目标的实现。具体过程如下。

1.4.2.1 分析产生进度偏差的原因

进度控制人员通过对比收集的实际数据与计划数据来发现进度偏差，了解实际进度比计划进度是提前还是拖后，但并不能从中发现产生这种偏差的原因。为了真正地了解实际状况，控制人员应深入现场，进行调查，以查明原因。

1.4.2.2 分析偏差对后续工作的影响

当实际进度与计划进度出现偏差时，在作必要的调整之前，需要分析由此产生的影响，例如对哪些后续工作产生影响，对总工期有何影响以及影响的大小。

1.4.2.3 确定影响后续工作和总工期的限制条件

在分析了对后续工作的影响以后，需采取一定的调整措施。此时，应首先确定进度可调整的范围，而这种允许变化的范围往往与已订立的分包合同有关，只有通过认真的分析

才能确定。任意改变关键控制点的时间往往会遭到后续分包单位的索赔要求。

1.4.2.4 采取进度调整措施

此时应以关键控制点以及总工期允许变化的范围作为限制条件，并对原进度进行调整，以保证最终进度目标的实现。

1.4.2.5 实施调整后的进度计划

在后期的项目实施过程中，经过调整而形成的新的进度计划将被继续执行。在新的计划里一些工作的时间会发生变化，因此监理人员要及时协调好各后续承包单位的关系，并采取相应的经济措施、组织措施与合同措施。项目进度调整的系统过程如图 1-4 所示。

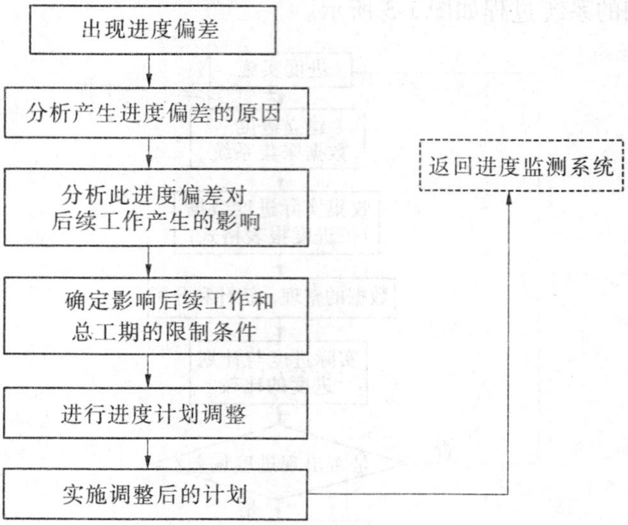

图 1-4 项目进度调整的系统过程

复习思考题

1-1 什么是建筑工程进度控制？影响建筑工程进度控制的因素有哪些？

1-2 建筑工程进度控制的措施有哪些？

1-3 建筑工程实施阶段进度控制的主要任务有哪些？

1-4 建筑工程进度控制计划体系包括哪些内容？

1-5 建筑工程进度计划常用的表示方法是什么？各自的特点是什么？

1-6 说明建筑工程进度计划的编制程序。

1-7 什么是项目进度监测系统和项目进度调整系统？

学习单元2　建筑工程流水施工计划的编制

【学习目标】

通过本单元的学习，明确流水施工的基本概念、各流水施工参数的含义；懂得组织流水施工的基本方式及其适用条件；通过学习，掌握不同流水施工参数的确定和计算方法；根据不同工程实际，选择流水施工的方式，编制流水施工图并组织流水施工。

2.1　流水施工的基本概念

建筑产品的生产过程非常复杂，往往需要几十个甚至上百个施工过程、多个专业不同的施工队组的相互配合才能完成。由于组织施工方法不同、施工队组不同、工作程序不同，等等，工程的工期、造价、质量有所不同，这就需要找到一种较好的施工组织方法，使得工程在工期、成本、质量等几个方面都较优。

2.1.1　组织施工的基本形式

建筑产品的常规生产组织方式主要有三种：依次施工、平行施工和流水施工。为了说明这三种方式的概念和特点，现以一实例进行对比与分析。

【例2-1】　建造四幢相同的砖混结构住宅楼，编号分别为Ⅰ、Ⅱ、Ⅲ、Ⅳ。其基础工程由挖土方、做垫层、砌基础和回填土四个施工过程组成。组织了四个专业工作队，分别完成上述四个施工过程的任务，四个专业队分别由10人、15人、25人和10人组成。把每幢楼作为一个施工段，各工作队在每个施工段上完成各自的施工任务所需时间分别为：挖土方 $t_1=2$ d，做垫层 $t_2=1$ d，砌基础 $t_3=3$ d，回填土 $t_4=1$ d。

2.1.1.1　依次施工

依次施工是按一定的施工顺序，各施工段或施工过程依次施工、依次完成的一种施工组织方式，其施工进度、工期和劳动力需要量动态曲线如图2-1、图2-2所示。

由图2-1、图2-2可以看出，依次施工组织方式具有以下特点：

(1)工期拖得很长；

(2)各专业队(组)不能连续工作，产生窝工现象；

(3)工作面闲置多，空间不连续；

(4)若由一个工作队完成全部施工任务，不能实现专业化生产；

(5)单位时间内投入的资源量的种类较少，有利于资源供应组织；

(6)施工现场的组织管理较简单。

2.1.1.2　平行施工

平行施工是对所有的施工段同时开工、同时完工的组织方式。其施工进度、工期和劳动力需要量动态曲线如图2-3所示。

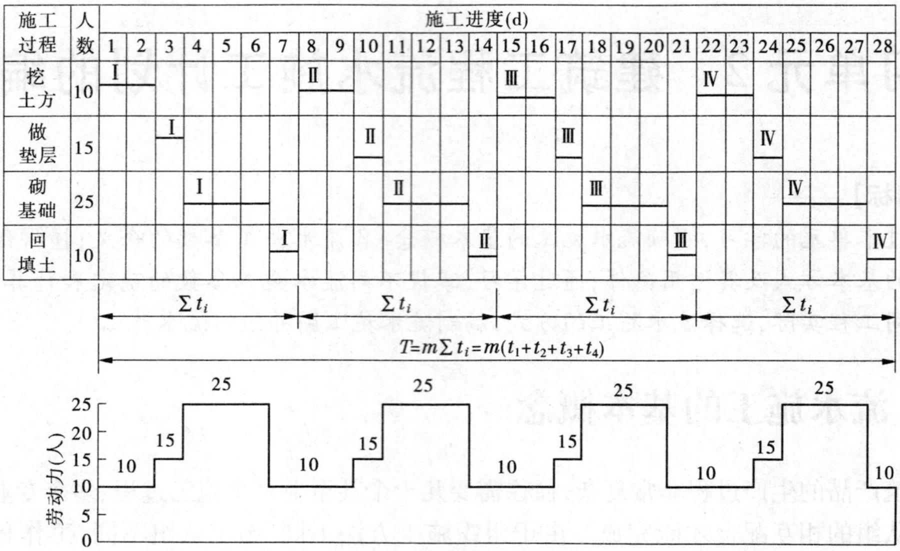

图 2-1　依次施工(按施工段)

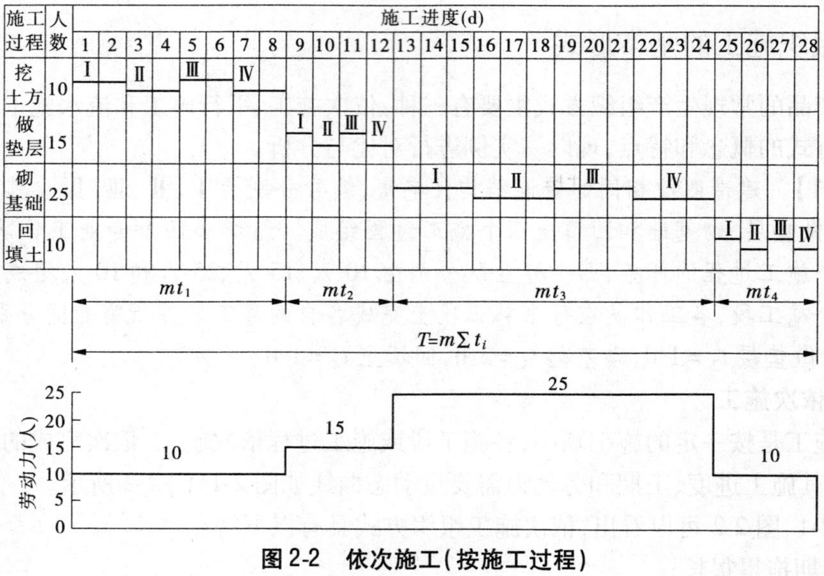

图 2-2　依次施工(按施工过程)

由图 2-3 可以看出,平行施工组织方式具有以下特点:

(1)工期最短;

(2)工作面能充分利用,施工段上无闲置;

(3)若由一个工作队完成全部施工任务,不能实现专业化生产;

(4)单位时间内投入的资源数量成倍增加,不利于资源供应组织;

(5)施工现场的组织管理较复杂。

2.1.1.3　流水施工

流水施工是指所有的施工过程按一定的时间间隔依次投入施工,各施工过程陆续开

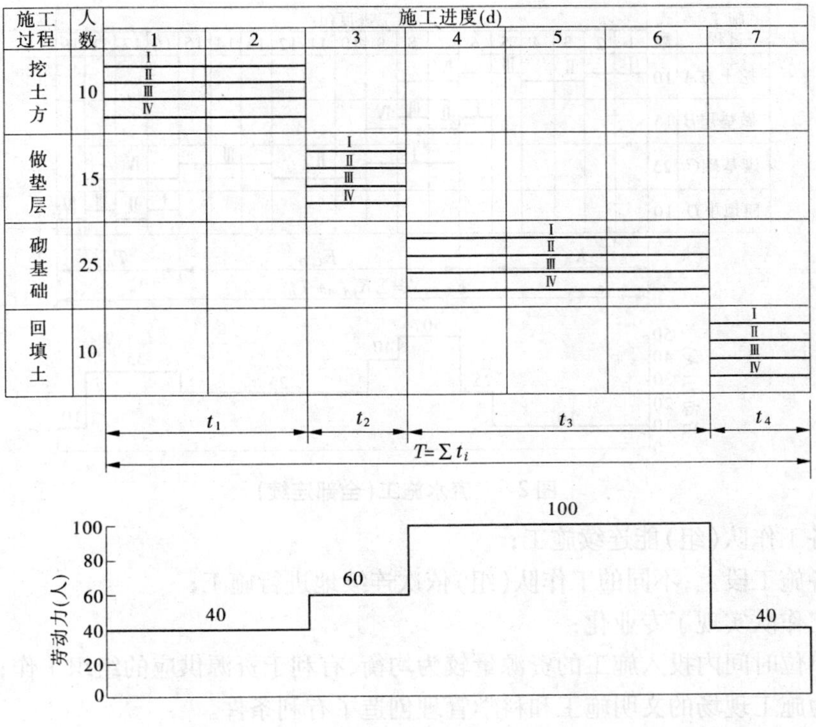

图 2-3 平行施工

工、陆续竣工,使同一施工过程的施工班组保持连续、均衡施工,不同的施工过程尽可能搭接施工的组织方式。其施工进度、工期和劳动力需要量动态曲线如图 2-4、图 2-5 所示。

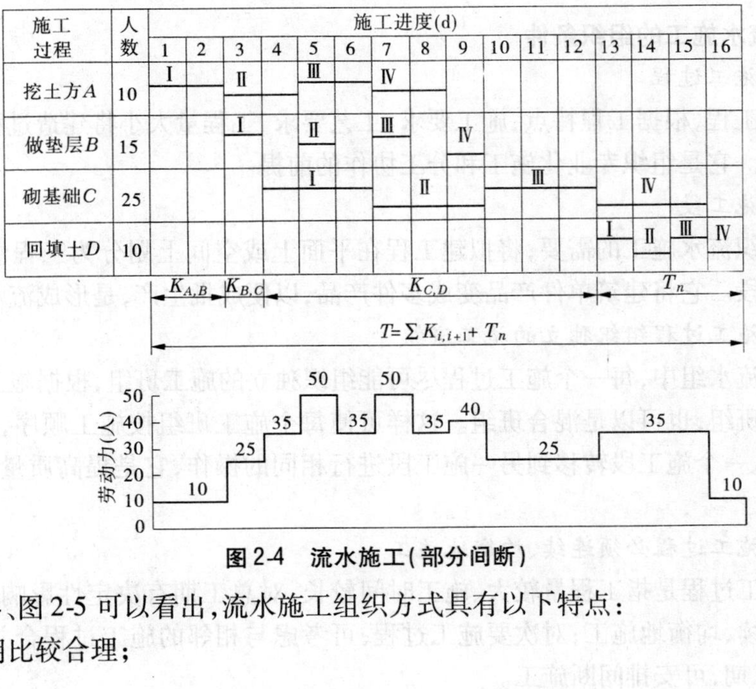

图 2-4 流水施工(部分间断)

由图 2-4、图 2-5 可以看出,流水施工组织方式具有以下特点:

(1)工期比较合理;

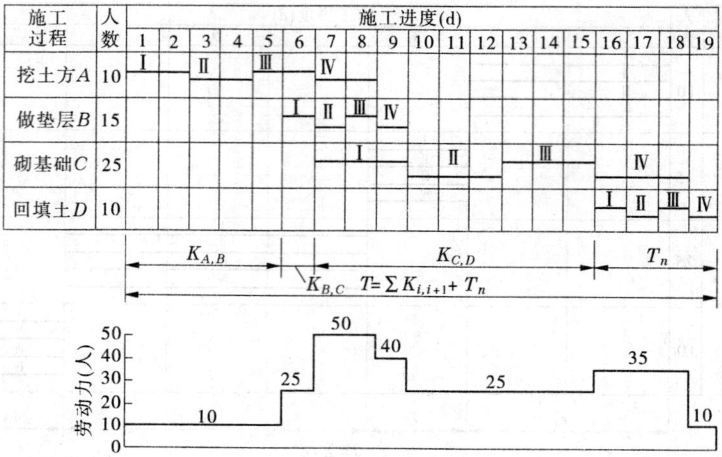

图 2-5　流水施工(全部连续)

(2)各工作队(组)能连续施工;

(3)各施工段上,不同的工作队(组)依次连续地进行施工;

(4)工作队实现了专业化;

(5)单位时间内投入施工的资源量较为均衡,有利于资源供应的组织工作;

(6)为施工现场的文明施工和科学管理创造了有利条件。

从三种施工组织方式的对比分析中,可以看出流水施工方式是一种先进的、科学的施工组织方式。

2.1.2　流水施工的组织条件和技术经济效果

2.1.2.1　流水施工的组织条件

1. 划分施工过程

对拟建工程,根据工程特点、施工要求、工艺要求、工程量大小将建造过程分解为若干个施工过程。它是组织专业化施工和分工协作的前提。

2. 划分施工段

根据组织流水施工的需要,将拟建工程在平面上或空间上划分为工程量大致相等的若干个施工段。它将建筑单件产品变成多件产品,以便成批生产,是形成流水的前提。

3. 每个施工过程组织独立的施工班组

在一个流水组中,每一个施工过程尽可能组织独立的施工班组,根据施工需要其形式可以是专业班组,也可以是混合班组。这样可使每个施工班组按施工顺序,依次地、连续地、均衡地从一个施工段转移到另一施工段进行相同的操作,它是提高质量、增加效益的保证。

4. 主要施工过程必须连续、均衡地施工

主要施工过程是指工程量较大、施工时间较长、对总工期有决定性影响的施工过程,必须组织连续、均衡地施工;对次要施工过程,可考虑与相邻的施工过程合并。如不能合并,为缩短工期,可安排间断施工。

5. 不同的施工过程尽可能组织平行搭接施工

根据施工顺序和不同施工过程之间的关系，在工作面允许条件下，除去必要的技术和组织间歇时间，力求在工作时间上有搭接、工作空间上有搭接，从而使工作面的使用、工期更加合理。

2.1.2.2 流水施工的技术经济效果

流水施工组织方式既然是一种先进的、科学的施工组织方式，应用这种方式进行施工，必须会体现出优越的技术经济效果，主要体现在以下几方面。

1. 缩短施工工期

由于流水施工的连续性，减少了时间间歇，加快了各专业队的施工进度，相邻工作队在开工时间上最大限度地、合理地搭接，充分利用了工作面，从而可以大大缩短施工工期。

2. 提高劳动生产率、保证质量

各个施工过程均采用专业班组操作，可提高工人的熟练程度和操作技能，从而提高了工人的劳动生产率。同时，工程质量也易于保证和提高。

3. 方便资源调配、供应

采用流水施工，使得劳动力和其他资源的使用比较均衡，从而可避免出现劳动力和资源使用的大起大落现象，减轻了施工组织者的压力，为资源的调配、供应和运输带来方便。

4. 降低工程成本

由于组织流水施工缩短了工期，提高了工作效率，资源消耗均衡，便于物资供应，用工少，因此减少了人工费、机械使用费、暂设工程费、施工管理费等有关费用支出，降低了工程成本。

2.1.3 流水施工进度计划的表达形式

2.1.3.1 横道图

流水施工的横道图表达形式如图 2-6 所示，其左边列出各施工过程（或施工段）名称，右边用水平线段在时间坐标下画出施工进度，水平线段的长度表示某施工过程在某施工段上的作业时间，水平线的位置表示某施工过程在某施工段上作业的开始到结束时间。

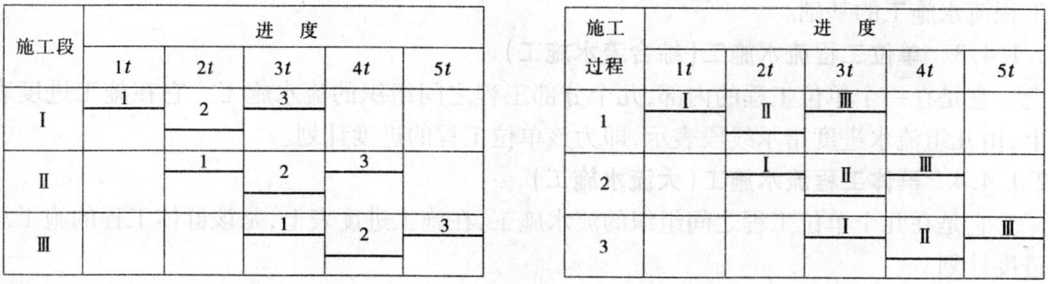

(a)　　　　　　(b)

图 2-6 横道图

图 2-6 中，1、2、3 表示施工过程，Ⅰ、Ⅱ、Ⅲ表示施工段，t 表示一个时间单位。

2.1.3.2　斜线图

斜线图是将横道图中的水平进度改为斜线来表达的一种形式。如图2-7所示，斜线的斜率越大，施工速度越快。

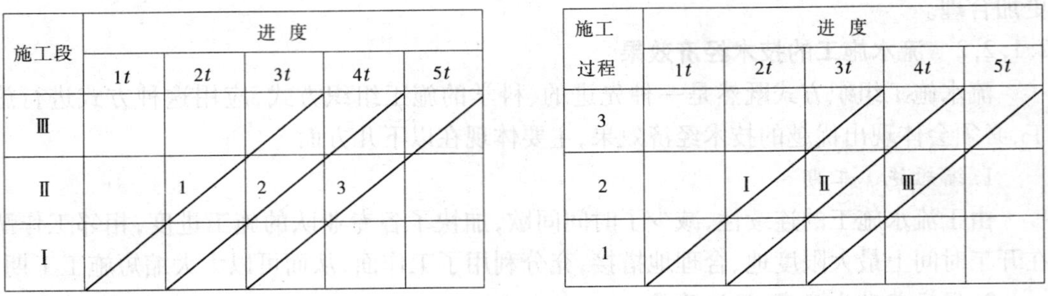

(a)　　(b)

图2-7　斜线图

2.1.3.3　网络图

网络图的表达形式，详见本书学习单元3。

2.1.4　流水施工的分类

按流水施工组织的范围不同，流水施工通常可分为如下几种。

2.1.4.1　分项工程流水施工（细部流水施工）

分项工程流水施工是指一个专业工作队，依次在各个施工段上进行的流水施工，它在施工进度表中，通常由一条标有施工段编号的水平进度指示线段或标有施工过程的斜向进度指示线段表示，其是组织工程流水施工中范围最小的流水施工。如图2-6(b)、图2-7(a)中任一条线段。

2.1.4.2　分部工程流水施工（专业流水施工）

分部工程流水施工是在一个分部工程的内部，几个专业工作队之间组织的流水施工，它在进度表上，通常由一组标有施工段编号的水平进度指示线段或标有施工过程的斜向进度指示线段表示。其是一个分部工程内各分项工程流水施工的工艺组合，是组织单位工程流水施工的基础。

2.1.4.3　单位工程流水施工（综合流水施工）

它是在一个单位工程的内部，几个分部工程之间组织的流水施工。它在施工进度表上，由几组流水进度指示线段表示，即为该单位工程的进度计划。

2.1.4.4　群体工程流水施工（大流水施工）

它是在几个单位工程之间组织的流水施工，在施工进度表上，是该群体工程的施工总进度计划。

2.2　流水施工参数的计算

在组织流水施工时，为了清楚、准确地表达各施工过程在时间上和空间上的相互依存关系，需引入一些描述施工进度计划图特征和各种数量关系的参数，这些参数称为流水施工参数。

按其性质的不同,流水施工参数一般可分为工艺参数、空间参数和时间参数三种。

2.2.1 工艺参数的计算

工艺参数主要是指在组织流水施工时,用以表达流水施工工艺进展状态的参数。通常有施工过程数和流水强度。

2.2.1.1 **施工过程数 n**

施工过程数是指一组流水施工的施工过程数目,以符号 n 表示。施工过程可以是分项工程、分部工程、单位工程或单项工程的施工过程,施工过程划分的数目多少、粗细程度与下列因素有关。

1. 与施工进度计划的对象范围和作用有关

编制控制性流水施工的进度计划时,划分的施工过程较粗,数目要少,一般情况下,施工过程最多分解到分部工程;编制实施性进度计划时,划分的施工过程较细,数目要多,绝大多数施工过程要分解成分项工程。

2. 与工程建筑和结构的复杂程度有关

工程建筑和结构越复杂,相应的施工过程数目越多,如砖混与框架的混合结构的施工过程数目多于同等规模的砖混结构。

3. 与工程施工方案有关

不同的施工方案,其施工顺序和施工方法也不相同,如框架主体结构的施工,采用模板不同,施工过程数也不同。

4. 与劳动组织及劳动量大小有关

劳动量小的施工过程,当组织流水施工有困难时,可与其他施工过程合并。如垫层劳动量较小可与挖土合并成一个施工过程,这样可以使各个施工过程的劳动量大致相等,便于组织流水施工。

此外,施工过程的划分与施工班组及施工习惯有关。如安装玻璃、油漆施工可分可合,因为有的是混合班组,有的是单一工程的班组。

在划分施工过程数目时要适量,分得过多、过细,会使施工队组多、进度计划很烦琐,指导施工时,抓不住重点;分得过少、过粗,与实际施工时相差过大,不利于指导施工。

对某一单位工程而言,其流水进度计划中不一定包括全部施工过程数,因为有些过程并非都按流水方式组织施工,如制备类、运输类施工过程。

2.2.1.2 **流水强度**

流水强度是每一施工过程在单位时间内所完成的工作量。

1. 机械施工过程

机械施工过程的流水强度按式(2-1)计算

$$V_i = \sum_{i=1}^{x} R_i \cdot S_i \tag{2-1}$$

式中 V_i——第 i 施工过程的机械施工流水强度;

R_i——投入第 i 施工过程的某种主要施工机械的台数;

S_i——该种施工机械的产量定额；

x——投入第 i 施工过程的主要施工机械的种类数。

2. 手工操作过程

手工操作过程的流水强度按式(2-2)计算

$$V_i = R_i \cdot S_i \tag{2-2}$$

式中 V_i——第 i 施工过程的手工操作流水强度；

R_i——投入第 i 施工过程的工人数；

S_i——第 i 施工过程的产量定额。

2.2.2 空间参数的计算

空间参数是用来表达流水施工在空间布置上所处状态的参数，包括工作面、施工段数和施工层数。

2.2.2.1 工作面 a

工作面是指供工人进行操作或施工机械进行作业的活动空间，以符号 a 表示。工作面大小的确定要掌握一个适度的原则，以最大限度地提高工人工作效率为前提，按所能提供的工作面大小、安全技术和施工技术规范的规定来进行。工作面过大或过小都会影响工人的工作效率。一些主要工种的工作面取值可参见表 2-1。

表 2-1 主要工种工作面参考数据

工作项目	每个技工的工作面	说 明
砖基础	7.6 m/人	以 $1\frac{1}{2}$ 砖计，2 砖乘以 0.8，3 砖乘以 0.55
砌砖墙	8.5 m/人	以 1 砖计，$1\frac{1}{2}$ 砖乘以 0.71，2 砖乘以 0.57
混凝土柱、墙基础	8 m^3/人	机拌、机捣
混凝土设备基础	7 m^3/人	机拌、机捣
现浇钢筋混凝土柱	2.45 m^3/人	机拌、机捣
现浇钢筋混凝土梁	3.20 m^3/人	机拌、机捣
现浇钢筋混凝土墙	5 m^3/人	机拌、机捣
现浇钢筋混凝土楼板	5.3 m^3/人	机拌、机捣
预制钢筋混凝土柱	3.6 m^3/人	机拌、机捣
预制钢筋混凝土梁	3.6 m^3/人	机拌、机捣
预制钢筋混凝土屋架	2.7 m^3/人	机拌、机捣
混凝土地坪及面层	40 m^2/人	机拌、机捣
外墙抹灰	16 m^2/人	
内墙抹灰	18.5 m^2/人	
卷材屋面	18.5 m^2/人	
防水水泥砂浆屋面	16 m^2/人	

2.2.2.2 施工段数 m

施工段是组织流水施工时将工程在平面上划分为若干个独立施工的区段,其数量称为施工段数,用 m 表示。每个施工段在某个时段里只供一个施工班组施工,完成一个施工过程。

施工段划分应符合以下几方面要求:

(1)施工段划分应和工程对象的平面及结构布置相协调,施工段的分界可利用结构原有的伸缩缝、沉降缝、单元分界处作为界线。

(2)施工段的划分应满足主导工程的施工过程组织流水施工的要求。

(3)施工段划分应考虑工作面要求,施工段过多,工作面过小,工作面不能充分利用;施工段过少,工作面过大,会引起资源过分集中,导致断流。

(4)各施工段的劳动量应大致相符或成整数倍,以便组织流水施工。

(5)各个施工过程所对应的施工段应尽量一致。

(6)若工程对象需划分施工层,施工段数的划分应保证使各个专业班组连续施工。每层最少施工段数 m 和施工过程数 n 的关系有三种情况。以下用实例说明。

【例 2-2】 某三层建筑物为现浇钢筋混凝土框架结构,其主体工程由绑扎柱钢筋(A),支模板(B),绑扎梁、板钢筋(C),浇混凝土(D)四个施工过程组成,在平面上每层分别划分为 3 个施工段、4 个施工段、5 个施工段,假定每一施工过程在每一段的作业时间均为 t,试画出流水施工进度计划。

解:施工进度计划,如图 2-8 所示。

由图 2-8 可知:$m=n$,工作队连续施工,施工段上始终有施工班组,工作面能充分利用,比较理想;$m<n$,施工班组不能连续施工而窝工;$m>n$,施工班组连续,工作面有停歇,但有时这是必要的,如利用间歇时间做养护、备料等。因此,每一层最少施工段数 m 应满足:$m \geqslant n$。

2.2.2.3 施工层数

施工层数是指在施工对象的竖向上划分的操作层数。划分施工层的目的是满足操作高度和施工工艺的要求。如装修工程可以一个楼层为一个施工层,砌筑工程可按一步架高为一个施工层。

2.2.3 时间参数的计算

时间参数是指用以表达流水施工在时间上开展状态的参数。时间参数主要有:流水节拍、流水步距、间歇时间、平行搭接时间和施工过程流水持续时间及流水施工工期。

2.2.3.1 流水节拍 t_i

流水节拍指的是从事某一施工过程的专业班组在某一施工段上工作的持续时间,通常用 t_i 表示。其大小反映施工速度的快慢和施工的节奏性。

1.流水节拍的确定

(1)用定额计算法确定流水节拍,按式(2-3)计算

$$t_i = \frac{Q_i}{S_i R_i N_i} = \frac{P_i}{R_i N_i} = \frac{Q_i H_i}{R_i N_i} \tag{2-3}$$

层数	施工过程	施工进度													
		1t	2t	3t	4t	5t	6t	7t	8t	9t	10t	11t	12t	13t	14t
一层	A	Ⅰ	Ⅱ	Ⅲ											
	B		Ⅰ	Ⅱ	Ⅲ										
	C			Ⅰ	Ⅱ	Ⅲ									
	D				Ⅰ	Ⅱ	Ⅲ								
二层	A					Ⅰ	Ⅱ	Ⅲ							
	B						Ⅰ	Ⅱ	Ⅲ						
	C							Ⅰ	Ⅱ	Ⅲ					
	D								Ⅰ	Ⅱ	Ⅲ				
三层	A									Ⅰ	Ⅱ	Ⅲ			
	B										Ⅰ	Ⅱ	Ⅲ		
	C											Ⅰ	Ⅱ	Ⅲ	
	D												Ⅰ	Ⅱ	Ⅲ

(a) $m=3<n=4$

层数	施工过程	施工进度														
		1t	2t	3t	4t	5t	6t	7t	8t	9t	10t	11t	12t	13t	14t	15t
一层	A	Ⅰ	Ⅱ	Ⅲ	Ⅳ											
	B		Ⅰ	Ⅱ	Ⅲ	Ⅳ										
	C			Ⅰ	Ⅱ	Ⅲ	Ⅳ									
	D				Ⅰ	Ⅱ	Ⅲ	Ⅳ								
二层	A					Ⅰ	Ⅱ	Ⅲ	Ⅳ							
	B						Ⅰ	Ⅱ	Ⅲ	Ⅳ						
	C							Ⅰ	Ⅱ	Ⅲ	Ⅳ					
	D								Ⅰ	Ⅱ	Ⅲ	Ⅳ				
三层	A									Ⅰ	Ⅱ	Ⅲ	Ⅳ			
	B										Ⅰ	Ⅱ	Ⅲ	Ⅳ		
	C											Ⅰ	Ⅱ	Ⅲ	Ⅳ	
	D												Ⅰ	Ⅱ	Ⅲ	Ⅳ

(b) $m=n=4$

层数	施工过程	施工进度																	
		1t	2t	3t	4t	5t	6t	7t	8t	9t	10t	11t	12t	13t	14t	15t	16t	17t	18t
一层	A	Ⅰ	Ⅱ	Ⅲ	Ⅳ	Ⅴ													
	B		Ⅰ	Ⅱ	Ⅲ	Ⅳ	Ⅴ												
	C			Ⅰ	Ⅱ	Ⅲ	Ⅳ	Ⅴ											
	D				Ⅰ	Ⅱ	Ⅲ	Ⅳ	Ⅴ										
二层	A						Ⅰ	Ⅱ	Ⅲ	Ⅳ	Ⅴ								
	B							Ⅰ	Ⅱ	Ⅲ	Ⅳ	Ⅴ							
	C								Ⅰ	Ⅱ	Ⅲ	Ⅳ	Ⅴ						
	D									Ⅰ	Ⅱ	Ⅲ	Ⅳ	Ⅴ					
三层	A											Ⅰ	Ⅱ	Ⅲ	Ⅳ	Ⅴ			
	B												Ⅰ	Ⅱ	Ⅲ	Ⅳ	Ⅴ		
	C													Ⅰ	Ⅱ	Ⅲ	Ⅳ	Ⅴ	
	D														Ⅰ	Ⅱ	Ⅲ	Ⅳ	Ⅴ

(c) $m=5>n=4$

图 2-8　例 2-2 的流水施工进度计划

式中　t_i——某施工过程的流水节拍；

Q_i——某施工过程在某施工段上的工作量；

S_i——某施工过程的产量定额；

R_i——某专业班组人数或机械台数；

N_i——某专业班组或机械的工作班次；

P_i——某施工过程在某施工段上的劳动量；

H_i——某施工过程的时间定额。

(2)用工期计算法确定流水节拍。对于有工期要求的工程，为了满足工期要求，可用工期计算法，即根据对施工任务规定的完成日期，采用倒排进度法。其方法是首先将一个工程对象划分为几个施工阶段，估计出每一阶段所需要的时间，比如对一单位工程可划分为地基与基础阶段、主体阶段及装修阶段，然后将每一施工阶段划分为若干个施工过程和在平面上划分为若干个施工段（竖向划分施工层），再确定每一施工过程在每一施工阶段的作业持续时间，最后即可确定出各施工过程在各施工段（层）上的作业时间，即流水节拍。

2. 影响因素

确定流水节拍需要考虑的因素如下：

(1)有工期要求时，要以满足工期要求为原则；

(2)要考虑各种资源供应量情况；

(3)节拍值一般取半天的整数倍；

(4)要考虑机械的台班效率或机械台班产量的大小；

(5)工作班制要恰当，充分考虑工期和流水施工工艺要求；

(6)施工班组人数要适宜，既要满足最小劳动组合人数要求，又要满足最小工作面的要求。

最小劳动组合是指某一施工过程进行正常施工所必需的最低限度的班组人数及其合理组合。

2.2.3.2 流水步距 K

流水步距是指相邻两个专业工作队（组）相继投入同一施工段开始工作的时间间隔。用 $K_{i,i+1}$ 来表示，在施工段不变的情况下，K 越大工期越长，K 越小工期越短。

流水步距的数目等于 $(n-1)$ 个参加流水施工的施工过程数，确定流水步距要考虑以下几个因素：

(1)尽量保证各主要专业队（组）连续施工；

(2)保持相邻两个施工过程的先后顺序；

(3)使相邻两专业队（组）在时间上最大限度、合理地搭接；

(4)K 取半天的整数倍；

(5)保持施工过程之间足够的技术、组织和层间间歇时间。

2.2.3.3 间歇时间 t_j

1. 技术间歇时间

由于施工工艺或质量保证的要求，在相邻两个施工过程之间必须留有的时间间隔称为技术间歇时间。例如，钢筋混凝土的养护、屋面找平层干燥等。

2. 组织间歇时间

由于组织技术原因，在相邻两个施工过程之间留有的时间间隔称为组织间歇时间。其主要是为前道工序的检查验收，下道工序的准备而考虑的。例如：基础工程的验收、浇混凝土之前检查钢筋和预埋件并作记录、转层准备等。

2.2.3.4　**平行搭接时间 t_d**

平行搭接时间是指在同一施工段上,不等前一施工过程进行完,后一施工过程提前投入施工,相邻两施工过程同时在同一施工段上的工作时间。平行搭接可使工期缩短,要多合理采用。但应用条件是一个流水工作面上能同时容纳两个施工过程一起施工。

2.2.3.5　**施工过程流水持续时间 T_j**

某施工过程的流水持续时间是指该施工过程在工程对象的各施工段上作业时间的总和,用式(2-4)表示

$$T_j = \sum_{i=1}^{m} t_i \tag{2-4}$$

式中　t_i——某施工过程在某施工段的流水节拍;

m——施工段数;

T_j——某施工过程的流水持续时间。

2.2.3.6　**流水施工工期 T**

流水施工工期是指从第一个施工过程进入施工到最后一个施工过程退出施工所经过的总时间,用 T 来表示。一般可用式(2-5)计算

$$T = \sum_{i=1}^{n-1} K_{i,i+1} + T_n \tag{2-5}$$

式中　T——流水施工工期;

T_n——最后一个施工过程的流水持续时间;

$\sum_{i=1}^{n-1} K_{i,i+1}$——流水步距之和。

2.3　流水施工方式的选择

流水施工方式根据流水施工节拍特征的不同,可分为全等节拍流水施工、成倍节拍流水施工、异节拍流水施工和无节奏流水施工四种方式。

2.3.1　全等节拍流水施工

2.3.1.1　**无间歇全等节拍流水施工**

无间歇全等节拍流水施工是指同一施工过程在各施工段上的流水节拍都相等,不同施工过程之间的流水节拍也相等,并且各个施工过程之间没有技术和组织间歇时间的一种流水施工方式。

(1)无间歇全等节拍流水步距的确定

$$K_{i,i+1} = t_i \tag{2-6}$$

式中　$K_{i,i+1}$——第 i 个施工过程和第 $i+1$ 个施工过程之间的流水步距;

t_i——第 i 个施工过程的流水节拍。

(2)无间歇全等节拍流水施工的工期计算

$$T = \sum K_{i,i+1} + T_n \tag{2-7}$$

$$\sum K_{i,i+1} = (n-1)t_i;T_n = mt_i \tag{2-8}$$

$$T = (n-1)t_i + mt_i = (m+n-1)t_i \tag{2-9}$$

式中　T——某工程流水施工工期；

$\sum K_{i,i+1}$——所有流水步距之和；

T_n——最后一个施工过程的流水持续时间。

【例 2-3】　某工程划分为 A、B、C、D 四个施工过程，每一施工过程分为 5 个施工段，流水节拍均为 3 d，试组织全等节拍流水施工。

解：(1) 计算工期

$$T = (m+n-1)t_i = (5+4-1)\times 3 = 24(\text{d})$$

(2) 用横道图绘制流水进度计划，如图 2-9 所示。

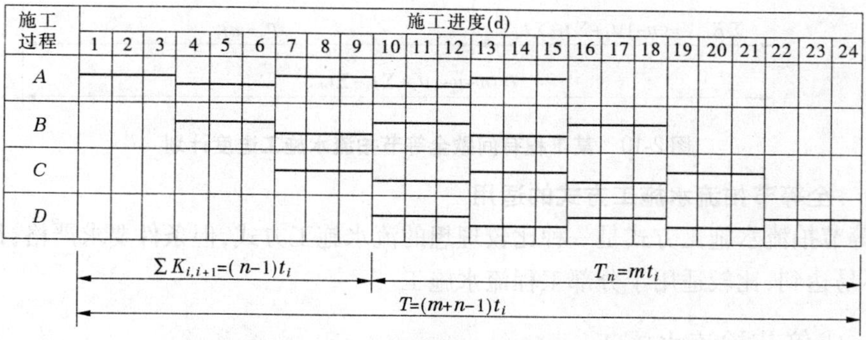

图 2-9　某工程无间歇全等节拍流水施工进度计划

2.3.1.2　有间歇全等节拍流水施工

有间歇全等节拍流水施工是指同一施工过程在各施工段上的流水节拍都相等，不同施工过程之间的流水节拍也相等，并且各个施工过程之间存在技术和组织间歇时间的一种流水施工方式。

(1) 有间歇全等节拍流水步距的确定

$$K_{i,i+1} = t_i + t_j - t_d \tag{2-10}$$

式中　t_j——第 i 个施工过程与第 $i+1$ 个施工过程之间的间歇时间；

t_d——第 i 个施工过程与第 $i+1$ 个施工过程之间的搭接时间。

(2) 有间歇全等节拍流水施工的工期计算

$$T = \sum K_{i,i+1} + T_n \tag{2-11}$$

$$\sum K_{i,i+1} = (n-1)t_i + \sum t_j - \sum t_d;\quad T_n = mt_i \tag{2-12}$$

$$T = (m+n-1)t_i + \sum t_j - \sum t_d \tag{2-13}$$

式中　$\sum t_j$——所有间歇时间总和；

$\sum t_d$——所有搭接时间总和。

【例 2-4】　例 2-3 中，如 B、C 两施工过程之间存在 2 d 的技术间歇，C、D 两施工过程之间存在 1 d 的搭接时间，试组织流水施工。

解:(1)计算工期

$$T = (m + n - 1)t_i + \sum t_j - \sum t_d = (5 + 4 - 1) \times 3 + 2 - 1 = 25(\mathrm{d})$$

(2)用横道图绘制流水施工进度计划,如图 2-10 所示。

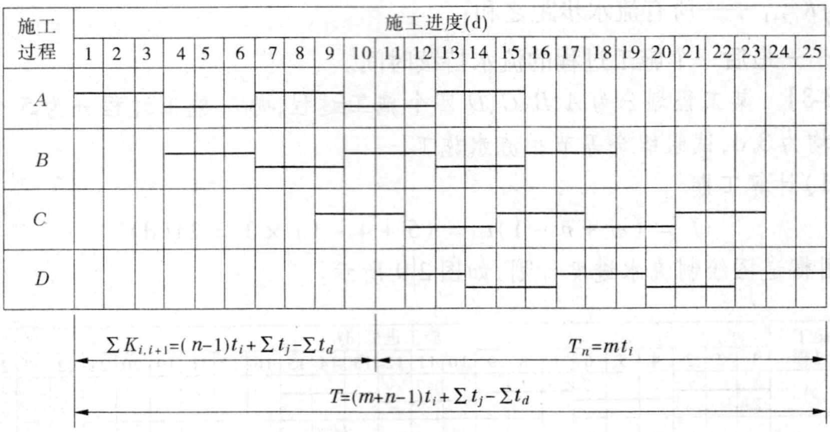

图 2-10　某工程有间歇全等节拍流水施工进度计划

2.3.1.3　全等节拍流水施工方式的适用

全等节拍流水施工方式是一种比较理想的流水施工方式,但条件要求严格,往往难以满足,不易达到,比较适用于分部工程流水施工。

2.3.2　成倍节拍流水施工

成倍节拍流水施工是指同一施工过程在各个施工段的流水节拍相等,不同施工过程之间的流水节拍不完全相等,但各施工过程的流水节拍均为其中最小流水节拍的整数倍的一种流水施工方式。

(1)每个施工过程工作队数的确定

$$D_i = \frac{t_i}{t_{\min}} \tag{2-14}$$

式中　D_i——某施工过程所需施工队数;

$t_{\min}$——所有流水节拍中最小流水节拍。

(2)成倍节拍流水步距的确定

$$K_{i,i+1} = t_{\min} \tag{2-15}$$

(3)成倍节拍流水施工的工期计算

$$T = (m + n' - 1)t_{\min} \tag{2-16}$$

$$n' = \sum D_i \tag{2-17}$$

式中　n'——施工队总数目。

【例 2-5】　某工程有 A、B、C、D 四个施工过程,施工段数 $m=6$,流水节拍分别为 $t_A=2$ d,$t_B=4$ d,$t_C=6$ d,$t_D=4$ d,试组织流水施工。

解:(1)求工作队数

$$D_A = \frac{t_A}{t_{\min}} = \frac{2}{2} = 1(\text{个})$$

$$D_B = \frac{t_B}{t_{\min}} = \frac{4}{2} = 2(\text{个})$$

$$D_C = \frac{t_C}{t_{\min}} = \frac{6}{2} = 3(\text{个})$$

$$D_D = \frac{t_D}{t_{\min}} = \frac{4}{2} = 2(\text{个})$$

$$n' = \sum D_i = 1 + 2 + 3 + 2 = 8(\text{个})$$

(2)计算工期

$$T = (m + n' - 1)t_{\min} = (6 + 8 - 1) \times 2 = 26(\text{d})$$

(3)用横道图绘制流水施工进度计划,如图 2-11 所示。

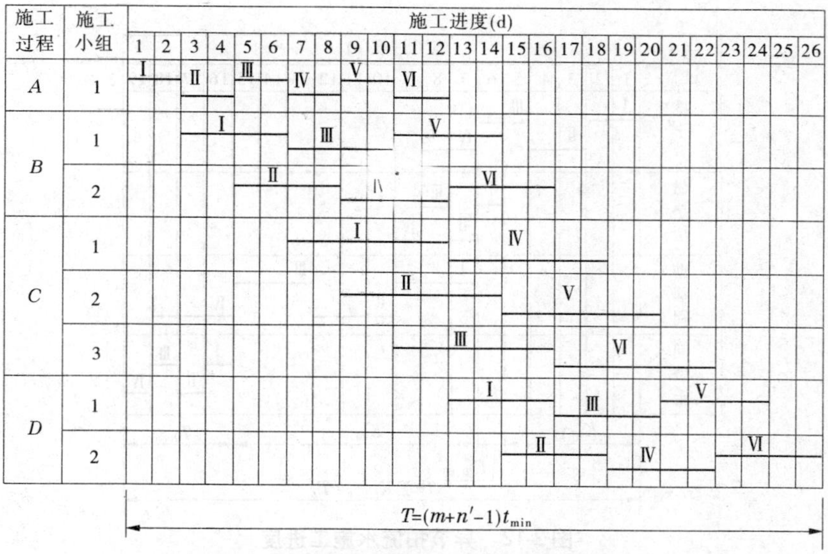

图 2-11　某工程成倍节拍流水施工进度计划

(4)成倍节拍流水施工方式比较适用于线型工程(管道、道路等)的施工。

2.3.3　异节拍流水施工

异节拍流水施工是指同一施工过程在各个施工段的流水节拍相等,不同施工过程之间的流水节拍既不完全相等,又不互成倍数的一种流水施工方式。

(1)异节拍流水步距的确定

$$K_{i,i+1} = t_i + t_j - t_d \quad (\text{当 } t_i \leqslant t_{i+1} \text{ 时})$$

$$K_{i,i+1} = mt_i - (m-1)t_{i+1} + t_j - t_d \quad (\text{当 } t_i > t_{i+1} \text{ 时}) \tag{2-18}$$

(2)异节拍流水施工工期的计算

$$T = \sum K_{i,i+1} + T_n \tag{2-19}$$

【例 2-6】　某砖混结构住宅楼,其基础工程有挖土方、做垫层、砌基础和回填土四个施工过程，分四个施工段组织流水施工，各施工过程的流水节拍分别为 $t_{挖}=2$ d，$t_{垫}=1$ d，$t_{砌}=3$ d，$t_{回}=1$ d，试组织流水施工。

解：(1)计算流水步距

$$t_{挖}>t_{垫}\quad t_j=t_d=0$$

$$K_{挖,垫}=mt_{挖}-(m-1)t_{垫}+t_j-t_d=4\times2-(4-1)\times1+0-0=5(\mathrm{d})$$

$$t_{垫}<t_{砌}\quad t_j=t_d=0$$

$$K_{垫,砌}=t_{垫}+t_j-t_d=1(\mathrm{d})$$

$$t_{砌}>t_{回}\quad t_j=t_d=0$$

$$K_{砌,回}=mt_{砌}-(m-1)t_{回}+t_j-t_d=4\times3-(4-1)\times1+0-0=9(\mathrm{d})$$

(2)计算工期

$$T=\sum K_{i,i+1}+T_n=5+1+9+4\times1=19(\mathrm{d})$$

(3)用横道图绘制流水施工进度计划，如图 2-12 所示。

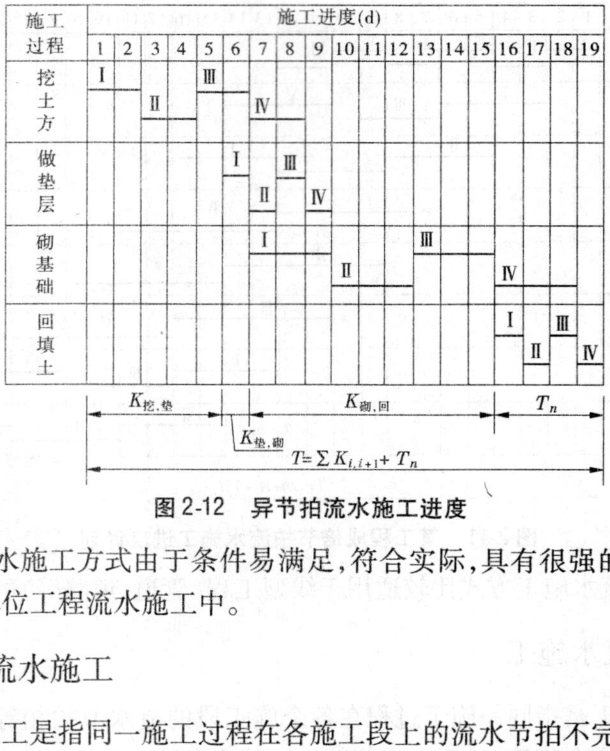

图 2-12　异节拍流水施工进度

(3)异节拍流水施工方式由于条件易满足，符合实际，具有很强的适用性，广泛地应用在分部工程和单位工程流水施工中。

2.3.4　无节奏流水施工

无节奏流水施工是指同一施工过程在各施工段上的流水节拍不完全相等的一种流水施工方式。

2.3.4.1　无节奏流水步距的确定

无节奏流水步距的计算采用“累加斜减取大差法”，即：

(1)将每个施工过程的流水节拍逐段累加；

(2)错位相减，即前一个施工过程在某施工段的流水节拍累加值减去后一施工过程在该施工段的前一个施工段的流水节拍累加值，结果为一组差值；

(3)取这组差值的最大值作为流水步距。

2.3.4.2 无节奏流水施工工期的计算

$$T = \sum K_{i,i+1} + T_n \tag{2-20}$$

【例 2-7】 某工程流水节拍如表 2-2 所示，试组织流水施工。

表 2-2 某工程流水节拍值 （单位：d）

施工过程	施工段			
	Ⅰ	Ⅱ	Ⅲ	Ⅳ
A	2	3	1	4
B	2	2	3	3
C	3	1	2	3
D	2	3	2	1

解：(1)求流水节拍累加值，如表 2-3 所示。

表 2-3 流水节拍累加值 （单位：d）

施工过程	施工段			
	Ⅰ	Ⅱ	Ⅲ	Ⅳ
A	2	5	6	10
B	2	4	7	10
C	3	4	6	9
D	2	5	7	8

(2)错位相减。

$$\begin{array}{rrrrrr} & 2 & 5 & 6 & 10 & \\ - & & 2 & 4 & 7 & 10 \\ \hline & 2 & 3 & 2 & 3 & -10 \end{array}$$

所以 $K_{A,B} = 3(\mathrm{d})$

$$\begin{array}{rrrrrr} & 2 & 4 & 7 & 10 & \\ - & & 3 & 4 & 6 & 9 \\ \hline & 2 & 1 & 3 & 4 & -9 \end{array}$$

所以 $K_{B,C} = 4(\mathrm{d})$

$$
\begin{array}{rrrrrr}
 & 3 & 4 & 6 & 9 & \\
- & & 2 & 5 & 7 & 8 \\
\hline
 & 3 & 2 & 1 & 2 & -8
\end{array}
$$

所以 $$K_{C,D}=3(\mathrm{d})$$

(3)工期计算

$$T=\sum K_{i,i+1}+T_n=3+4+3+2+3+2+1=18(\mathrm{d})$$

(4)用横道图绘制流水施工进度计划,如图2-13所示。

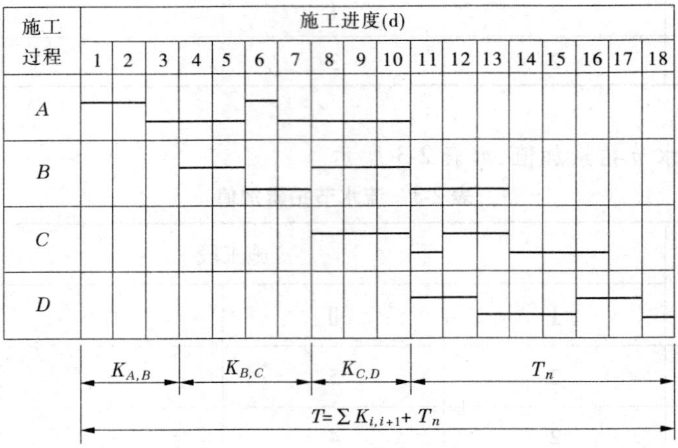

图2-13　某工程流水施工进度计划

2.3.4.3　无节奏流水施工方式的适用范围

无节奏流水施工在进度安排上比较灵活、自由,适用于各种不同结构性质和规模的工程施工组织。

除上述四种流水施工方式外,分别流水施工方式也较为常用。分别流水施工方式是先把一个工程划分为若干个子工程(单位工程、分部工程或分项工程),再把若干个子工程按独立工程先在内部组织流水施工,然后把每个子工程作为一个施工过程,按施工顺序进行搭接或间歇而组合成一个总的流水施工的组织方式。

2.4　流水施工应用实例

某五层四单元砖混结构(有构造柱)住宅,楼建筑面积为4 687.6 m^2,基础为钢筋混凝土条形基础,主体工程为砖混结构,楼板为现浇钢筋混凝土;装饰工程为铝合金窗、夹板门,外墙为浅色面砖贴面,内墙、顶棚为中级抹灰,外加106涂料,地面为普通抹灰;屋面工程为现浇钢筋混凝土屋面板,屋面保温为炉渣混凝土上做三毡四油防水层,铺绿豆砂;设备安装及水、暖、电工程配合土建施工。具体劳动量见表2-4。

表 2-4　某五层四单元砖混结构房屋劳动量

序　号	分项名称	劳动量(工日)
	基础工程	
1	基础挖土	384
2	混凝土垫层	161
3	基础扎筋	152
4	基础混凝土(含墙基)	316
5	回填土	150
	主体工程	
6	脚手架	
7	构造柱筋	88
8	砌砖墙	1 380
9	构造柱模板	98
10	构造柱混凝土	360
11	梁板模板(含梯)	708
12	梁板筋(含梯)	450
13	梁板混凝土(含梯)	978
14	拆除模板(含梯)	146
	屋面工程	
15	屋面板找平层	47
16	屋面隔汽层	23
17	屋面保温层	80
18	屋面找平层	54
19	卷材防水层	68
	装修工程	
20	楼地面及楼梯抹灰(含垫层)	392
21	天棚中级抹灰	466
22	内墙中级抹灰	1 164
23	铝合金窗扇、夹板门	158
24	室内涂料	59
25	油漆	26
26	外墙面砖	657
27	台阶散水	35
28	水电安装及其他	

本工程由基础、主体、屋面、装修等四个分部工程组成,因其各分部工程劳动量差异较大,应采用分别流水法,先组织各分部工程的流水施工,再考虑各分部工程之间的搭接。

2.4.1 基础工程

基础工程包括基础挖土、混凝土垫层、基础扎筋(含侧模安装)、浇筑基础混凝土、浇筑混凝土基础墙基和回填土等6个施工过程。

考虑到基础混凝土与素混凝土墙基是同一工种,班组施工可合并成一个施工过程。

由于该建筑占地面积940 m^2 左右,考虑工作面的因素,将其划分为两个施工段,流水节拍和流水施工工期计算如下:

(1)基础挖土劳动量为384工日,施工班组人数20人,采用二班制,其流水节拍计算如下

$$t_{挖} = \frac{384}{20 \times 2 \times 2} = 4.8(\mathrm{d}),取5\ \mathrm{d}$$

(2)混凝土垫层,其劳动量为161工日,施工班组人数20人,采用一班制,垫层需养护1 d,其流水节拍计算如下

$$t_{垫} = \frac{161}{20 \times 2} = 4(\mathrm{d})$$

(3)基础扎筋(含侧模安装),劳动量为152工日,采用一班制,施工班组人数20人,其流水节拍计算如下

$$t_{扎} = \frac{152}{20 \times 2} = 3.8(\mathrm{d}),取4\ \mathrm{d}$$

(4)基础混凝土和素混凝土墙基劳动量为316工日,施工班组人数20人,采用二班制,其完成后需养护1 d,其流水节拍计算如下

$$t_{混} = \frac{316}{20 \times 2 \times 2} = 3.9(\mathrm{d}),取4\ \mathrm{d}$$

(5)基础回填土劳动量为150工日,施工班组人数20人,采用一班制,其流水节拍计算如下

$$t_{回} = \frac{150}{20 \times 2} = 3.8(\mathrm{d}),取4\ \mathrm{d}$$

工期计算

$$\begin{aligned} T_{基} &= K_{挖,垫} + K_{垫,扎} + K_{扎,混} + K_{混,回} + T_{回} \\ &= 6 + 5 + 4 + 5 + 8 \\ &= 28(\mathrm{d}) \end{aligned}$$

2.4.2 主体工程

主体工程包括搭拆脚手架、绑扎构造柱钢筋、砌砖墙、安装构造柱模板、浇构造柱混凝土、安梁板模板、绑扎梁板筋、浇梁板混凝土、拆除模板等分项工程。主体工程由于有层间关系,$m=2$,$n=9$,$m<n$,工作班组会出现窝工现象。由于砌砖墙为主导过程,必须安排砌砖墙的施工班组连续施工,其余施工过程的施工班组与工地统一安排。所以,主体工程只能组织间断的异节拍流水施工。

(6)构造柱筋劳动量88工日,班组人数9人,施工段数 $m=2\times5$,采用一班制,其流水

节拍计算如下

$$t_{构筋} = \frac{88}{9 \times 2 \times 5} = 0.98(\mathrm{d}),取 1\ \mathrm{d}$$

(7)砌砖墙劳动量 1 380 工日,施工班组人数 20 人,施工段数 $m = 2 \times 5$,采用一班制,其流水节拍计算如下

$$t_{砌} = \frac{1\ 380}{20 \times 2 \times 5} = 6.9(\mathrm{d}),取 7\ \mathrm{d}$$

(8)构造柱模板劳动量 98 工日,施工班组人数 10 人,施工段数 $m = 2 \times 5$,采用一班制,其流水节拍计算如下

$$t_{构模} = \frac{98}{10 \times 2 \times 5} = 0.98(\mathrm{d}),取 1\ \mathrm{d}$$

(9)构造柱混凝土劳动量 360 工日,施工班组人数 20 人,施工段数 $m = 2 \times 5$,采用二班制,其流水节拍计算如下

$$t_{构混} = \frac{360}{20 \times 2 \times 5 \times 2} = 0.9(\mathrm{d}),取 1\ \mathrm{d}$$

(10)梁板模板(含梯)的劳动量 708 工日,施工班组人数 25 人,施工段数 $m = 2 \times 5$,采用一班制,其流水节拍计算如下

$$t_{板模} = \frac{708}{25 \times 2 \times 5} = 2.8(\mathrm{d}),取 3\ \mathrm{d}$$

(11)梁板筋(含梯)劳动量 450 工日,施工班组人数 23 人,施工段数 $m = 2 \times 5$,采用一班制,其流水节拍计算如下

$$t_{板筋} = \frac{450}{23 \times 2 \times 5} = 1.96(\mathrm{d}),取 2\ \mathrm{d}$$

(12)梁板混凝土(含梯)劳动量 978 工日,施工班组人数 25 人,施工段数 $m = 2 \times 5$,采用二班制,其流水节拍计算如下

$$t_{板混} = \frac{978}{25 \times 2 \times 5 \times 2} = 1.96(\mathrm{d}),取 2\ \mathrm{d}$$

(13)拆除模板劳动量 146 工日,施工班组人数 15 人,施工段数 $m = 2 \times 5$,采用一班制,其流水节拍计算如下

$$t_{拆} = \frac{146}{15 \times 2 \times 5} = 0.97(\mathrm{d}),取 1\ \mathrm{d}$$

模板拆除待梁板混凝土浇筑 12 d 后进行。因除砌砖墙为连续施工外,其余过程均为间断式流水施工,故工期计算如下

$$\begin{aligned} T_{主} &= t_{构筋} + 10 \times t_{砌} + t_{构模} + t_{构混} + t_{板模} + t_{板筋} + t_{板混} + t_{养间} + t_{拆} \\ &= 1 + 10 \times 7 + 1 + 1 + 3 + 2 + 2 + 12 + 1 \\ &= 93(\mathrm{d}) \end{aligned}$$

2.4.3 屋面工程

屋面工程包括屋面板找平层、屋面隔汽层、屋面保温层、屋面找平层、卷材防水层(含

保护层)等,考虑防水要求较高,采用不分段施工。

(14)屋面板找平层劳动量 47 工日,施工班组人数 8 人,采用一班制,其工作延续时间为

$$t_{找平} = \frac{47}{8} = 5.88(\mathrm{d}),取 6\ \mathrm{d}$$

(15)屋面隔汽层劳动量为 23 工日,施工班组人数 6 人,采用一班制,其工作延续时间为

$$t_{隔} = \frac{23}{6} = 3.83(\mathrm{d}),取 4\ \mathrm{d}$$

隔汽层待找平层干燥 10 d 后进行。

(16)屋面保温层劳动量 80 工日,施工班组人数 20 人,采用一班制,其工作延续时间为

$$t_{保} = \frac{80}{20} = 4(\mathrm{d})$$

(17)屋面找平层劳动量 54 工日,施工班组人数 12 人,采用一班制,其工作延续时间为

$$t_{找} = \frac{54}{12} = 4.5(\mathrm{d}),取 5\ \mathrm{d}$$

(18)卷材防水层劳动量 68 工日,施工班组人数 10 人,采用一班制,其工作延续时间为

$$t_{防} = \frac{68}{10} = 6.8(\mathrm{d}),取 7\ \mathrm{d}$$

防水层待找平层干燥 15 d 后进行。

屋面工程工期计算

$$\begin{aligned} T_{屋} &= t_{找平} + t_{隔间} + t_{隔} + t_{保} + t_{找} + t_{防间} + t_{防} \\ &= 6 + 10 + 4 + 4 + 5 + 15 + 7 \\ &= 51(\mathrm{d}) \end{aligned}$$

2.4.4 装修工程

装修工程分为楼地面、楼梯地面、天棚、内墙抹灰、外墙面砖、铝合金窗、夹板门、油漆、室内涂料、台阶散水等。

装修阶段施工过程多,劳动量不同,组织固定节拍很困难,故采用连续式异节拍流水施工,每一层划分为一个施工段,共 5 段。

(19)楼地面及楼梯抹灰(含垫层)劳动量 392 工日,施工班组人数 20 人,采用一班制,$m=5$,其流水节拍为

$$t_{地} = \frac{392}{20 \times 5} = 3.92(\mathrm{d}),取 4\ \mathrm{d}$$

(20)天棚中级抹灰劳动量 466 工日,施工班组人数 25 人,采用一班制,$m=5$,其流水节拍为

$$t_{棚} = \frac{466}{25 \times 5} = 3.73(\mathrm{d}),取 4\ \mathrm{d}$$

天棚抹灰待楼地面抹灰完成 8 d 后进行。

(21)内墙中级抹灰劳动量 1 164 工日,施工班组人数 30 人,采用一班制,$m=5$,其流水节拍为

$$t_{内墙}=\frac{1\,164}{30\times 5}=7.76(\mathrm{d}),取 8\ \mathrm{d}$$

(22)铝合金窗扇、夹板门劳动量 158 工日,施工班组人数 8 人,采用一班制,$m=5$,其流水节拍为

$$t_{窗}=\frac{158}{8\times 5}=3.95(\mathrm{d}),取 4\ \mathrm{d}$$

(23)室内涂料劳动量 59 工日,施工班组人数 6 人,采用一班制,$m=5$,其流水节拍为

$$t_{涂}=\frac{59}{6\times 5}=1.97(\mathrm{d}),取 2\ \mathrm{d}$$

(24)油漆劳动量 26 工日,施工班组人数 3 人,采用一班制,其流水节拍为

$$t_{油}=\frac{26}{3\times 5}=1.73(\mathrm{d}),取 2\ \mathrm{d}$$

(25)外墙面砖劳动量 657 工日,施工班组人数 22 人,采用一班制,其流水节拍为

$$t_{外墙}=\frac{657}{22\times 5}=5.97(\mathrm{d}),取 6\ \mathrm{d}$$

外墙装修可与室内装饰平行进行,考虑施工人员状况,可在室内地面完成后开始外装修。

(26)台阶散水劳动量为 35 工日,施工班组人数 6 人,采用一班制,其工作延续时间为

$$t_{台}=\frac{35}{6}=5.83(\mathrm{d}),取 6\ \mathrm{d}$$

其与室内油漆同步进行。

装修工程工期

$$\begin{aligned}T_{装}&=K_{地,棚}+K_{棚,内墙}+K_{内墙,窗}+K_{窗,涂}+K_{涂,油}+T_{油}\\&=8+4+24+12+2+2\times 5\\&=60(\mathrm{d})\end{aligned}$$

2.4.5　总工期计算

(1)在基础工程第一段回填土结束后,主体工程构造柱钢筋绑扎即开始,基础工程与主体工程搭接时间为 4 d。

(2)在主体工程梁板混凝土浇完后,装修工程即开始,主体工程与装修工程搭接时间为 13 d。

(3)装修工程与屋面工程平行施工,屋面工程在主体工程梁板混凝土浇完后,第 8 天开始施工。

该工程总工期

$$\begin{aligned}T&=T_{基}+T_{主}+T_{装}-t_{基主搭}-t_{主装搭}\\&=28+93+60-4-13\\&=164(\mathrm{d})\end{aligned}$$

该工程的网络进度图见图 2-14。

序号	施工过程	劳动量(工日)	人数	班制	天数(d)
	基础工程				
1	基础挖土	384	20	2	10
2	混凝土垫层	161	20	1	8
3	基础扎筋	152	20	1	8
4	基础混凝土(含墙基)	316	20	2	8
5	回填土	150	20	1	8
	主体工程				
6	脚手架				
7	构造柱筋	88	9	1	10
8	砌砖墙	1380	20	1	70
9	构造柱模板	98	10	1	10
10	构造柱混凝土	360	20	2	10
11	梁板模板(含梯)	708	25	1	30
12	梁板筋(含梯)	450	23	1	20
13	梁板混凝土(含梯)	978	25	2	20
14	拆除模板(含梯)	146	15	1	10
	层面工程				
15	层面板找平层	47	8	1	6
16	层面隔汽层	23	6	1	4
17	屋面保温层	80	20	1	4
18	层面找平层	54	12	1	5
19	卷材防水层	68	10	1	7
	装修工程				
20	楼地面及楼梯抹灰(含垫层)	392	20	1	20
21	天棚中级抹灰	466	25	1	20
22	内墙中级抹灰	1164	30	1	40
23	铝合金窗扇、夹板门	158	8	1	20
24	室内涂料	59	6	1	10
25	油漆	26	3	1	10
26	外墙面砖	657	22	1	30
27	台阶散水	35	6	1	6
28	水电安装及其他				

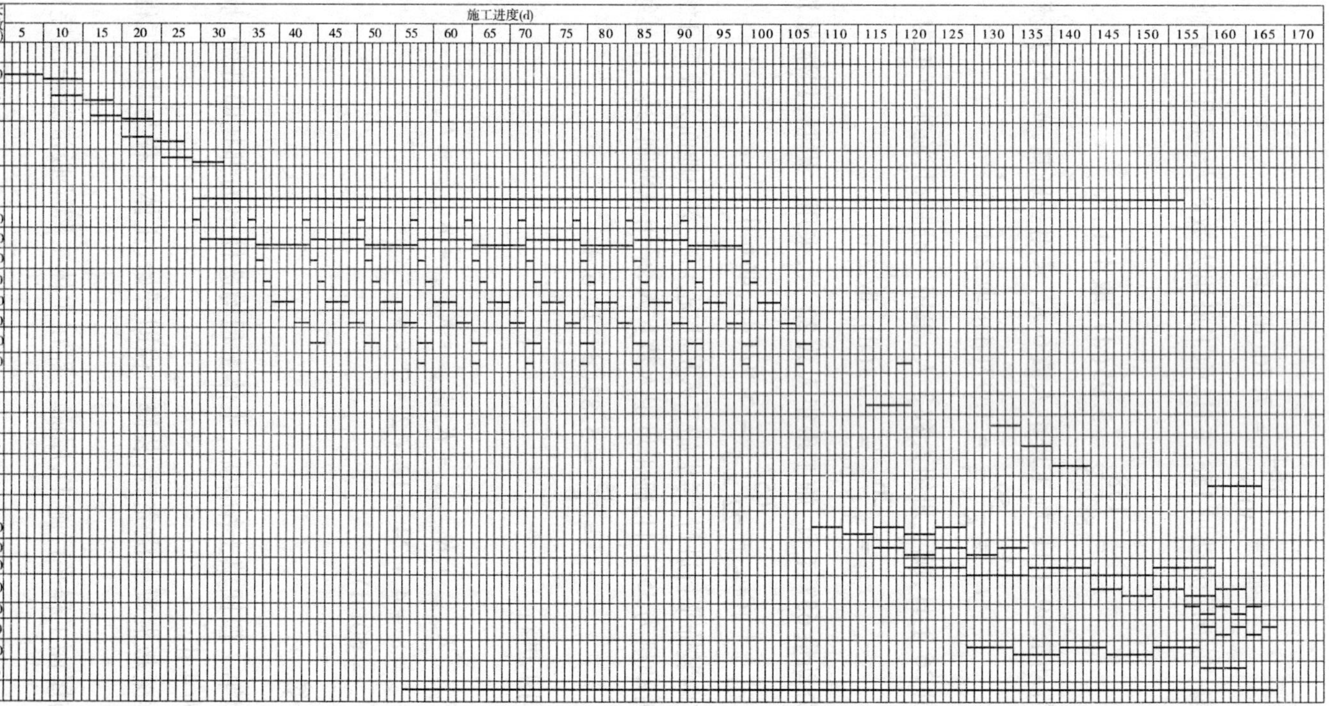

图 2-14　网络进度图

复习思考题

2-1 组织施工有哪几种方式？各有何特点？

2-2 什么是流水施工？为什么要采用流水施工？

2-3 流水施工的技术经济效果体现在哪些方面？

2-4 流水施工有哪些主要参数？

2-5 划分施工段的基本原则是什么？

2-6 什么是流水节拍？确定流水节拍应考虑哪些因素？

2-7 什么是流水步距？确定流水步距应考虑哪些因素？

2-8 进度计划表达方式有哪些？

2-9 等节拍流水施工具有什么特征？怎样组织等节拍流水施工？

2-10 异节拍流水施工具有什么特征？怎样组织异节拍流水施工？

2-11 无节拍流水施工具有什么特征？怎样组织无节拍流水施工？

2-12 某工程有 A、B、C 三个施工过程，每个施工过程均划分为四个施工段。设 $t_A = 3$ d，$t_B = 5$ d，$t_C = 4$ d。试分别计算依次施工、平行施工及流水施工的工期，并绘出各自的施工进度计划。

2-13 某项目由四个施工过程组成，划分为四个施工段。每段流水节拍均为 3 d，且知第二个施工过程需待第一个施工过程完工后 2 d 才能开始进行，又知第三个施工过程可与第二个施工过程搭接 1 d。试计算工期并绘出施工进度计划。

2-14 某分部工程，已知施工过程数 $n=4$，施工段数 $m=4$，每段流水节拍分别为 $t_1 = 2$ d，$t_2 = 6$ d，$t_3 = 8$ d，$t_4 = 4$ d，试组织成倍节拍流水施工并绘制施工进度计划。

2-15 某分部工程，已知施工过程数 $n=4$，施工段数 $m=5$，每段流水节拍分别为 $t_1 = 2$ d，$t_2 = 5$ d，$t_3 = 3$ d，$t_4 = 4$ d，试计算工期并绘出流水施工进度表。

2-16 某二层现浇钢筋混凝土工程，施工过程分别为支模板、扎钢筋、浇混凝土，每层每段的流水节拍分别为 $t_{支} = 4$ d，$t_{扎} = 4$ d，$t_{浇} = 2$ d，施工层间技术间歇为 2 d。为使工作队连续施工，求每层最少的施工段数，计算工期并绘出流水施工进度表。

2-17 已知各施工过程在各施工段上的作业时间如表 2-5 所示，试组织流水施工。

表 2-5 某工程作业时间 （单位:d）

施工段	施工过程			
	1	2	3	4
Ⅰ	5	4	2	3
Ⅱ	3	4	5	3
Ⅲ	4	5	3	2
Ⅳ	3	5	4	3

学习单元3　建筑工程网络计划的编制与控制

【学习目标】

通过本单元的学习，掌握双代号与单代号网络图的编制，能够对网络图时间参数进行计算，并合理地对网络计划工期进行优化和控制，具备编制单位工程网络计划的能力。

3.1　网络计划技术概述

长期以来，安排工程项目的进度计划时，往往采用横道图法，工程项目中的每一项活动的开始时间和结束时间都按照一定的时间尺度用横道图表示出来。

横道图的优点在于简便易行，但其也有难以避免的缺点，即不能确切地反映不同活动之间的逻辑关系、时间衔接关系，并且难以在其上进行资源和费用的优化。20世纪50年代晚期发展起来的网络计划技术，就是针对横道图的不足而产生的。具有代表性的方法是关键线路法（Critical Path Method，CPM）和计划评审技术（Program Evaluation and Review Technique，PERT）。这两种方法几乎是同时从不同的方面平行发展起来的。CPM是在建筑工程项目中发展起来的，而PERT则是为适应大型武器系统的研制而产生的。两者都是在活动周期和相互之间逻辑关系的基础上，通过网络分析确定工程进度的方法。前者重点处理确定性活动周期的工程网络并研究时间与费用、资源之间的关系；后者则侧重于研究非确定性活动周期的工程网络问题。但随着网络计划技术的不断改进和发展，两者的差别已渐趋消失，特别是当PERT中的时间估计采用最具可能性的数值后就没有多少差别了。因此，CPM和PERT可以统称为网络计划技术。

由于网络计划技术背后的运筹学原理在数学上已经很成熟，加上其长期在建筑工程项目中的实践和经验积累，实质上网络计划技术已成为工程管理施工组织设计与进度控制领域中的主要定量技术，对工程管理施工组织设计与进度控制的科学化、规范化有着重要的意义。

在我国，为使网络计划技术的应用规范化和法制化，建设部于1999年颁布了《工程网络计划技术规程》，国家质量监督检验检疫总局也于1992年颁布了《网络计划技术常用术语》、《网络计划技术在项目计划管理中应用的一般程序》等规范及标准。

本单元主要介绍在建筑工程项目中发展起来且更适用于工程项目进度管理的关键线路法。关键线路法的运用主要包括：根据工程项目本身的逻辑和实际情况编制初步的网络计划，绘制网络图；根据网络图和相关的资料计算网络图的各时间参数；根据网络图及其时间参数进行网络图的优化。

此外，随着建筑工程项目规模越来越大、工程管理越来越复杂，如果没有计算机技术的辅助，工程项目施工组织设计与进度控制就很难适应工程管理实践的需要。因此，我们也将在本单元内容中穿插相关计算机技术的应用。

3.1.1　网络计划的原理及表示方法

3.1.1.1　网络计划技术的基本原理

网络计划技术的基本原理是：首先绘制工程施工网络图，以网络图来表达一项计划（或工程）中各项工作开展的先后顺序及其相互间的关系；然后通过计算找出计划中的关键工作及关键线路；继而通过不断改善网络计划，选择最优方案，并付诸实施；最后在执行过程中进行有效的控制和监督，保证以最小的消耗取得最大的经济效益。

3.1.1.2　网络计划的特点

网络计划以由一系列箭线和节点所组成的网状图形来表示各施工过程之间的逻辑关系。

（1）优点：网络计划能明确反映各施工过程之间的逻辑关系，并可以进行各种时间参数的计算，有助于进行定量分析；能找出计划中影响整个工程进度的关键施工过程，便于集中精力抓施工中的主要矛盾，确保按期竣工；可以利用某些施工过程的机动时间，更好地利用和调配人力、物力，以达到降低成本的目的；可以利用计算机进行电算、调整和优化，实现科学化管理。

（2）缺点：表达计划不直观，不易看懂；不能反映出流水施工的特点；不易显示资源平衡情况；对计划人员素质要求较高等。以上不足之处可以采用时间坐标网络来弥补。

3.1.1.3　网络计划的表示方法

网络计划的表达形式是网络图。所谓网络图是指由箭线和节点组成，用来表示工作流程的有向、有序的网状图形。网络图按其节点和箭线所代表的含义不同，可分为双代号网络图和单代号网络图两种表示方法。按有无时间坐标分为时标网络图与非时标网络图。

1. 按工作和事件在网络图中的表示方法分类

1）双代号网络图

用一根箭线及其两端节点的编号表示一项工作的网络图称为双代号网络图。工作的名称写在箭线上面，工作持续时间写在箭线下面，箭尾表示工作的开始，箭头表示工作的结束。在箭线前后的衔接处画圆圈表示节点，并在节点内编上号码，箭尾节点号码是 i，箭头节点号码是 j，以节点编号 i 和 j 代表一项工作名称，如图 3-1 所示。

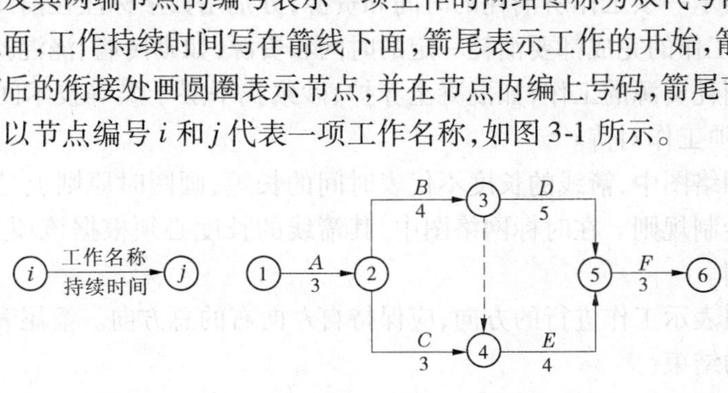

图 3-1　双代号网络图

2）单代号网络图

用一个节点及其编号表示一项工作，并用箭线表示工作之间的逻辑关系的网络图称为单代号网络图。节点所表示的工作名称、持续时间和工作代号等标注在节点内，如

图 3-2 所示。

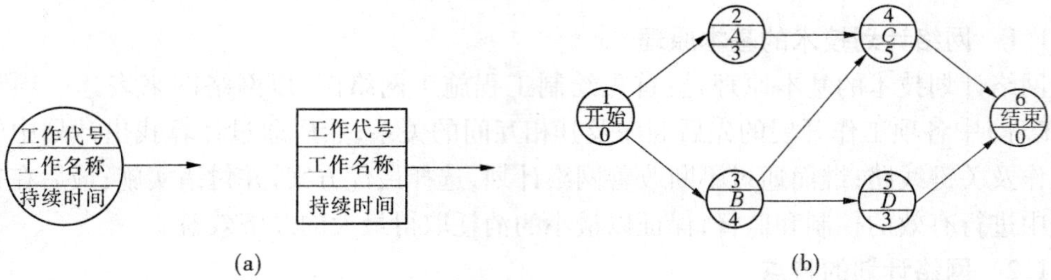

图 3-2 单代号网络图

2. 按有无时间坐标分类

1) 时标网络图

时标网络图是指以时间坐标为尺度绘制的网络图,工作箭线的水平投影长度与工作的持续时间长度成正比。

2) 非时标网络图

非时标网络图是指不以时间坐标尺度绘制的网络图,工作箭线的长度与其持续时间的长度无关,可按需要绘制。

3.1.2 网络计划的基本知识

3.1.2.1 双代号网络计划的基本符号

1. 箭线

箭线有实箭线和虚箭线两种。

1) 实箭线

网络图中一端带箭头的实线即为实箭线。在双代号网络图中,它与其两端的节点表示一项工作,如图 3-3(a)所示。

一根箭线表示一项工作所消耗的时间和资源,分别用数字标注在箭线的下方和上方。一般而言,每项工作的完成都要消耗一定的时间和资源,如砌砖墙、浇混凝土等;也存在只消耗时间而不消耗资源的工作,如混凝土养护、砂浆找平层干燥等技术间歇,若单独考虑时,也应作为一项工作对待。

在非时标网络图中,箭线的长度不代表时间的长短,画图时原则上是任意的,但必须满足网络图的绘制规则。在时标网络图中,其箭线的长度必须根据该项工作持续时间的长短按比例绘制。

箭线的方向表示工作进行的方向,应保持自左向右的总方向。箭尾表示工作的开始,箭头表示工作的结束。

箭线可以画成直线、折线和斜线。必要时,箭线也可以画成曲线,为使图形整齐,宜画成水平直线或由水平线和垂直线组成的折线。

2) 虚箭线

虚箭线仅表示工作之间的逻辑关系,它既不消耗时间,也不消耗资源。虚箭线可画成水平直线、垂直线或折线。当虚箭线很短,不易表示时,也可用实箭线表示,但其持续时间应用零标注,如图 3-3(c)所示。

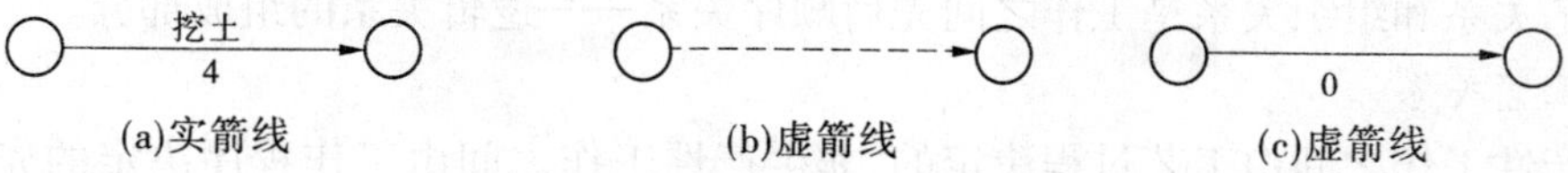

图 3-3 箭线

2. 节点

在双代号网络图中,箭线端部的圆圈就是节点。双代号网络图中的节点表示工作之间的逻辑关系。

(1)节点表示前面工作结束和后面工作开始的瞬间,所以节点不需要消耗时间和资源。

(2)箭线的箭尾节点表示该工作的开始,箭线的箭头节点表示该工作的结束。

(3)根据节点在网络图中的位置不同可以分为起点节点、终点节点和中间节点。网络图中的第一个节点就是起点节点,表示一项任务的开始。网络图的最后一个节点就是终点节点,表示一项任务的完成。除起点节点和终点节点外的节点称为中间节点,中间节点都有双重的含义,它既是前面工作的箭头节点,也是后面工作的箭尾节点,如图 3-4 所示。

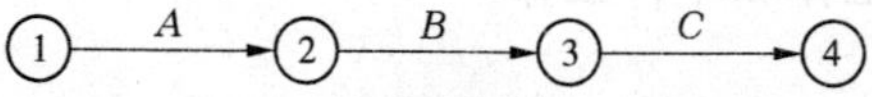

图 3-4 双代号网络节点示意图

3. 节点编号

网络图中的每个节点都要编号,以便于网络图时间参数的计算和检查网络图是否正确。

(1)节点编号的基本规则是:箭头节点编号要大于箭尾节点编号。

(2)节点编号的顺序是:从起点节点开始,依次向终点节点进行;箭尾节点编号在前,箭头节点编号在后,凡是箭尾节点没编号的,箭头节点不能编号。

(3)在一个网络图中,所有节点不能出现重复编号,编号的号码可以按自然数顺序进行,也可以非连续编号,以便适应网络计划调整中增加工作的需要,编号留有余地。

3.1.2.2 单代号网络计划的基本符号

单代号网络计划的基本符号也是箭线、节点和节点编号。

1. 箭线

单代号网络图中,箭线表示相邻工作之间的逻辑关系。箭线应画成水平直线、折线或斜线。单代号网络图中,只有实箭线,没有虚箭线。箭线的水平投影方向应自左向右,表达工作的进行方向。

2. 节点

单代号网络图中一个节点表示一项工作,节点宜用圆圈或矩形表示。节点所表示的工作名称、持续时间和工作代号等应标注在节点内。当有两个或两个以上工作同时开始或结束时,应在网络图两端分别设置一项虚工作,作为网络图的起始节点和终点节点。

3. 节点编号

单代号网络图的节点编号规则同双代号网络图。

3.1.2.3　**工艺关系和组织关系**

工艺关系和组织关系是工作之间先后顺序关系——逻辑关系的组成部分。

1. 工艺关系

生产性工作之间由工艺过程决定的、非生产性工作之间由工作程序决定的先后顺序关系称为工艺关系。如图 3-5 所示，支模 1→扎筋 1→混凝土 1 为工艺关系。

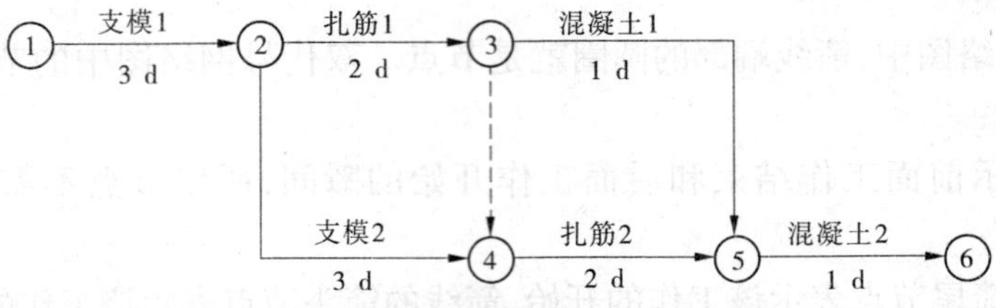

图 3-5　某混凝土工程双代号网络图

2. 组织关系

工作之间由于组织安排需要或资源（劳动力、原材料、施工机具等）调配需要而规定的先后顺序关系称为组织关系。如图 3-5 所示，支模 1→支模 2、扎筋 1→扎筋 2 等为组织关系。

3.1.2.4　**紧前工作、紧后工作和平行工作**

1. 紧前工作

在网络图中，相对于某工作而言，紧排在该工作之前的工作称为该工作的紧前工作。在双代号网络图中，工作与其紧前工作之间可能有虚工作存在。如图 3-5 所示，支模 1 是支模 2 在组织关系上的紧前工作；扎筋 1 和扎筋 2 之间虽然存在虚工作，但扎筋 1 仍然是扎筋 2 在组织关系上的紧前工作。支模 1 则是扎筋 1 在工艺关系上的紧前工作。

2. 紧后工作

在网络图中，相对于某工作而言，紧排在该工作之后的工作称为该工作的紧后工作。在双代号网络图中，工作与其紧后工作之间也可能有虚工作存在。如图 3-5 所示，扎筋 2 是扎筋 1 在组织关系上的紧后工作，混凝土 1 是扎筋 1 在工艺关系上的紧后工作。

3. 平行工作

在网络图中，相对于某工作而言，可以与该工作同时进行的工作即为该工作的平行工作。如图 3-5 所示，扎筋 1 和支模 2 互为平行工作。

紧前工作、紧后工作及平行工作是工作之间逻辑关系的具体表现，只要能根据工作之间的工艺关系和组织关系明确其紧前或紧后关系，即可据此绘出网络图。它是正确绘制网络图的前提条件。

3.1.2.5　**先行工作和后续工作**

1. 先行工作

相对于某工作而言，从网络图的第一个节点（起点节点）开始，顺箭头方向经过一系列箭线到达该工作为止的各条通路上的所有工作，都称为该工作的先行工作。如图 3-5 所示，支模 1、扎筋 1、混凝土 1、支模 2、扎筋 2 均为混凝土 2 的先行工作。

2. 后续工作

相对于某工作而言，从该工作之后开始，顺箭头方向经过一系列箭线与节点到网络图最后一个节点(终点节点)的各条通路上的所有工作,都称为该工作的后续工作。如图3-5所示,扎筋1的后续工作有混凝土1、扎筋2和混凝土2。

在建设工程进度控制中,后续工作是一个非常重要的概念。因为在工程网络计划的实施过程中,如果发现某项工作进度出现拖延,则受到影响的工作必然是该工作的后续工作。

3.1.2.6 线路、关键线路和关键工作

1. 线路

网络图中从起点节点开始,沿箭头方向顺序通过一系列箭线与节点,最后到达终点节点的通路称为线路。线路既可依次用该线路上的节点编号来表示,也可依次用该线路上的工作名称来表示。如图3-5所示,该网络图中有三条线路,这三条线路既可表示为:①—②—③—⑤—⑥、①—②—③—④—⑤—⑥和①—②—④—⑤—⑥,也可表示为:支模1→扎筋1→混凝土1→混凝土2、支模1→扎筋1→扎筋2→混凝土2和支模1→支模2→扎筋2→混凝土2。

2. 关键线路和关键工作

在关键线路法(CPM)中,线路上所有工作的持续时间总和称为该线路的总持续时间。总持续时间最长的线路称为关键线路,关键线路的长度就是网络计划的总工期。如图3-5所示,线路①—②—④—⑤—⑥或支模1→支模2→扎筋2→混凝土2为关键线路。

在网络计划中,关键线路可能不止一条,而且在网络计划执行过程中,关键线路还会发生转移。

关键线路上的工作称为关键工作。在网络计划的实施过程中,关键工作的实际进度提前或拖后,均会对总工期产生影响。因此,关键工作的实际进度是建设工程进度控制工作中的重点。

3.2 双代号网络进度计划的编制

3.2.1 双代号网络图的绘制

3.2.1.1 基本规则

绘制双代号网络图时,一般应遵循以下基本规则:

(1)网络图必须按照已定的逻辑关系绘制。由于网络图是有向、有序的网状图形,所以其必须严格按照工作之间的逻辑关系绘制,这同时也是为保证工程质量和资源优化配置及合理使用所必需的。例如,已知工作之间的逻辑关系如表3-1所示,若绘出网络图3-6(a)则是错误的,因为工作A不是工作D的紧前工作。此时,可用虚箭线将工作A和工作D的联系断开,如图3-6(b)所示。

表3-1 逻辑关系表

工作	A	B	C	D
紧前工作	—	—	A、B	B

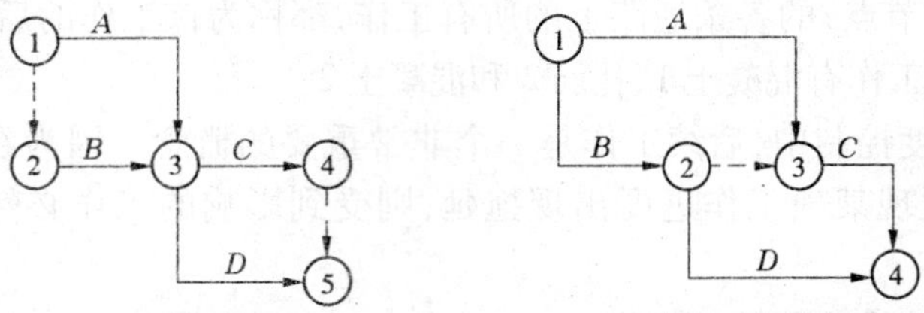

(a)错误画法　　　　(b)正确画法

图 3-6　按表 3-1 绘制的网络图

(2)网络图中严禁出现从一个节点出发,顺箭头方向又回到原出发点的循环回路。如果出现循环回路,会造成逻辑关系混乱,使工作无法按顺序进行。如图 3-7 所示,网络图中存在不允许出现的循环回路 *BCGF*。当然,此时节点编号也发生错误。

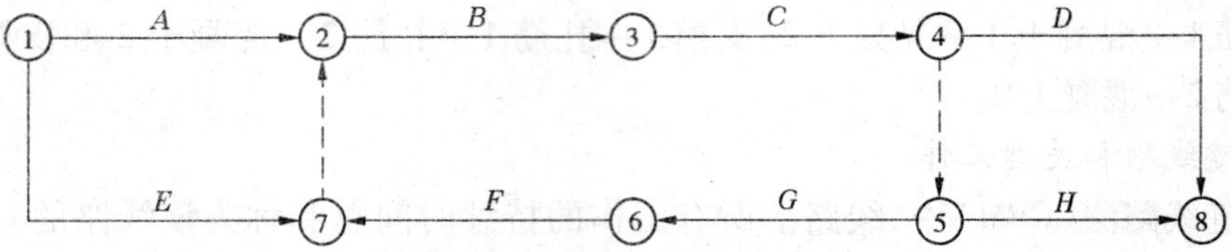

图 3-7　存在循环回路的错误网络图

(3)网络图中的箭线(包括虚箭线,以下同)应保持自左向右的方向,不应出现箭头指向左方的水平箭线和箭头偏向左方的斜向箭线。若遵循该规则绘制网络图,就不会出现循环回路。

(4)网络图中严禁出现双向箭头和无箭头的连线。图 3-8 所示即为错误的工作箭线画法,因为工作进行的方向不明确,因而不能达到网络图有向的要求。

(a)双向箭头　　　　(b)无箭头

图 3-8　错误的工作箭线画法

(5)网络图中严禁出现没有箭尾节点的箭线和没有箭头节点的箭线。图 3-9 即为错误的画法。

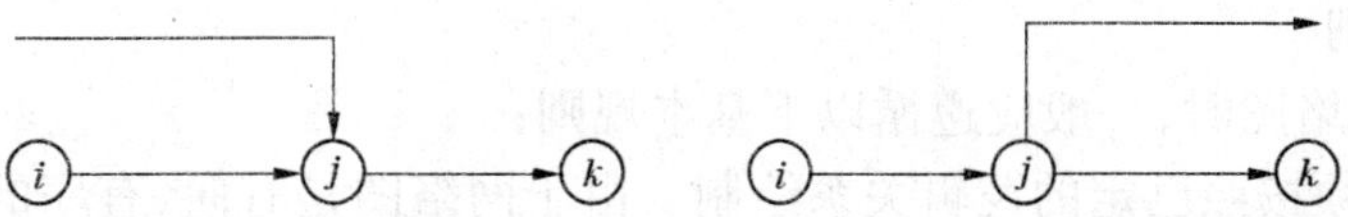

(a)存在没有箭尾节点的箭线　　　　(b)存在没有箭头节点的箭线

图 3-9　错误的画法

(6)严禁在箭线上引入或引出箭线,图 3-10 即为错误的画法。

但当网络图的起点节点有多条箭线引出(外向箭线)或终点节点有多条箭线引入(内向箭线)时,为使图形简洁,可用母线法绘图。即将多条箭线经一条共用的垂直线段从起点节点引出,或将多条箭线经一条共用的垂直线段引入终点节点,如图 3-11 所示。对于特殊线型的箭线,如粗箭线、双箭线、虚箭线、彩色箭线等,可在从母线上引出的支线上标出。

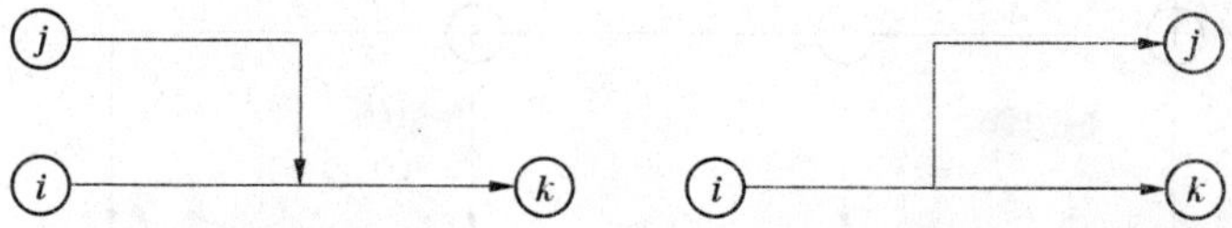

(a)在箭线上引入箭线　　(b)在箭线上引出箭线

图 3-10　错误的画法

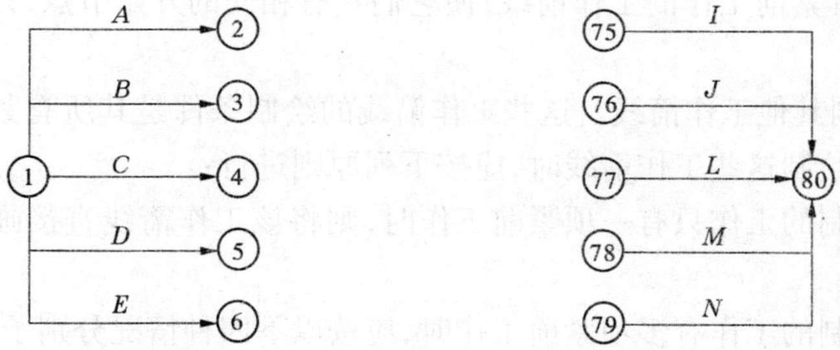

图 3-11　母线法

(7)应尽量避免网络图中工作箭线的交叉。当交叉不可避免时,可以采用过桥法或指向法处理,如图 3-12 所示。

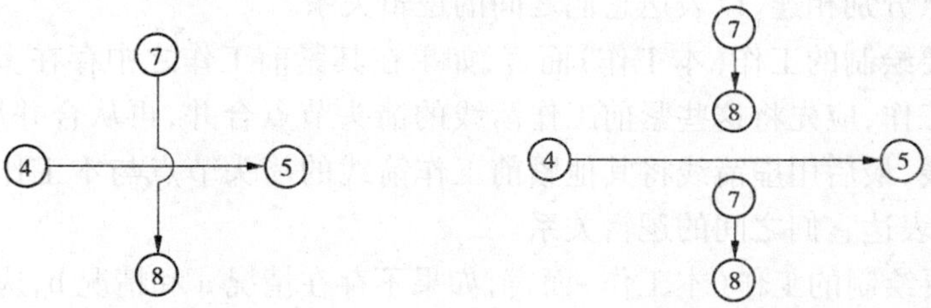

(a)过桥法　　(b)指向法

图 3-12　箭线交叉的表示方法

(8)网络图中应只有一个起点节点和一个终点节点(任务中部分工作需要分期完成的网络计划除外)。除网络图的起点节点和终点节点外,不允许出现没有外向箭线的节点和没有内向箭线的节点。图 3-13 所示网络图中有两个起点节点①和②,两个终点节点⑦和⑧。

该网络图的正确画法如图 3-14 所示,即将节点①和②合并为一个起点节点,将节点⑦和⑧合并为一个终点节点。

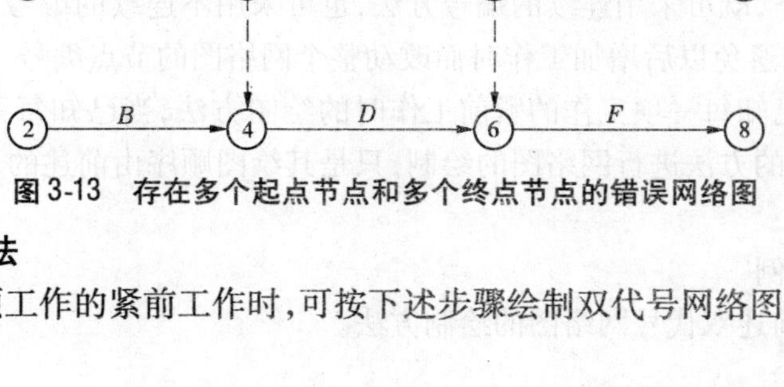

图 3-13　存在多个起点节点和多个终点节点的错误网络图

3.2.1.2　绘图方法

当已知每一项工作的紧前工作时,可按下述步骤绘制双代号网络图:

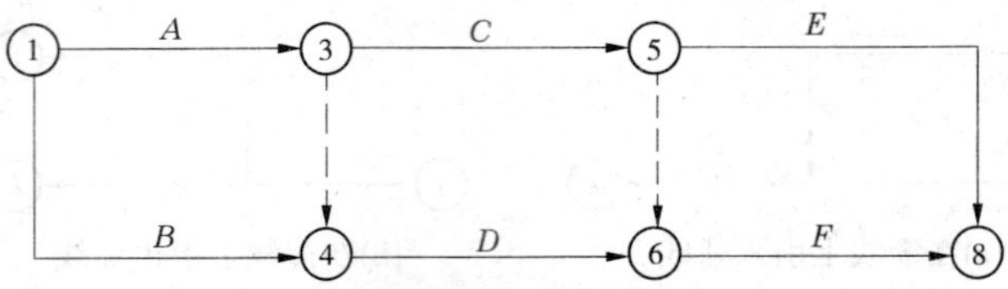

图 3-14　正确的网络图

(1)绘制没有紧前工作的工作箭线,使它们具有相同的开始节点,以保证网络图只有一个起点节点。

(2)依次绘制其他工作箭线。这些工作箭线的绘制条件是其所有紧前工作箭线都已经绘制出来。在绘制这些工作箭线时,应按下列原则进行:

①当所要绘制的工作只有一项紧前工作时,则将该工作箭线直接画在其紧前工作箭线之后即可。

②当所要绘制的工作有多项紧前工作时,应按以下四种情况分别予以考虑:

a. 对于所要绘制的工作(本工作)而言,如果在其紧前工作之中存在一项只作为本工作紧前工作的工作(即在紧前工作栏目中,该紧前工作只出现一次),则应将本工作箭线直接画在该紧前工作箭线之后,然后用虚箭线将其他紧前工作箭线的箭头节点与本工作箭线的箭尾节点分别相连,以表达它们之间的逻辑关系。

b. 对于所要绘制的工作(本工作)而言,如果在其紧前工作之中存在多项只作为本工作紧前工作的工作,应先将这些紧前工作箭线的箭头节点合并,再从合并后的节点开始,画出本工作箭线,最后用虚箭线将其他紧前工作箭线的箭头节点与本工作箭线的箭尾节点分别相连,以表达它们之间的逻辑关系。

c. 对于所要绘制的工作(本工作)而言,如果不存在情况 a 和情况 b,应判断本工作的所有紧前工作是否都同时作为其他工作的紧前工作(即在紧前工作栏目中,这几项紧前工作是否均同时出现若干次)。如果上述条件成立,应先将这些紧前工作箭线的箭头节点合并,再从合并后的节点开始画出本工作箭线。

d. 对于所要绘制的工作(本工作)而言,如果既不存在情况 a 和情况 b,也不存在情况 c,则应将本工作箭线单独画在其紧前工作箭线之后的中部,然后用虚箭线将其各紧前工作箭线的箭头节点与本工作箭线的箭尾节点分别相连,以表达它们之间的逻辑关系。

(3)当各项工作箭线都绘制出来之后,应合并那些没有紧后工作之工作箭线的箭头节点,以保证网络图只有一个终点节点(多目标网络计划除外)。

(4)当确认所绘制的网络图正确后,即可进行节点编号。网络图的节点编号在满足前述要求的前提下,既可采用连续的编号方法,也可采用不连续的编号方法,如 1,3,5,…或 5,10,15,…,以避免以后增加工作时而改动整个网络图的节点编号。

以上所述是已知每一项工作的紧前工作时的绘图方法,当已知每一项工作的紧后工作时,也可按类似的方法进行网络图的绘制,只是其绘图顺序由前述的从左向右改为从右向左。

3.2.1.3　绘图示例

现举例说明前述双代号网络图的绘制方法。

【例 3-1】 已知各工作之间的逻辑关系如表 3-1 所示,绘制其双代号网络图。

解:绘图步骤如下:

(1)绘制工作箭线 *A* 和工作箭线 *B*,如图 3-15(a)所示。

(2)按前述原则②中的情况 a 绘制工作箭线 C,如图 3-15(b)所示。

(3)按前述原则①绘制工作箭线 *D* 后,将工作箭线 *C* 和 *D* 的箭头节点合并,以保证网络图只有一个终点节点。当确认给定的逻辑关系表达正确后,再进行节点编号。表 3-1 给定的逻辑关系所对应的双代号网络图如图 3-15(c)所示。

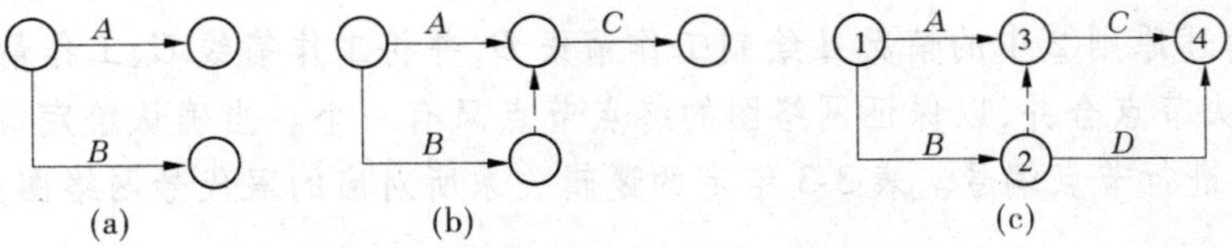

图 3-15 例 3-1 绘图过程

【例 3-2】 已知各工作之间的逻辑关系如表 3-2 所示,绘制其双代号网络图。

表 3-2 工作逻辑关系表一

工作	*A*	*B*	*C*	*D*	*E*	*G*
紧前工作	—	—	—	*A*、*B*	*A*、*B*、*C*	*D*、*E*

解:绘图步骤如下:

(1)绘制工作箭线 *A*、工作箭线 *B* 和工作箭线 *C*,如图 3-16(a)所示。

(2)按前述原则②中的情况 c 绘制工作箭线 *D*,如图 3-16(b)所示。

(3)按前述原则②中的情况 a 绘制工作箭线 *E*,如图 3-16(c)所示。

(4)按前述原则②中的情况 b 绘制工作箭线 *G*。当确认给定的逻辑关系表达正确后,再进行节点编号。表 3-2 给定的逻辑关系所对应的双代号网络图如图 3-16(d)所示。

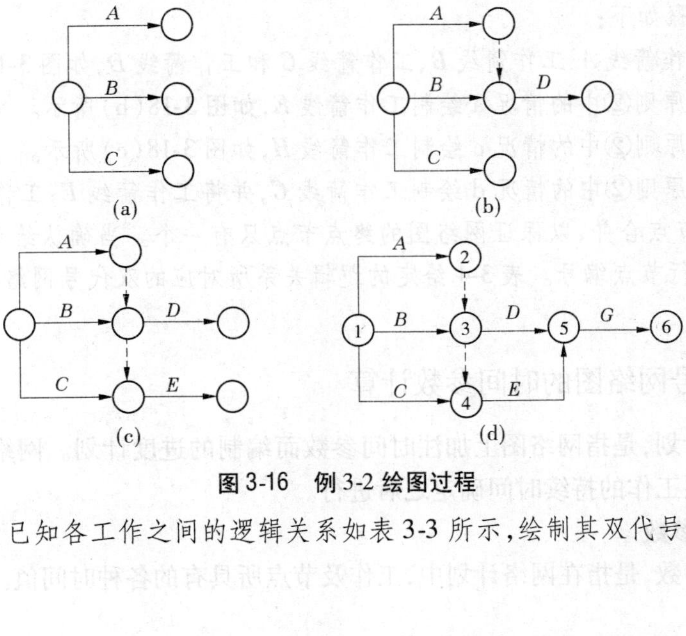

图 3-16 例 3-2 绘图过程

【例 3-3】 已知各工作之间的逻辑关系如表 3-3 所示,绘制其双代号网络图。

表 3-3　工作逻辑关系表二

工　作	A	B	C	D	E
紧前工作	—	—	A	A、B	B

解:绘图步骤如下:

(1)绘制工作箭线 A 和工作箭线 B,如图 3-17(a)所示。

(2)按前述原则①分别绘制工作箭线 C 和工作箭线 E,如图 3-17(b)所示。

(3)按前述原则②中的情况 d 绘制工作箭线 D,并将工作箭线 C、工作箭线 D 和工作箭线 E 的箭头节点合并,以保证网络图的终点节点只有一个。当确认给定的逻辑关系表达正确后,再进行节点编号。表 3-3 给定的逻辑关系所对应的双代号网络图如图 3-17(c)所示。

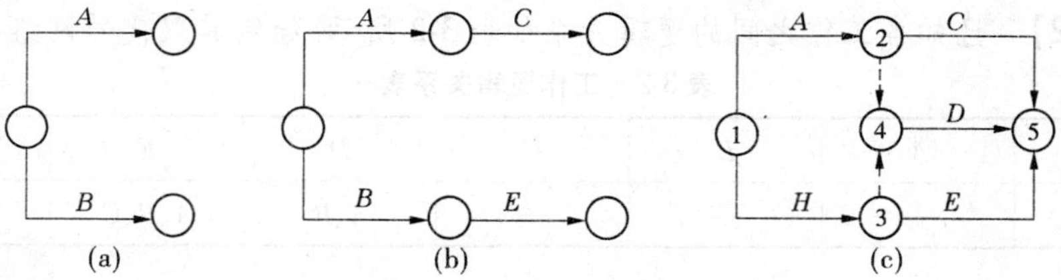

图 3-17　例 3-3 绘图过程

【例 3-4】　已知各工作之间的逻辑关系如表 3-4 所示,绘制其双代号网络图。

表 3-4　工作逻辑关系表三

工作	A	B	C	D	E	G	H
紧前工作	—	—	—	—	A、B	B、C、D	C、D

解:绘图步骤如下:

(1)绘制工作箭线 A、工作箭线 B、工作箭线 C 和工作箭线 D,如图 3-18(a)所示。

(2)按前述原则②中的情况 a 绘制工作箭线 E,如图 3-18(b)所示。

(3)按前述原则②中的情况 c 绘制工作箭线 H,如图 3-18(c)所示。

(4)按前述原则②中的情况 d 绘制工作箭线 G,并将工作箭线 E、工作箭线 G 和工作箭线 H 的箭头节点合并,以保证网络图的终点节点只有一个。当确认给定的逻辑关系表达正确后,再进行节点编号。表 3-4 给定的逻辑关系所对应的双代号网络图如图 3-18(d)所示。

3.2.2　双代号网络图的时间参数计算

所谓网络计划,是指网络图上加注时间参数而编制的进度计划。网络计划时间参数的计算应在各项工作的持续时间确定之后进行。

3.2.2.1　时间参数

所谓时间参数,是指在网络计划中,工作及节点所具有的各种时间值。

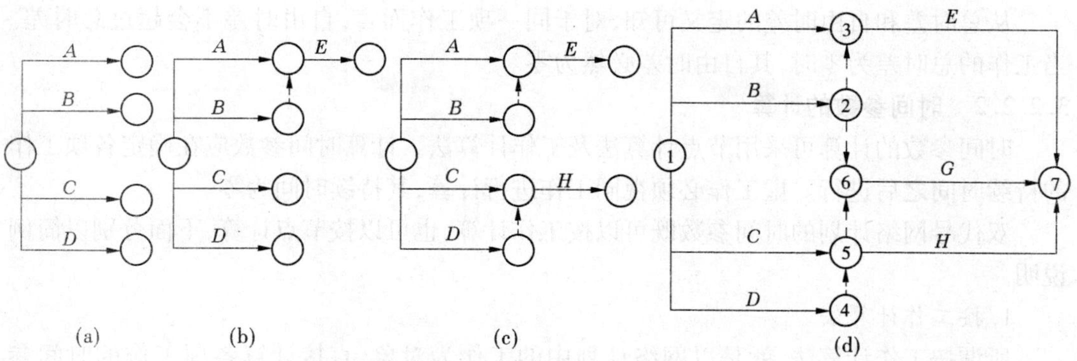

图 3-18　例 3-4 绘图过程

双代号网络图的时间参数包括各工作的时间参数、各节点的时间参数、有关工期的参数以及时差。

1. 各工作的时间参数

工作持续时间(D)——一项工作从开始到完成的时间；

最早开始时间(ES)——各紧前工作全部完成后，本工作有可能开始的最早时刻；

最早完成时间(EF)——各紧前工作全部完成后，本工作有可能完成的最早时刻；

最迟开始时间(LS)——在不影响整个任务按期完成的前提下，工作必须开始的最迟时刻；

最迟完成时间(LF)——在不影响整个任务按期完成的前提下，工作必须完成的最迟时刻。

2. 各节点的时间参数

节点最早时间(ET)——双代号网络图中，以该节点为开始节点的各项工作的最早开始时间；

节点最迟时间(LT)——双代号网络图中，以该节点为完成节点的各项工作的最迟完成时间。

3. 工期

计算工期——据时间参数计算所得到的工期，用 T_c 表示；

要求工期——任务委托人所提出的指令性工期，用 T_r 表示；

计划工期——根据要求工期和计算工期所确定的作为实施目标的工期，用 T_p 表示。

(1)当规定了要求工期时，计划工期不应超过要求工期，即

$$T_p \leqslant T_r \tag{3-1}$$

(2)未规定要求工期时，可令计划工期等于计算工期，即

$$T_p = T_c \tag{3-2}$$

4. 时差

自由时差(FF)——各工作在不影响后续工作最早开始时间的前提下，也就是在不影响计划子目标工期的前提下，所具有的机动时间。

总时差(TF)——各工作在不影响计划总工期的情况下所具有的机动时间，也就是在不影响其所有后续工作最迟开始时间的前提下所具有的机动时间。

从总时差和自由时差的定义可知，对于同一项工作而言，自由时差不会超过总时差。当工作的总时差为零时，其自由时差必然为零。

3.2.2.2 时间参数的计算

时间参数的计算可采用节点计算法及工作计算法。计算时间参数应在确定各项工作的持续时间之后进行。虚工作必须视同工作进行计算，其持续时间为零。

双代号网络计划的时间参数既可以按工作计算，也可以按节点计算，下面分别以简例说明。

1. 按工作计算法

所谓按工作计算法，就是以网络计划中的工作为对象，直接计算各项工作的时间参数。这些时间参数包括：工作的最早开始时间和最早完成时间、工作的最迟开始时间和最迟完成时间、工作的总时差和自由时差。此外，还应计算网络计划的计算工期。

为了简化计算，网络计划时间参数中的开始时间和完成时间都应以时间单位的终了时刻为标准。如第 3 天开始即是指第 3 天终了（下班）时刻开始，实际上是第 4 天上班时刻才开始；第 5 天完成即是指第 5 天终了（下班）时刻完成。

下面以图 3-19 所示双代号网络计划为例，说明按工作计算法计算时间参数的过程。其计算结果如图 3-20 所示。

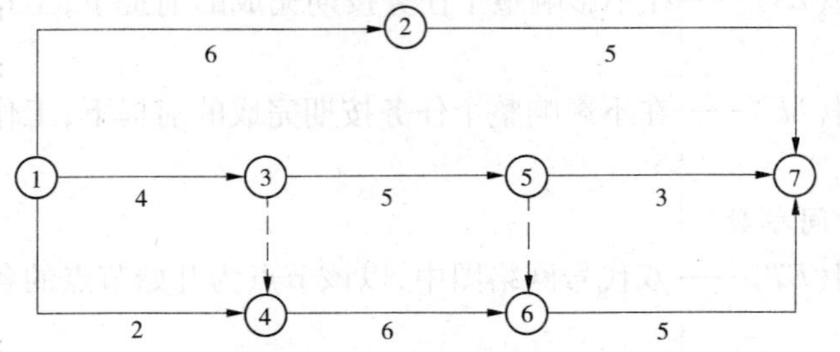

图 3-19 双代号网络计划

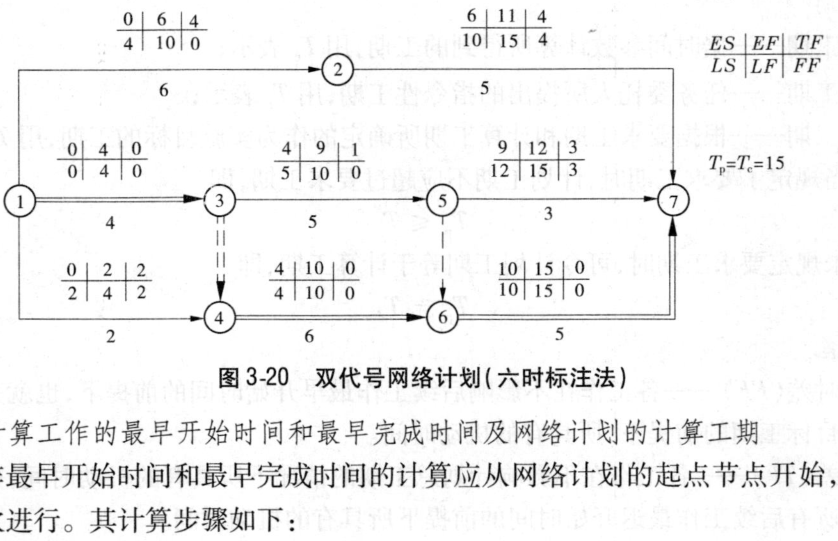

图 3-20 双代号网络计划（六时标注法）

1）计算工作的最早开始时间和最早完成时间及网络计划的计算工期

工作最早开始时间和最早完成时间的计算应从网络计划的起点节点开始，顺着箭线方向依次进行。其计算步骤如下：

(1)以网络计划起点节点为开始节点的工作,当未规定其最早开始时间时,其最早开始时间为零。例如在本例中,工作1—2、工作1—3和工作1—4的最早开始时间都为零,即

$$ES_{1-2} = ES_{1-3} = ES_{1-4} = 0$$

(2)工作的最早完成时间可利用式(3-3)进行计算

$$EF_{i-j} = ES_{i-j} + D_{i-j} \tag{3-3}$$

式中 EF_{i-j}——工作 $i—j$ 的最早完成时间;

ES_{i-j}——工作 $i—j$ 的最早开始时间;

D_{i-j}——工作 $i—j$ 的持续时间。

例如在本例中,工作1—2、工作1—3和工作1—4的最早完成时间分别为:

工作1—2 $EF_{1-2} = ES_{1-2} + D_{1-2} = 0 + 6 = 6$

工作1—3 $EF_{1-3} = ES_{1-3} + D_{1-3} = 0 + 4 = 4$

工作1—4 $EF_{1-4} = ES_{1-4} + D_{1-4} = 0 + 2 = 2$

(3)其他工作的最早开始时间应等于其紧前工作最早完成时间的最大值,即

$$ES_{i-j} = \max\{EF_{h-i}\} = \max\{ES_{h-i} + D_{h-i}\} \tag{3-4}$$

式中 ES_{i-j}——工作 $i—j$ 的最早开始时间;

EF_{h-i}——工作 $i—j$ 的紧前工作 $h—i$(非虚工作)的最早完成时间;

ES_{h-i}——工作 $i—j$ 的紧前工作 $h—i$(非虚工作)的最早开始时间;

D_{h-i}——工作 $i—j$ 的紧前工作 $h—i$(非虚工作)的持续时间。

例如在本例中,工作3—5和工作4—6的最早开始时间分别为

$$ES_{3-5} = EF_{1-3} = 4$$

$$ES_{4-6} = \max\{EF_{1-3}, EF_{1-4}\} = \max\{4, 2\} = 4$$

(4)网络计划的计算工期应等于以网络计划终点节点为完成节点的工作的最早完成时间的最大值,即

$$T_c = \max\{EF_{i-n}\} = \max\{ES_{i-n} + D_{i-n}\} \tag{3-5}$$

式中 T_c——网络计划的计算工期;

EF_{i-n}——以网络计划终点节点 n 为完成节点的工作的最早完成时间;

ES_{i-n}——以网络计划终点节点 n 为完成节点的工作的最早开始时间;

D_{i-n}——以网络计划终点节点 n 为完成节点的工作的持续时间。

在本例中,网络计划的计算工期为

$$T_c = \max\{EF_{2-7}, EF_{5-7}, EF_{6-7}\} = \max\{11, 12, 15\} = 15$$

2)确定网络计划的计划工期

网络计划的计划工期应按式(3-1)或式(3-2)确定。在本例中,假设未规定要求工期,则其计划工期就等于计算工期,即

$$T_p = T_c = 15$$

计划工期应标注在网络计划终点节点的右上方,如图3-20所示。

3)计算工作的最迟完成时间和最迟开始时间

工作最迟完成时间和最迟开始时间的计算应从网络计划的终点节点开始,逆着箭线

方向依次进行。其计算步骤如下：

（1）以网络计划终点节点为完成节点的工作，其最迟完成时间等于网络计划的计划工期，即

$$LF_{i-n} = T_P \tag{3-6}$$

式中 LF_{i-n}——以网络计划终点节点 n 为完成节点的工作的最迟完成时间；

T_p——网络计划的计划工期。

例如在本例中，工作 2—7、工作 5—7 和工作 6—7 的最迟完成时间为

$$LF_{2-7} = LF_{5-7} = LF_{6-7} = T_p = 15$$

（2）工作的最迟开始时间可利用式（3-7）进行计算

$$LS_{i-j} = LF_{i-j} - D_{i-j} \tag{3-7}$$

式中 LS_{i-j}——工作 i—j 的最迟开始时间；

LF_{i-j}——工作 i—j 的最迟完成时间；

D_{i-j}——工作 i—j 的持续时间。

例如在本例中，工作 2—7、工作 5—7 和工作 6—7 的最迟开始时间分别为

$$LS_{2-7} = LF_{2-7} - D_{2-7} = 15 - 5 = 10$$

$$LS_{5-7} = LF_{5-7} - D_{5-7} = 15 - 3 = 12$$

$$LS_{6-7} = LF_{6-7} - D_{6-7} = 15 - 5 = 10$$

（3）其他工作的最迟完成时间应等于其紧后工作最迟开始时间的最小值，即

$$LF_{i-j} = \min\{LS_{j-k}\} = \min\{LF_{j-k} - D_{j-k}\} \tag{3-8}$$

式中 LF_{i-j}——工作 i—j 的最迟完成时间；

LS_{j-k}——工作 i—j 的紧后工作 j—k（非虚工作）的最迟开始时间；

LF_{j-k}——工作 i—j 的紧后工作 j—k（非虚工作）的最迟完成时间；

D_{j-k}——工作 i—j 的紧后工作 j—k（非虚工作）的持续时间。

例如在本例中，工作 3—5 和工作 4—6 的最迟完成时间分别为

$$LF_{3-5} = \min\{LS_{5-7}, LS_{6-7}\} = \min\{12, 10\} = 10$$

$$LF_{4-6} = LS_{6-7} = 10$$

4）计算工作的总时差

工作的总时差等于该工作最迟完成时间与最早完成时间之差，或该工作最迟开始时间与最早开始时间之差，即

$$TF_{i-j} = LF_{i-j} - EF_{i-j} = LS_{i-j} - ES_{i-j} \tag{3-9}$$

式中 TF_{i-j}——工作 i—j 的总时差；

其余符号意义同前。

例如在本例中，工作 3—5 的总时差为

$$TF_{3-5} = LF_{3-5} - EF_{3-5} = 10 - 9 = 1$$

或

$$TF_{3-5} = LS_{3-5} - ES_{3-5} = 5 - 4 = 1$$

5）计算工作的自由时差

工作自由时差的计算应按以下两种情况分别考虑：

（1）对于有紧后工作的工作，其自由时差等于本工作之紧后工作最早开始时间减本

工作最早完成时间所得之差的最小值，即

$$FF_{i-j} = \min\{ES_{j-k} - EF_{i-j}\} = \min\{ES_{j-k} - ES_{i-j} - D_{i-j}\} \tag{3-10}$$

式中 FF_{i-j}——工作 i—j 的自由时差；

ES_{j-k}——工作 i—j 的紧后工作 j—k（非虚工作）的最早开始时间；

EF_{i-j}——工作 i—j 的最早完成时间；

ES_{i-j}——工作 i—j 的最早开始时间；

D_{i-j}——工作 i—j 的持续时间。

例如在本例中，工作 1—4 和工作 3—5 的自由时差分别为

$$FF_{1-4} = ES_{4-6} - EF_{1-4} = 4 - 2 = 2$$

$$FF_{3-5} = \min\{ES_{5-7} - EF_{3-5}, ES_{6-7} - EF_{3-5}\} = \min\{9 - 9, 10 - 9\} = 0$$

（2）对于无紧后工作的工作，也就是以网络计划终点节点为完成节点的工作，其自由时差等于计划工期与本工作最早完成时间之差，即

$$FF_{i-n} = T_p - EF_{i-n} = T_p - ES_{i-n} - D_{i-n} \tag{3-11}$$

式中 FF_{i-n}——以网络计划终点节点 n 为完成节点的工作 i—n 的自由时差；

T_p——网络计划的计划工期；

EF_{i-n}——以网络计划终点节点 n 为完成节点的工作 i—n 的最早完成时间；

ES_{i-n}——以网络计划终点节点 n 为完成节点的工作 i—n 的最早开始时间；

D_{i-n}——以网络计划终点节点 n 为完成节点的工作 i—n 的持续时间。

例如在本例中，工作 2—7、工作 5—7 和工作 6—7 的自由时差分别为

$$FF_{2-7} = T_p - EF_{2-7} = 15 - 11 = 4$$

$$FF_{5-7} = T_p - EF_{5-7} = 15 - 12 = 3$$

$$FF_{6-7} = T_p - EF_{6-7} = 15 - 15 = 0$$

需要指出的是，对于网络计划中以终点节点为完成节点的工作，其自由时差与总时差相等。此外，由于工作的自由时差是其总时差的构成部分，所以当工作的总时差为零时，其自由时差必然为零，可不必进行专门计算。例如在本例中，工作 1—3、工作 4—6 和工作 6—7 的总时差全部为零，故其自由时差也全部为零。

6）确定关键工作和关键线路

在网络计划中，总时差最小的工作为关键工作。特别地，当网络计划的计划工期等于计算工期时，总时差为零的工作就是关键工作。例如在本例中，工作 1—3、工作 4—6 和工作 6—7 的总时差均为零，故它们都是关键工作。

找出关键工作之后，将这些关键工作首尾相连，便至少构成一条从起点节点到终点节点的通路，通路上各项工作的持续时间总和最大的就是关键线路。在关键线路上可能有虚工作存在。

关键线路一般用粗箭线或双线箭线标出，也可以用彩色箭线标出。例如在本例中，线路①—③—④—⑥—⑦即为关键线路。关键线路上各项工作的持续时间总和应等于网络计划的计算工期，这一特点也是判别关键线路是否正确的准则。

在上述计算过程中，是将每项工作的六个时间参数均标注在图中，故称为六时标注法，如图 3-20 所示。为使网络计划的图面更加简洁，在双代号网络计划中，除各项工作的

持续时间以外，通常只需标注两个最基本的时间参数——各项工作的最早开始时间和最迟开始时间即可，而工作的其他四个时间参数（最早完成时间、最迟完成时间、总时差和自由时差）均可根据工作的最早开始时间、最迟开始时间及持续时间导出。这种方法称为二时标注法，如图 3-21 所示。

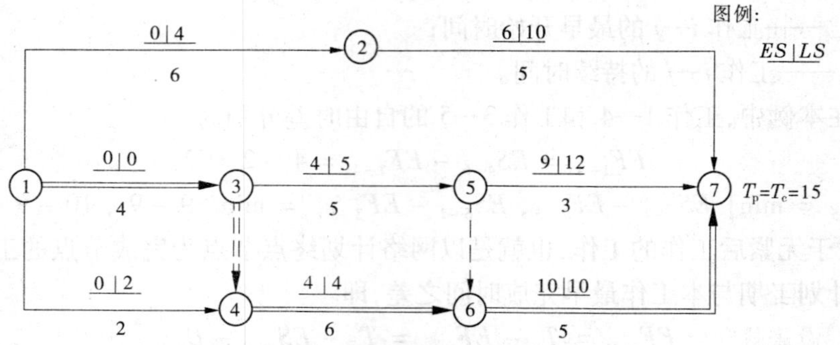

图 3-21　双代号网络计划（二时标注法）

2. 按节点计算法

所谓按节点计算法，就是先计算网络计划中各个节点的最早时间和最迟时间，然后再据此计算各项工作的时间参数和网络计划的计算工期。

下面仍以图 3-19 所示双代号网络计划为例，说明按节点计算法计算时间参数的过程。其计算结果如图 3-22 所示。

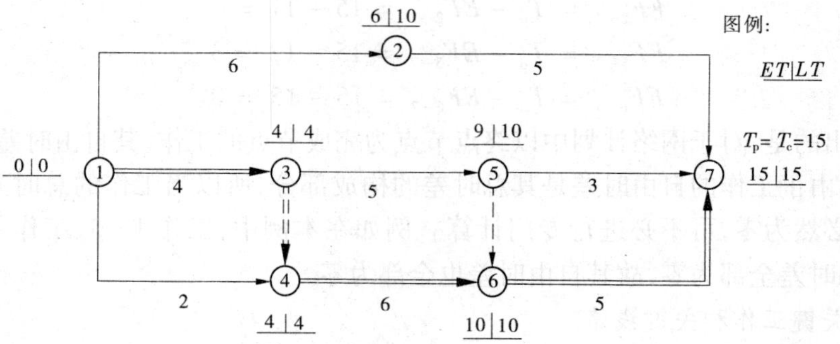

图 3-22　双代号网络计划（按节点计算法）

1）计算节点的最早时间和最迟时间

（1）计算节点的最早时间。节点最早时间的计算应从网络计划的起点节点开始，顺着箭线方向依次进行。其计算步骤如下：

①网络计划起点节点，如未规定最早时间，其最早时间值为零。例如在本例中，起点节点①的最早时间为零，即

$$ET_1 = 0$$

②其他节点的最早时间应按式（3-12）进行计算

$$ET_j = \max\{ET_i + D_{i-j}\} \tag{3-12}$$

式中　ET_j——工作 $i—j$ 的完成节点 j 的最早时间；

ET_i——工作 $i—j$ 的开始节点 i 的最早时间；

D_{i-j}——工作 $i—j$ 的持续时间。

例如在本例中，节点③和节点④的最早时间分别为

$$ET_3 = ET_1 + D_{1-3} = 0 + 4 = 4$$

$$ET_4 = \max\{ET_1 + D_{1-4}, ET_3 + D_{3-4}\} = \max\{0 + 2, 4 + 0\} = 4$$

③网络计划的计算工期等于网络计划终点节点的最早时间，即

$$T_c = ET_n \tag{3-13}$$

式中 T_c——网络计划的计算工期；

ET_n——网络计划终点节点 n 的最早时间。

例如在本例中，其计算工期为

$$T_c = ET_7 = 15$$

(2)确定网络计划的计划工期。网络计划的计划工期应按式(3-1)或式(3-2)确定。在本例中，假设未规定要求工期，则其计划工期就等于计算工期，即

$$T_p = T_c = 15 \tag{3-14}$$

计划工期应标注在终点节点的右上方，如图 3-22 所示。

(3)计算节点的最迟时间。节点最迟时间的计算应从网络计划的终点节点开始，逆着箭线方向依次进行，其步骤如下：

①网络计划终点节点的最迟时间等于网络计划的计划工期，即

$$LT_n = T_p \tag{3-15}$$

式中 LT_n——网络计划终点节点 n 的最迟时间；

T_p——网络计划的计划工期。

例如在本例中，终点节点⑦的最迟时间为

$$LT_7 = T_p = 15$$

②其他节点的最迟时间应按式(3-16)进行计算

$$LT_i = \min\{LT_j - D_{i-j}\} \tag{3-16}$$

式中 LT_i——工作 $i—j$ 的开始节点 i 的最迟时间；

LT_j——工作 $i—j$ 的完成节点 j 的最迟时间；

D_{i-j}——工作 $i—j$ 的持续时间。

例如在本例中，节点⑥和节点⑤的最迟时间分别为

$$LT_6 = LT_7 - D_{6-7} = 15 - 5 = 10$$

$$LT_5 = \min\{LT_6 - D_{5-6}, LT_7 - D_{5-7}\} = \min\{10 - 0, 15 - 3\} = 10$$

2)根据节点的最早时间和最迟时间判定工作的六个时间参数

(1)工作的最早开始时间等于该工作开始节点的最早时间，即

$$ES_{i-j} = ET_i \tag{3-17}$$

例如在本例中，工作 1—2 和工作 2—7 的最早开始时间分别为

$$ES_{1-2} = ET_1 = 0$$

$$ES_{2-7} = ET_2 = 6$$

(2)工作的最早完成时间等于该工作开始节点的最早时间与其持续时间之和，即

$$EF_{i-j} = ET_i + D_{i-j} \tag{3-18}$$

例如在本例中,工作1—2和工作2—7的最早完成时间分别为

$$EF_{1-2} = ET_1 + D_{1-2} = 0 + 6 = 6$$

$$EF_{2-7} = ET_2 + D_{2-7} = 6 + 5 = 11$$

(3)工作的最迟完成时间等于该工作完成节点的最迟时间,即

$$LF_{i-j} = LT_j \tag{3-19}$$

例如在本例中,工作1—2和工作2—7的最迟完成时间分别为

$$LF_{1-2} = LT_2 = 10$$

$$LF_{2-7} = LT_7 = 15$$

(4)工作的最迟开始时间等于该工作完成节点的最迟时间与其持续时间之差,即

$$LS_{i-j} = LT_j - D_{i-j} \tag{3-20}$$

例如在本例中,工作1—2和工作2—7的最迟开始时间分别为

$$LS_{1-2} = LT_2 - D_{1-2} = 10 - 6 = 4$$

$$LS_{2-7} = LT_7 - D_{2-7} = 15 - 5 = 10$$

(5)工作的总时差可根据式(3-9)、式(3-19)和式(3-18)得到

$$TF_{i-j} = LF_{i-j} - EF_{i-j} = LT_j - (ET_i + D_{i-j}) = LT_j - ET_i - D_{i-j} \tag{3-21}$$

由式(3-21)可知,工作的总时差等于该工作完成节点的最迟时间减去该工作开始节点的最早时间所得差值再减其持续时间。例如在本例中,工作1—2和工作3—5的总时差分别为

$$TF_{1-2} = LT_2 - ET_1 - D_{1-2} = 10 - 0 - 6 = 4$$

$$TF_{3-5} = LT_5 - ET_3 - D_{3-5} = 10 - 4 - 5 = 1$$

(6)工作的自由时差可根据式(3-10)和式(3-17)得到

$$\begin{aligned} FF_{i-j} &= \min\{ES_{j-k} - ES_{i-j} - D_{i-j}\} \\ &= \min\{ES_{j-k}\} - ES_{i-j} - D_{i-j} \\ &= \min\{ET_j\} - ET_i - D_{i-j} \end{aligned} \tag{3-22}$$

由式(3-22)可知,工作的自由时差等于该工作完成节点的最早时间减去该工作开始节点的最早时间所得差值再减其持续时间。例如在本例中,工作1—2和工作3—5的自由时差分别为

$$FF_{1-2} = ET_2 - ET_1 - D_{1-2} = 6 - 0 - 6 = 0$$

$$FF_{3-5} = ET_5 - ET_3 - D_{3-5} = 9 - 4 - 5 = 0$$

特别需要注意的是,如果本工作与其各紧后工作之间存在虚工作,其中的 ET_j 应为本工作紧后工作开始节点的最早时间,而不是本工作完成节点的最早时间。

3)确定关键线路和关键工作

在双代号网络计划中,关键线路上的节点称为关键节点。关键工作两端的节点必为关键节点,但两端为关键节点的工作不一定是关键工作。关键节点的最迟时间与最早时间的差值最小。特别地,当网络计划的计划工期等于计算工期时,关键节点的最早时间与最迟时间必然相等。例如在本例中,节点①、③、④、⑥、⑦就是关键节点。关键节点必然处在关键线路上,但由关键节点组成的线路不一定是关键线路。例如在本例中,由关键节

点①、④、⑥、⑦组成的线路就不是关键线路。

当利用关键节点判别关键线路和关键工作时，还要满足下列判别式

$$ET_i + D_{i-j} = ET_j \tag{3-23}$$

或

$$LT_i + D_{i-j} = LT_j \tag{3-24}$$

式中 ET_i——工作 i—j 的开始节点（关键节点）i 的最早时间；

D_{i-j}——工作 i—j 的持续时间；

ET_j——工作 i—j 的完成节点（关键节点）j 的最早时间；

LT_i——工作 i—j 的开始节点（关键节点）i 的最迟时间；

LT_j——工作 i—j 的完成节点（关键节点）j 的最迟时间。

如果两个关键节点之间的工作符合上述判别式，则该工作必然为关键工作，它应该在关键线路上。否则，该工作就不是关键工作，关键线路也就不会从此处通过。例如在本例中，工作1—3、虚工作3—4、工作4—6 和工作6—7 均符合上述判别式，故线路①—③—④—⑥—⑦为关键线路。

4）关键节点的特性

在双代号网络计划中，当计划工期等于计算工期时，关键节点具有以下一些特性，掌握好这些特性，有助于确定工作的时间参数。

（1）开始节点和完成节点均为关键节点的工作，不一定是关键工作。例如在图3-22所示的网络计划中，节点①和节点④为关键节点，但工作1—4 为非关键工作。由于其两端为关键节点，机动时间不可能为其他工作所利用，故其总时差和自由时差均为2。

（2）以关键节点为完成节点的工作，其总时差和自由时差必然相等。例如在图3-22所示的网络计划中，工作1—4 的总时差和自由时差均为2，工作2—7 的总时差和自由时差均为4，工作5—7 的总时差和自由时差均为3。

（3）当两个关键节点间有多项工作，且工作间的非关键节点无其他内向箭线和外向箭线时，则两个关键节点间各项工作的总时差均相等。在这些工作中，除以关键节点为完成节点的工作自由时差等于总时差外，其余工作的自由时差均为零。例如在图3-22所示网络计划中，工作1—2 和工作2—7 的总时差均为4。工作2—7 的自由时差等于总时差，而工作1—2 的自由时差为零。

（4）当两个关键节点间有多项工作，且工作间的非关键节点有外向箭线而无其他内向箭线时，则两个关键节点间各项工作的总时差不一定相等。在这些工作中，除以关键节点为完成节点的工作自由时差等于总时差外，其余工作的自由时差均为零。例如在图3-22所示网络计划中，工作3—5 和工作5—7 的总时差分别为1 和3。工作5—7 的自由时差等于总时差，而工作3—5 的自由时差为零。

3.标号法

标号法是一种快速寻求网络计划计算工期和关键线路的方法。它利用按节点计算法的基本原理，对网络计划中的每一个节点进行标号，然后利用标号值确定网络计划的计算工期和关键线路。

下面仍以图3-19 所示网络计划为例，说明标号法的计算过程。其计算结果如图3-23所示。

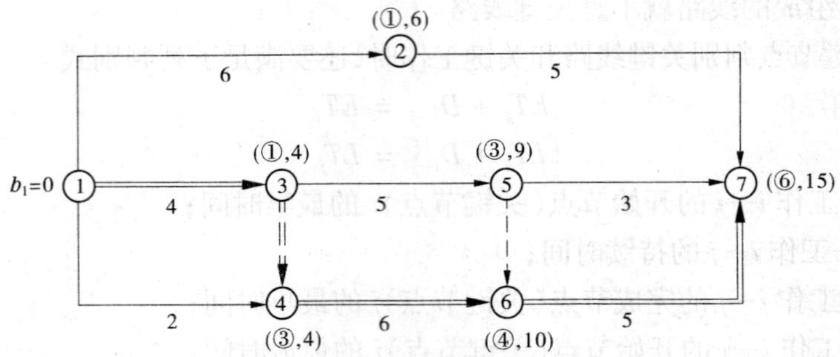

图 3-23　双代号网络计划（标号法）

（1）网络计划起点节点的标号值为零。例如在本例中，节点①的标号值为零，即

$$b_1 = 0$$

（2）其他节点的标号值应根据式（3-25）按节点编号从小到大的顺序逐个进行计算

$$b_j = \max\{b_i + D_{i-j}\} \tag{3-25}$$

式中　b_j——工作 $i—j$ 的完成节点 j 的标号值；

b_i——工作 $i—j$ 的开始节点 i 的标号值；

D_{i-j}——工作 $i—j$ 的持续时间。

例如在本例中，节点③和节点④的标号值分别为

$$b_3 = b_1 + D_{1-3} = 0 + 4 = 4$$

$$\begin{aligned} b_4 &= \max\{b_1 + D_{1-4},\ b_3 + D_{3-4}\} \\ &= \max\{0 + 2, 4 + 0\} \\ &= 4 \end{aligned}$$

当计算出节点的标号值后，用其标号值及其源节点对该节点进行双标号。所谓源节点，就是用来确定本节点标号值的节点。例如在本例中，节点④的标号值4是由节点③所确定的，故节点④的源节点就是节点③。如果源节点有多个，应将所有源节点标出。

（3）网络计划的计算工期就是网络计划终点节点的标号值。例如在本例中，其计算工期就等于终点节点⑦的标号值15。

（4）关键线路应从网络计划的终点节点开始，逆着箭线方向按源节点确定。例如在本例中，从终点节点⑦开始，逆着箭线方向按源节点可以找出关键线路为①—③—④—⑥—⑦。

3.3　双代号时标网络进度计划的编制

3.3.1　时标网络计划的概念

3.3.1.1　时标网络计划的含义

时标网络计划是以时间坐标为尺度编制的网络计划。双代号时标网络计划又简称时标网络计划。

3.3.1.2 时标网络计划的时标计划表

时标网络计划是绘制在时标计划表上的。时标的时间单位是根据需要，在编制时标网络计划之前确定的，可以是小时、天、周、旬、月或季等。时间可标注在时标计划表顶部，也可以标注在底部，必要时还可以在顶部或底部同时标注。时标的长度单位必须注明。必要时可在顶部时标之上或底部时标之下加注日历的对应时间。时标计划表中部的刻度线宜为细线。为使图面清晰，该刻度线可以少画或不画。

3.3.1.3 时标网络计划的基本符号

时标网络计划的工作，以实箭线表示，自由时差以波形线表示，虚工作以虚箭线表示。当实箭线之后有波形线且其末端有垂直部分时，其垂直部分用实线绘制；当虚箭线有时差且其末端有垂直部分时，其垂直部分用虚线绘制。

3.3.1.4 时标网络计划的特点

时标网络计划与非时标网络计划比较有如下特点：

(1)主要时间参数一目了然，具有横道计划的优点，故使用方便。

(2)由于箭线的长短受时标的制约，故绘图比较麻烦，修改网络计划的工作持续时间时必须重新绘图。

(3)绘图时可以不进行计算。只有在图上没有直接表示出来的时间参数，如总时差、最迟开始时间和最迟完成时间，才需要进行计算。所以，使用时标网络计划可大大节省计算量。

3.3.1.5 时标网络计划的适用范围

由于时标网络计划的上述优点，加之过去人们习惯使用横道计划，故时标网络计划容易被接受，在我国应用面较广。时标网络计划主要适用以下几种情况：

(1)编制工作项目较少，并且工艺过程较简单的建筑施工计划，能迅速地边绘，边算，边调整。

(2)对于大型复杂的工程，特别是不使用计算机时，可以先用时标网络图的形式绘制各分部分项工程的网络计划，然后再综合起来绘制出较简明的总网络计划；也可以先编制一个总的施工网络计划，以后每隔一段时间，对下段时间应施工的工程区段绘制详细的时标网络计划。时间间隔的长短要根据工程的性质、所需的详细程度和工程的复杂性决定。执行过程中，如果时间有变化，则不必改动整个网络计划，而只对这一阶段的时标网络计划进行修订。

(3)有时为了便于在图上直接表示每项工作的进程，可将已编制并计算好的网络计划再复制成时标网络计划。这项工作可应用计算机来完成。

(4)待优化或执行中在图上直接调整的网络计划。

(5)年、季、月等周期性网络计划。

3.3.2 双代号时标网络图的绘图方法

3.3.2.1 绘图的基本要求

(1)时间长度是以所有符号在时标表上的水平位置及其水平投影长度表示的，与其所代表的时间值相对应。

(2)节点的中心必须对准时标的刻度线。

(3)虚工作必须以垂直虚箭线表示,有时差时加波形线表示。

(4)时标网络计划宜按最早时间编制,不宜按最迟时间编制。

(5)时标网络计划编制前,应先绘制无时标网络计划。

(6)绘制时标网络图时可以在以下两种方法中任选一种:

①先计算无时标网络计划的时间参数,再按该计划在时标表上进行绘制;

②不计算时间参数,直接根据无时标网络计划在时标表上进行绘制。

3.3.2.2 时标网络图的绘制步骤

时标网络图的绘制方法有间接绘制法和直接绘制法两种。

1. 间接绘制法

间接绘制法是先绘制出标时网络计划,确定出关键线路,再绘制时标网络计划。绘制时先绘出关键线路,再绘制非关键工作,某些工作箭线长度不足以达到该工作的完成节点时,用波形线补足,箭头画在波形与节点连接处。

【例 3-5】 已知网络计划的有关资料如表 3-5 所示,试用间接绘制法绘制时标网络图。

表 3-5 某网络计划的有关资料

工作	*A*	*B*	*C*	*D*	*E*	*G*	*H*
持续时间	9	4	2	5	6	4	5
紧前工作	—	—	—	*B*	*B*、*C*	*D*	*D*、*E*

解:(1)绘出标时网络计划,并用标号法确定关键线路,如图 3-24 所示。

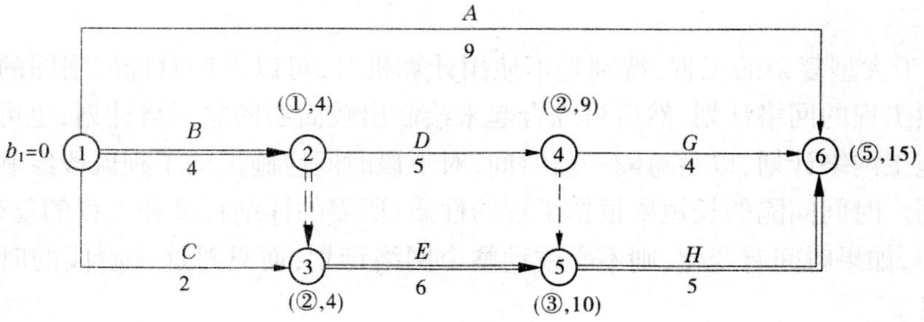

图 3-24 标时网络计划

(2)按时间坐标绘制关键线路,如图 3-25 所示。

(3)绘制非关键线路,如图 3-26 所示。

2. 直接绘制法

直接绘制法是不需绘出标时网络计划而直接绘制时标网络计划。绘制步骤如下:

(1)将起点节点定位在时标表的起始刻度线上。

(2)按工作持续时间在时标表上绘制以网络计划起点节点为开始节点的工作的箭线。

(3)其他工作的开始节点必须在该工作的全部紧前工作都绘出后,定位在这些紧前

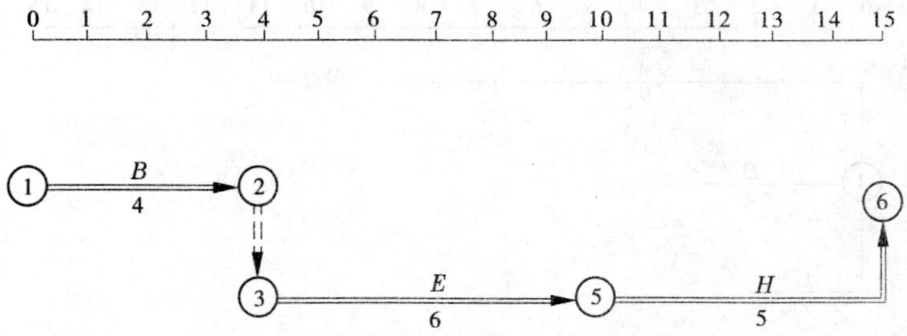

图 3-25　画出时标网络计划的关键线路

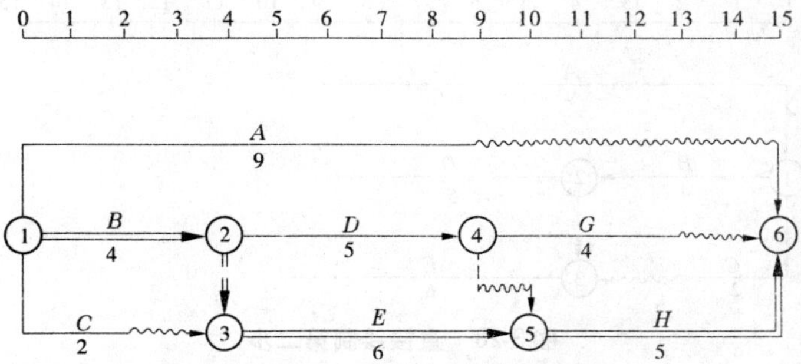

图 3-26　例 3-5 的时标网络图

工作最晚完成的时间刻度上。

某些工作的箭线长度不足以达到该工作的完成节点时，用波形线补足，箭头画在波形线与节点连接处。

(4)用上述方法自左至右依次确定其他节点位置，直至网络计划终点节点定位绘完。网络计划的终点节点是在无紧后工作的工作全部绘出后，定位在最晚完成的时间刻度上。

时标网络计划的关键线路可由终点节点逆箭线方向向起点节点逐次进行判定：自终至始都不出现波形线的线路即为关键线路。

【例 3-6】 已知网络计划的资料如表 3-5 所示，试用直接绘制法绘制时标网络图。

解：(1)将网络计划起点节点定位在时标表的起始刻度线“0”的位置上，起点节点的编号为 1(见图 3-27)。

(2)绘出工作 A、B、C(见图 3-28)。

(3)除网络计划的起点节点外，其他节点必须在所有以该节点为完成节点的工作箭线均绘出后，定位在这些工作箭线中最迟的箭线末端。当某些工作箭线的长度不足以达到该工作的完成节点时，须用波形线补足，箭头画在波形线与节点连接处。本例中，节点②直接定位在工作箭线 B 的末端，节点③的位置需要在绘出虚箭线 2—3 之后，定位在工作箭线 C 和虚箭线 2—3 中最迟的箭线末端，即坐标“4”的位置上。此时，工作箭线 C 的长度不足以达到节点③，因而用波形线补足，如图 3-28 所示。

(4)当某个节点的位置确定之后，即可绘制以该节点为开始节点的工作箭线。如 D、E 工作。

(5)绘出 G、H(见图 3-29)。

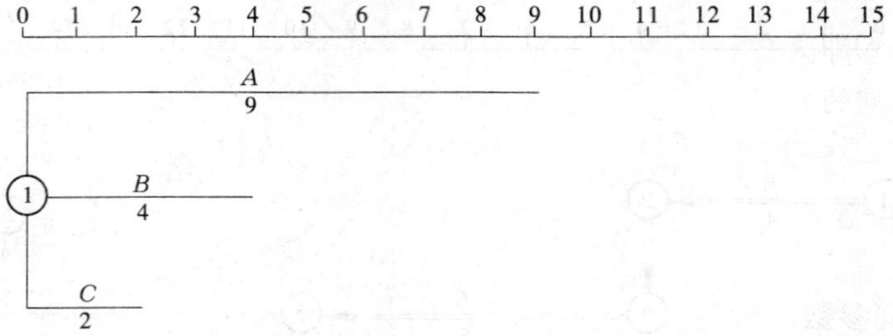

图 3-27 直接绘制第一步

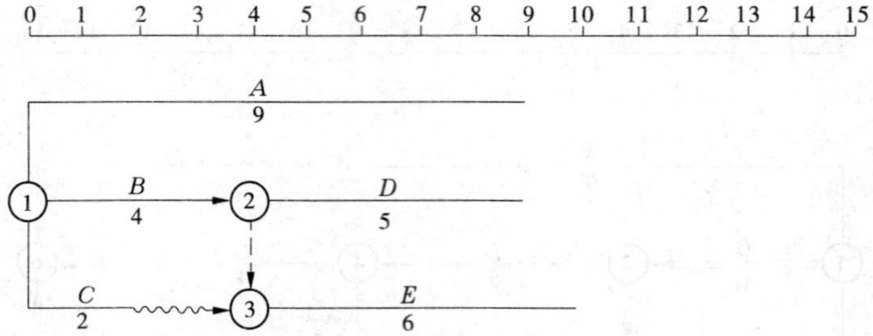

图 3-28 直接绘制第二步

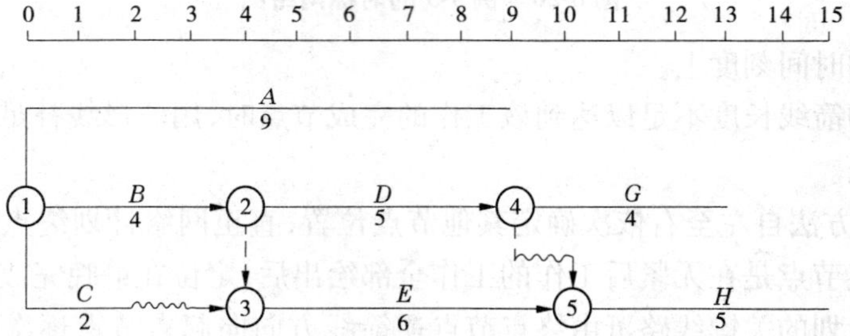

图 3-29 直接绘制第三步

(6)绘出网络计划终点节点⑥(见图 3-26),网络图绘制完成。

(7)在图上用双线箭线标注出关键线路。

在绘制时标网络计划时,特别需要注意的问题是处理好虚箭线。首先,应将虚箭线与实箭线等同看待,只是其对应工作的持续时间为零;其次,尽管它本身没有持续时间,但可能存在波形线,因此要按规定画出波形线。在画波形线时,垂直部分仍应画虚线(如图 3-26所示网络计划中虚箭线 4—5)。

3.3.3 时标网络计划时间参数的确定

3.3.3.1 关键线路和计算工期的判定

1. 关键线路的判定

时标网络计划中的关键线路可从网络计划的终点节点开始,逆着箭线方向进行判定。凡自始至终不出现波形线的线路即为关键线路。因为不出现波形线,就说明在这条线路上相邻两项工作之间的时间间隔全部为零,也就是在计算工期等于计划工期的前提下,这些工作的总时差和自由时差全部为零。例如在图 3-26 所示时标网络计划中,线路①—②—③—⑤—⑥即为关键线路。

2. 计算工期的判定

网络计划的计算工期应等于终点节点所对应的时标值与起点节点所对应的时标值之差。例如,图 3-26 所示时标网络计划的计算工期为

$$T_c = 15 - 0 = 15$$

3.3.3.2 时间参数的确定

时标网络计划六个主要时间参数确定的步骤如下。

1. 从图上直接确定出最早开始时间、最早完成时间和时间间隔

最早开始时间。工作箭线左端节点中心所对应的时标值为该工作的最早开始时间。如图 3-26 所示,A、B、C 的最早开始时间为 0,D、E 的最早开始时间为 4,G 的最早开始时间为 9,H 的最早开始时间为 10。

最早完成时间。如箭线右段无波纹线,则该箭线右端节点中心所对应的时标值为该工作的最早完成时间。如图 3-26 所示,B 的最早完成时间为 4,D 的最早完成时间为 9,E 的最早完成时间为 10,H 的最早完成时间为 15。如箭线右段有波纹线,则该左段无波纹线部分的右端所对应的时标值为该工作的最早完成时间。如图 3-26 所示,A 的最早完成时间为 9,C 的最早完成时间为 2,G 的最早完成时间为 13。

时间间隔。时标网络计划上波纹线的长度即为时间间隔。如图 3-26 所示,A 与终点节点之间的时间间隔为 6,G 与终点节点之间的时间间隔为 2,C 与 E 之间的时间间隔为 2,D 与 H 之间的时间间隔为 1,D 与 G 之间的时间间隔为 0,其他工作与相邻工作之间的时间间隔均为 0。

2. 工作总时差

工作总时差的判定应从网络计划的终点节点开始,逆着箭线方向依次进行。

(1)以终点节点为完成节点的工作,其总时差应等于计划工期与本工作最早完成时间之差,即

$$TF_{i-n} = T_p - EF_{i-n} \tag{3-26}$$

式中 TF_{i-n}——以网络计划终点节点 n 为完成节点的工作的总时差;

T_p——网络计划的计划工期;

EF_{i-n}——以网络计划终点节点 n 为完成节点的工作的最早完成时间。

(2)其他工作的总时差等于其紧后工作的总时差加本工作与该紧后工作之间的时间间隔所得之和的最小值,即

$$TF_{i-j} = \min\{TF_{j-k} + LAG_{i-j,j-k}\} \tag{3-27}$$

式中 TF_{i-j}——工作 i—j 的总时差;

TF_{j-k}——工作 i—j 的紧后工作 j—k(非虚工作)的总时差;

$LAG_{i-j,j-k}$——工作 i—j 与其紧后工作 j—k(非虚工作)之间的时间间隔。

3. 工作自由时差

以终点节点为完成节点的工作,其自由时差与总时差相等。其他工作的自由时差就是该工作箭线中波形线的水平投影长度。

4. 工作最迟开始时间

其计算公式为

$$LS_{i-j} = ES_{i-j} + TF_{i-j} \tag{3-28}$$

5. 工作最迟完成时间

其计算公式为

$$LF_{i-j} = EF_{i-j} + TF_{i-j} = LS_{i-j} + D_{i-j} \tag{3-29}$$

3.4 单代号网络进度计划的编制

在双代号网络图中，为了正确地表达网络计划中各工作间的逻辑关系，而引入了虚工作这一概念。通过绘制网络图和计算时间参数我们可以看到，加虚工作也是很麻烦的事，不仅增大了工作量，也使图形增大，使得计算更费时间。因此，人们在使用双代号网络图来表示计划的同时，也设想了第二种计划网络图——单代号网络图，从而克服了双代号网络图的上述缺点。

3.4.1 单代号网络图的组成及基本符号

单代号网络图也包括节点和箭线两个基本元素，但是它与双代号网络图中的节点和箭线的含义不相同。单代号网络图的节点表示工作，而箭线仅表示各项工作之间的逻辑关系。单代号网络图的基本符号有节点、箭线和代号等。

3.4.1.1 节点

节点是单代号网络图的主要符号，它可以用圆圈或方框表示，至于圆圈或方框的内容，可以根据实际需要来填写和列出。一般将工作的名称、代号填写在圆圈或方框的上半部分；完成工作所需要的时间写在圆圈或方框的下半部分，如图 3-30 所示。

3.4.1.2 箭线

在单代号网络图中，连接两个节点或方框的箭线用来表示两项工作之间的逻辑关系。它既不消耗时间，也不消耗资源。单代号网络图中不用虚箭线。箭线的箭头表示工作进行的方向，箭尾节点表示的工作为箭头节点的紧前工作。有关箭线前后节点的关系如图 3-31所示。

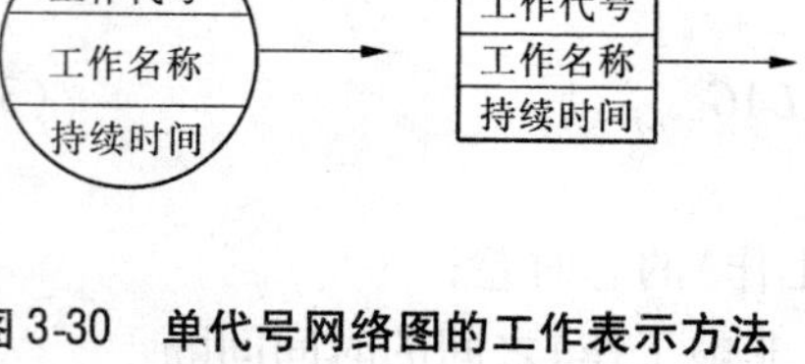

图 3-30 单代号网络图的工作表示方法

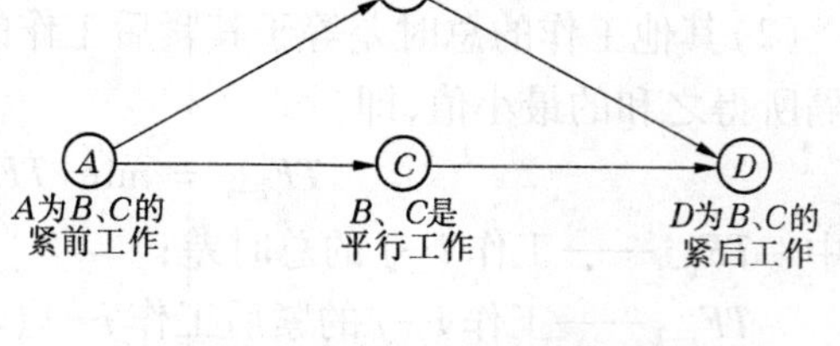

图 3-31 箭线所表示的工序关系

3.4.1.3 代号

在单代号网络图中，一项工作只能有一个代号，不得重复。代号仍用数码表示，箭尾节点号码要小于箭头节点的号码。一项工作只用一个代号来表示，因此叫单代号网络计划。

3.4.2　单代号网络图的绘制

3.4.2.1　单代号网络图中工作之间逻辑关系的表达方法

在单代号网络图中，各工作之间的逻辑关系，仍然根据工艺关系和组织关系确定。逻辑关系表示方法比较简单，表 3-6 是用单代号网络图表达工作之间的各种逻辑关系。

表 3-6　单代号网络图工作逻辑关系表示方法

描　　述	图　　示
*A*工作完成后进行*B*工作	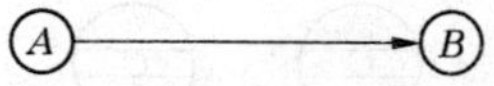
B、*C*工作完成后进行*D*工作	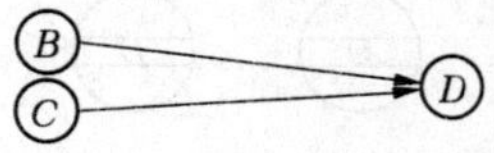
*B*工作完成，*D*、*C*工作可以同时开始	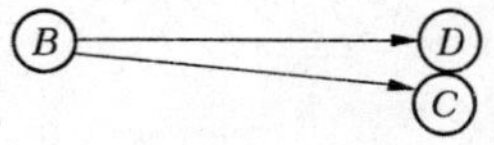
*A*工作完成后，进行*C*工作；*B*工作完成后，可以同时进行*C*、*D*工作	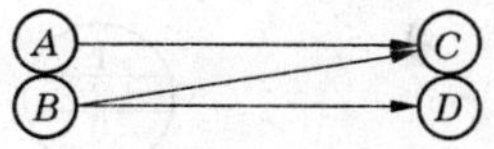

3.4.2.2　绘制单代号网络图的基本规则

单代号网络图的绘图规则与双代号网络图的绘图规则基本相同，主要区别在于：

当网络图中有多项开始工作时，应增设一项虚拟的工作（*S*），作为该网络图的起点节点；当网络图中有多项结束工作时，应增设一项虚拟的工作（*F*），作为该网络图的终点节点。如图 3-32 所示，其中 *S* 和 *F* 为虚拟工作。

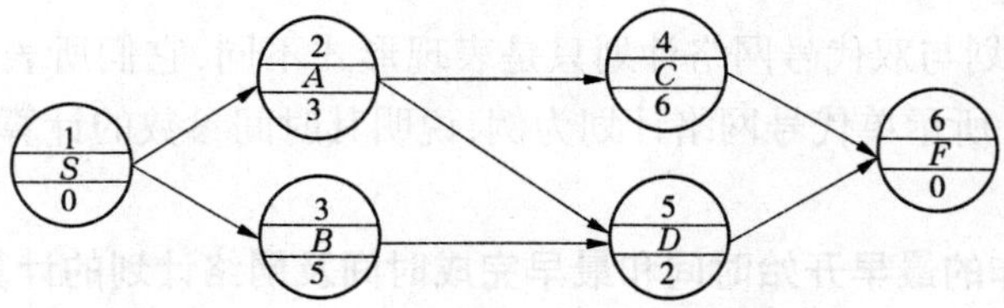

图 3-32　具有虚拟起点节点和终点节点的单代号网络图

3.4.2.3　绘图示例

绘制单代号网络图比绘制双代号网络图容易得多，这里仅举一例说明单代号网络图的绘制方法。

【例 3-7】 已知各工作之间的逻辑关系如表 3-7 所示，绘制单代号网络图。

表 3-7 工作逻辑关系表

工　作	A	B	C	D	E	G	H	I
紧前工作	—	—	—	—	A、B	B、C、D	C、D	E、G、H

解:其绘制过程如图 3-33 所示。

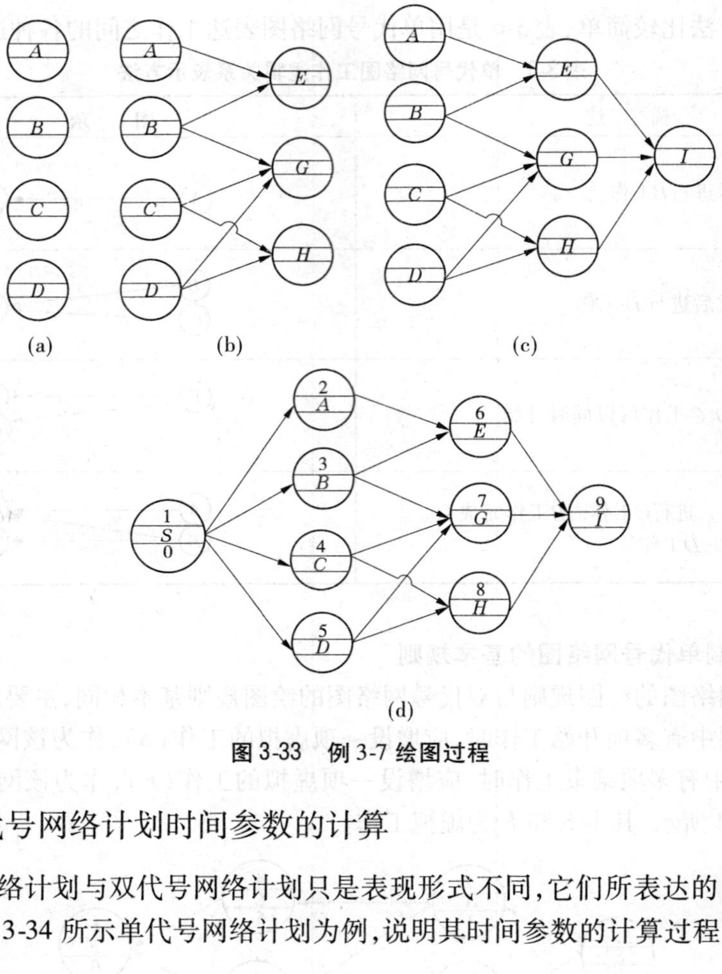

图 3-33　例 3-7 绘图过程

3.4.3　单代号网络计划时间参数的计算

单代号网络计划与双代号网络计划只是表现形式不同,它们所表达的内容则完全一样。下面以图 3-34 所示单代号网络计划为例,说明其时间参数的计算过程。计算结果如图 3-35 所示。

3.4.3.1　计算工作的最早开始时间和最早完成时间及网络计划的计算工期

工作最早开始时间和最早完成时间的计算应从网络计划的起点节点开始,顺着箭线方向按节点编号从小到大的顺序依次进行。其计算步骤如下:

(1)网络计划起点节点所代表的工作,其最早开始时间未规定时取值为零。例如在本例中,起点节点 ST 所代表的工作(虚拟工作)的最早开始时间为零,即

$$ES_1 = 0$$

(2)工作的最早完成时间应等于本工作的最早开始时间与其持续时间之和,即

$$EF_i = ES_i + D_i \tag{3-30}$$

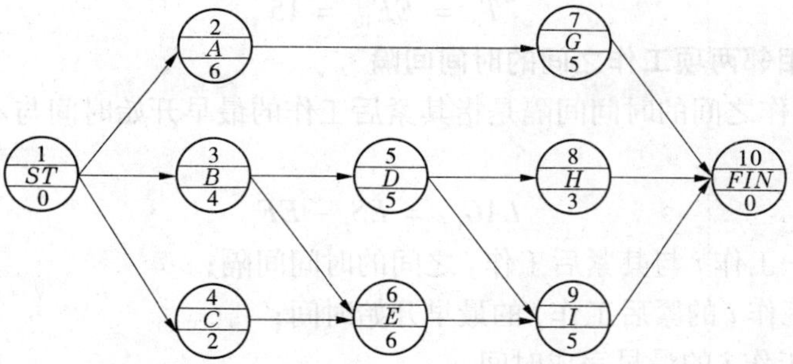

图 3-34　单代号网络计划

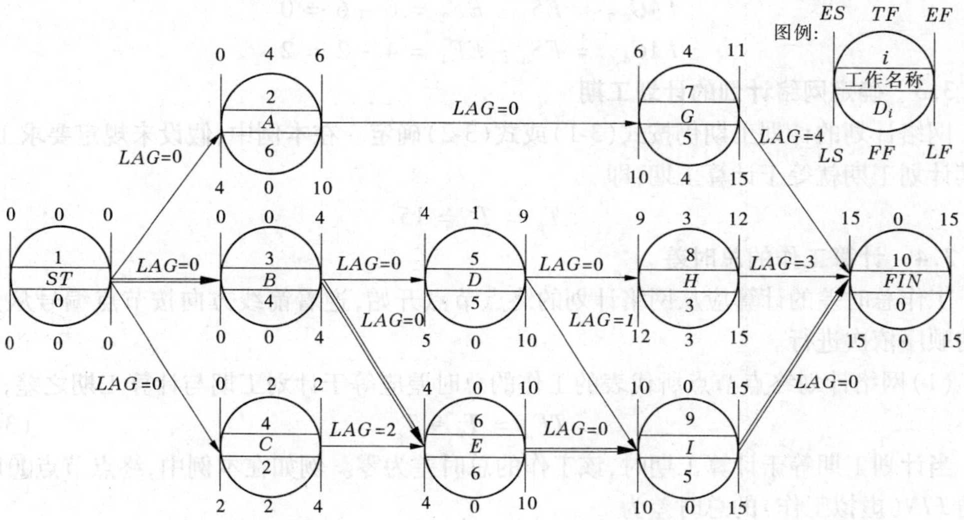

图 3-35　单代号网络计划各时间参数

式中　EF_i——工作 i 的最早完成时间；

ES_i——工作 i 的最早开始时间；

D_i——工作 i 的持续时间。

例如在本例中，虚拟工作 ST 和工作 A 的最早完成时间分别为

$$EF_1 = ES_1 + D_1 = 0 + 0 = 0$$

$$EF_2 = ES_2 + D_2 = 0 + 6 = 6$$

（3）其他工作的最早开始时间应等于其紧前工作最早完成时间的最大值，即

$$ES_j = \max\{EF_i\} \tag{3-31}$$

式中　ES_j——工作 j 的最早开始时间；

EF_i——工作 j 的紧前工作 i 的最早完成时间。

例如在本例中，工作 E 和工作 G 的最早开始时间分别为

$$ES_6 = \max\{EF_3, EF_4\} = \max\{4, 2\} = 4$$

$$ES_7 = EF_2 = 6$$

（4）网络计划的计算工期等于其终点节点所代表的工作的最早完成时间。例如在本例中，其计算工期为

$$T_c = EF_{10} = 15$$

3.4.3.2 计算相邻两项工作之间的时间间隔

相邻两项工作之间的时间间隔是指其紧后工作的最早开始时间与本工作最早完成时间的差值,即

$$LAG_{i,j} = ES_j - EF_i \tag{3-32}$$

式中 $LAG_{i,j}$——工作 i 与其紧后工作 j 之间的时间间隔;

ES_j——工作 i 的紧后工作 j 的最早开始时间;

EF_i——工作 i 的最早完成时间。

例如在本例中,工作 A 与工作 G、工作 C 与工作 E 的时间间隔分别为

$$LAG_{2,7} = ES_7 - EF_2 = 6 - 6 = 0$$

$$LAG_{4,6} = ES_6 - EF_4 = 4 - 2 = 2$$

3.4.3.3 确定网络计划的计划工期

网络计划的计划工期仍按式(3-1)或式(3-2)确定。在本例中,假设未规定要求工期,则其计划工期就等于计算工期,即

$$T_p = T_c = 15$$

3.4.3.4 计算工作的总时差

工作总时差的计算应从网络计划的终点节点开始,逆着箭线方向按节点编号从大到小的顺序依次进行。

(1)网络计划终点节点所代表的工作的总时差应等于计划工期与计算工期之差,即

$$TF_n = T_p - T_c \tag{3-33}$$

当计划工期等于计算工期时,该工作的总时差为零。例如在本例中,终点节点⑩所代表的 FIN(虚拟工作)的总时差为

$$TF_{10} = T_p - T_c = 15 - 15 = 0$$

(2)其他工作的总时差应等于本工作与其各紧后工作之间的时间间隔加该紧后工作的总时差所得之和的最小值,即

$$TF_i = \min\{LAG_{i,j} + TF_j\} \tag{3-34}$$

式中 TF_i——工作 i 的总时差;

$LAG_{i,j}$——工作 i 与其紧后工作 j 之间的时间间隔;

TF_j——工作 i 的紧后工作 j 的总时差。

例如在本例中,工作 H 和工作 D 的总时差分别为

$$TF_8 = LAG_{8,10} + TF_{10} = 3 + 0 = 3$$

$$TF_5 = \min\{LAG_{5,8} + TF_8, LAG_{5,9} + TF_9\}$$

$$= \min\{0 + 3, 1 + 0\} = 1$$

3.4.3.5 计算工作的自由时差

(1)网络计划终点节点 n 所代表的工作的自由时差等于计划工期与本工作的最早完成时间之差,即

$$FF_n = T_p - EF_n \tag{3-35}$$

式中 FF_n——终点节点 n 所代表的工作的自由时差;

T_p——网络计划的计划工期；

EF_n——终点节点 n 所代表的工作的最早完成时间（即计算工期）。

例如在本例中，终点节点⑩所代表的工作 FIN（虚拟工作）的自由时差为

$$FF_{10} = T_p - EF_{10} = 15 - 15 = 0$$

（2）其他工作的自由时差等于本工作与其紧后工作之间时间间隔的最小值，即

$$FF_i = \min\{LAG_{i,j}\} \tag{3-36}$$

例如在本例中，工作 D 和工作 G 的自由时差分别为

$$FF_5 = \min\{LAG_{5,8}, LAG_{5,9}\} = \min\{0,1\} = 0$$

$$FF_7 = LAG_{7,10} = 4$$

3.4.3.6 计算工作的最迟完成时间和最迟开始时间

工作的最迟完成时间和最迟开始时间的计算可按以下两种方法进行。

1. 根据总时差计算

（1）工作的最迟完成时间等于本工作的最早完成时间与其总时差之和，即

$$LF_i = EF_i + TF_i \tag{3-37}$$

例如在本例中，工作 D 和工作 G 的最迟完成时间分别为

$$LF_5 = EF_5 + TF_5 = 9 + 1 = 10$$

$$LF_7 = EF_7 + TF_7 = 11 + 4 = 15$$

（2）工作的最迟开始时间等于本工作的最早开始时间与其总时差之和，即

$$LS_i = ES_i + TF_i \tag{3-38}$$

例如在本例中，工作 D 和工作 G 的最迟开始时间分别为

$$LS_5 = ES_5 + TF_5 = 4 + 1 = 5$$

$$LS_7 = ES_7 + TF_7 = 6 + 4 = 10$$

2. 根据计划工期计算

工作最迟完成时间和最迟开始时间的计算应从网络计划的终点节点开始，逆着箭线方向按节点编号从大到小的顺序依次进行。

（1）网络计划终点节点 n 所代表的工作的最迟完成时间等于该网络计划的计划工期，即

$$LF_n = T_p \tag{3-39}$$

例如在本例中，终点节点⑩所代表的工作 FIN（虚拟工作）的最迟完成时间为

$$LF_{10} = T_p = 15$$

（2）工作的最迟开始时间等于本工作的最迟完成时间与其持续时间之差，即

$$LS_i = LF_i - D_i \tag{3-40}$$

例如在本例中，虚拟工作 FIN 和工作 G 的最迟开始时间分别为

$$LS_{10} = LF_{10} - D_{10} = 15 - 0 = 15$$

$$LS_7 = LF_7 - D_7 = 15 - 5 = 10$$

（3）其他工作的最迟完成时间等于该工作各紧后工作最迟开始时间的最小值，即

$$LF_i = \min\{LS_j\} \tag{3-41}$$

式中 LF_i——工作 i 的最迟完成时间；

LS_j——工作 i 的紧后工作 j 的最迟开始时间。

例如在本例中,工作 H 和工作 D 的最迟完成时间分别为

$$LF_8 = LS_{10} = 15$$

$$LF_5 = \min\{LS_8, LS_9\} = \min\{12,10\} = 10$$

3.4.3.7 **确定网络计划的关键线路**

1. 利用关键工作确定关键线路

如前所述,总时差最小的工作为关键工作。将这些关键工作相连,并保证相邻两项关键工作之间的时间间隔为零而构成的线路就是关键线路。

例如在本例中,由于工作 B、工作 E 和工作 I 的总时差均为零,故它们为关键工作。由网络计划的起点节点①和终点节点⑩与上述三项关键工作组成的线路上,相邻两项工作之间的时间间隔全部为零,故线路①—③—⑥—⑨—⑩为关键线路。

2. 利用相邻两项工作之间的时间间隔确定关键线路

从网络计划的终点节点开始,逆着箭线方向依次找出相邻两项工作之间时间间隔为零的线路,即为关键线路。例如在本例中,逆着箭线方向可以直接找出关键线路①—③—⑥—⑨—⑩,因为在这条线路上,相邻两项工作之间的时间间隔均为零。

在网络计划中,关键线路可以用粗箭线或双线箭线标出,也可以用彩色箭线标出。

3.5 网络计划优化

3.5.1 网络计划优化的概念与作用

3.5.1.1 网络计划优化的概念

经过调查研究、确定施工方案、划分施工过程、分析施工过程间的逻辑关系、编制施工过程一览表、绘制网络图、计算时间参数等步骤,确定网络计划的初始方案。然而要使工程计划如期实施,获得工期短、质量优良、资源消耗少、工程成本低的效果,必须对网络计划进行优化。网络计划优化,就是在满足既定的约束条件下,按某一目标,通过不断调整,寻找最优网络计划方案的过程。网络计划优化包括工期优化、资源优化及费用优化。

3.5.1.2 网络计划优化的作用

(1)工期优化的作用在于,当网络计划计算工期不能满足要求工期时,通过不断压缩关键线路上的关键工作的持续时间,达到缩短工期,满足工期要求的目的。

(2)一个部门或单位在一定时间内所能提供的各种资源(劳动力、机械及材料等)是有一定限度的,还有一个如何经济而有效地利用这些资源的问题。在资源计划安排时有两种情况:一种情况是网络计划需要的资源受到限制,如果不增加资源数量(例如劳动力),有时也会迫使工程的工期过长,或者不能进行(材料供应不及时);另一种情况是在一定时间内如何安排各个工作活动时间,使可供使用的资源均衡地消耗。资源消耗是否均衡,将影响企业管理的经济效果。例如网络计划中在某一时间内红砖消耗数量比平均数量还要高50%～60%,为了满足计划进度,供应部门突击供应,将使大量红砖进入现场,不仅增加二次搬运费用,而且会造成现场拥挤,影响文明施工,劳动部门也因瓦工需要

数量突然增多而感到调度困难；当瓦工数量不能满足时，就得突击赶工，加班加点，以致增加各种费用。这都将给企业带来不必要的经济损失。资源优化的作用在于，在资源有限条件下，寻求完成计划的最短工期，或者在工期规定条件下，力求资源消耗均衡。通常把两方面的问题分别称为“资源有限，工期最短”和“工期固定，资源均衡”。

(3)完成一项工作常可以使用多种施工方法和组织方法，而不同施工方法和组织方法，对完成同一工作就会有不同的持续时间与费用。由于一项工程是由很多工作组成的，所以安排一项工程计划时，就可能出现多种方案。它们的总工期和总成本也因此而有所不同。如何在多种方案中确定一个最优或较优方案，需要用费用优化方法解决。

3.5.2 工期优化

工期优化是压缩计算工期，以达到要求工期目标，或在一定约束条件下使工期最短的过程。

工期优化一般通过压缩关键工作的持续时间来达到优化目标。在优化过程中，要注意不能将关键工作压缩成非关键工作，但关键工作可以不经压缩而变成非关键工作（在例3-8中将进行详细说明）。当在优化过程中出现多条关键线路时，必须将各条关键线路的持续时间压缩同一数值，否则不能有效地将工期缩短。可按下述步骤对工期进行优化。

(1)找出网络计划中的关键线路并求出计算工期。

(2)按要求工期计算应缩短的时间 ΔT

$$\Delta T = T_c - T_r \tag{3-42}$$

式中 T_c——计算工期；

T_r——要求工期。

(3)按下列因素选择应优先缩短持续时间的关键工作：①缩短持续时间对质量和安全影响不大的工作；②有充足备用资源的工作；③缩短持续时间所需增加的费用最少的工作。

(4)将应优先缩短的关键工作压缩至最短持续时间，并找出关键线路。若被压缩的工作变成了非关键工作，则应将其持续时间延长，使之仍为关键工作。

(5)若计算工期仍超过要求工期，则重复以上步骤，直到满足工期要求或工期已不能再缩短为止。

(6)当所有关键工作或部分关键工作已达最短持续时间而寻求不到继续压缩工期的方案，但工期仍不能满足要求时，应对原技术、组织方案进行调整，或对要求工期重新审定。

【例3-8】 某网络计划如图3-36所示，图中括号内数据为工作最短持续时间，假定上级指令性工期为100 d，试进行优化。

解：优化的步骤如下：

第一步，用工作正常持续时间计算节点的最早时间和最迟时间，找出网络计划的关键工作及关键线路，如图3-37所示。

其中关键线路用粗箭线表示，为①—③—④—⑥，关键工作为1—3，3—4，4—6。

第二步，计算需缩短的工期，根据图3-37所计算的工期需要缩短60 d。根据图3-36

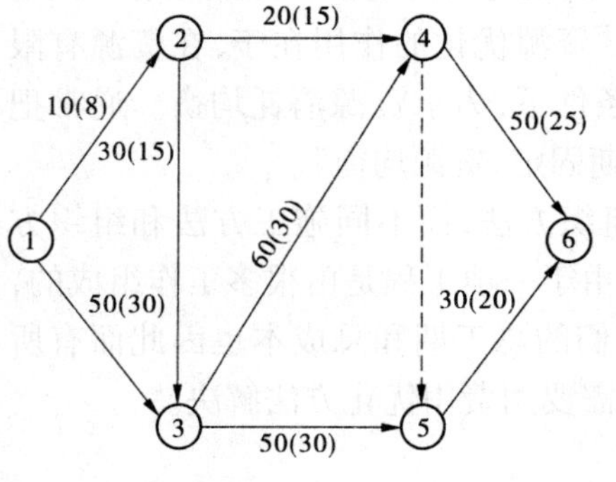

图 3-36　某网络计划

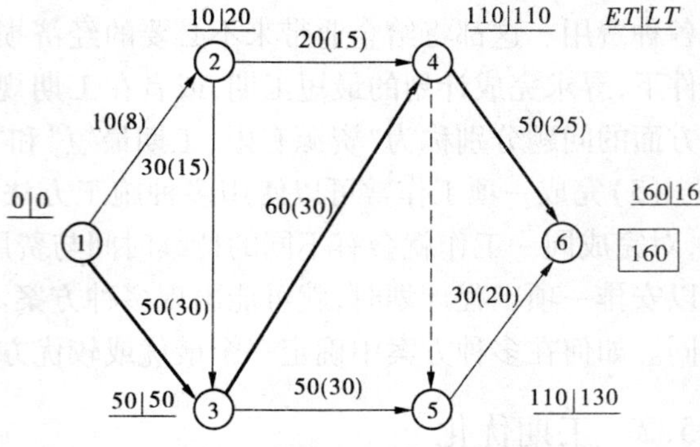

图 3-37　某网络计划的节点时间

中数据，关键工作 1—3 可缩短 20 d，3—4 可缩短 30 d，4—6 可缩短 25 d，共计可缩短 75 d，但考虑前述原则，因缩短工作 4—6 增加劳动力较多，故仅缩短 10 d，重新计算网络计划工期如图 3-38 所示。图 3-38 的关键线路为①—②—③—⑤—⑥，关键工作为 1—2，2—3，3—5，5—6，工期为 120 d。

此时，原关键工作 1—3、3—4、4—6 变成了非关键工作，说明超压则需要反弹。先压关键工作 1—3 缩短工期 10 d、3—4 缩短工期 10 d、4—6 缩短工期 20 d，重新计算网络图，1—3、3—4、4—6 仍然为关键工作，工期为 120 d，出现了多条关键线路；再压关键工作 3—4 和 3—5 可缩短工期 20 d，重新计算网络图，如图 3-39 所示，1—3、3—4、4—6 仍然为关键工作，工期为 100 d，满足要求。

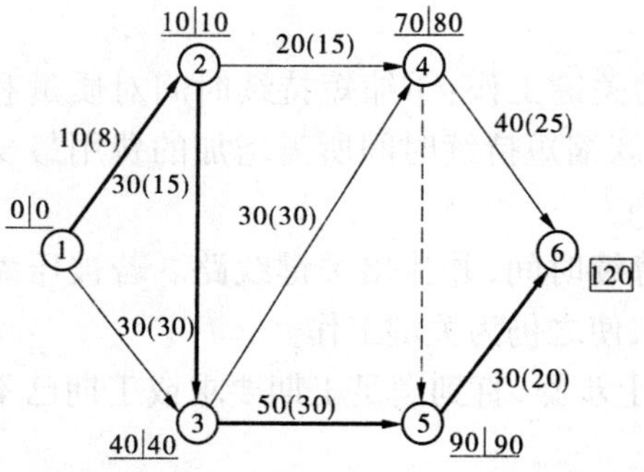

图 3-38　某网络计划第一次调整结果

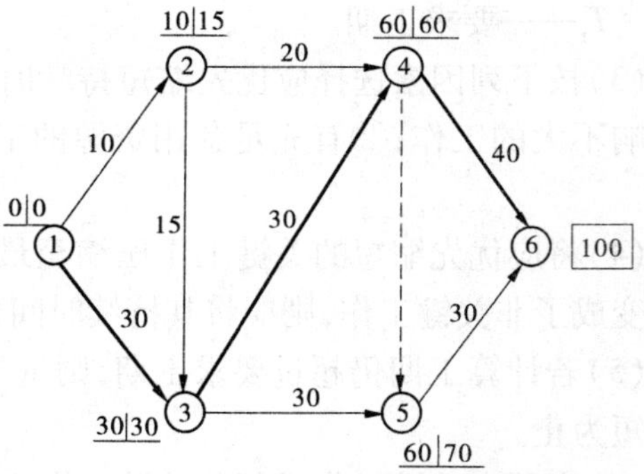

图 3-39　优化后的某网络计划

3.5.3　费用优化

费用优化又叫时间成本优化，是寻求最低成本时的最短工期安排，或按要求工期寻求最低成本的计划安排过程。

网络计划的总费用由直接费和间接费组成。直接费是随工期的缩短而增加的费用，间接费是随工期的缩短而减少的费用。

由于直接费随工期缩短而增加，间接费随工期缩短而减少，故必定有一个总费用最少的工期。这便是费用优化所要寻求的目标。上述情况可由图 3-40 所示的工期—费用曲线示出。

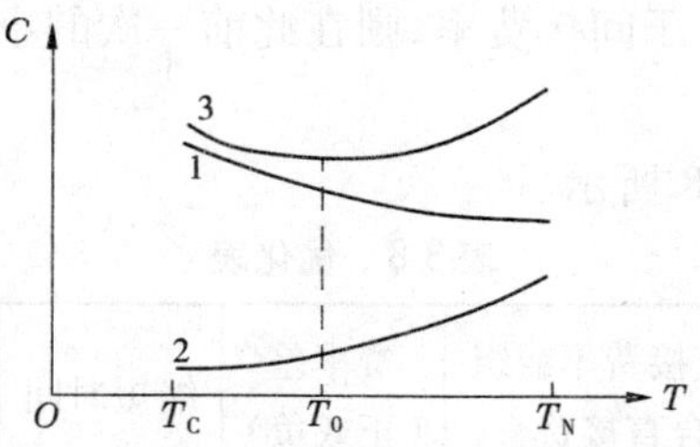

1—直接费；2—间接费；3—总费用；

T_C—最短工期；T_N—正常工期；T_0—优化工期

图 3-40　工期—费用曲线

（1）算出工程总直接费。工程总直接费等于组成该工程的全部工作的直接费之和，用 $\sum C_{i-j}^{D}$ 表示。

（2）算出各项工作直接费费用增加率（简称直接费率，即缩短工作持续时间每一单位时间所需增加的直接费）。工作 $i—j$ 的直接费率用 a_{i-j}^{D} 表示。

$$a_{i-j}^{D} = \frac{CC_{i-j} - CN_{i-j}}{DN_{i-j} - DC_{i-j}} \tag{3-43}$$

式中　DN_{i-j}——工作 $i—j$ 的正常持续时间，即在合理的组织条件下，完成一项工作所需的时间；

DC_{i-j}——工作 $i—j$ 的最短持续时间，即不可能进一步缩短的工作持续时间，又称临界时间；

CN_{i-j}——工作 $i—j$ 的正常持续时间直接费，即按正常持续时间完成一项工作所需的直接费；

CC_{i-j}——工作的最短持续时间直接费，即按最短持续时间完成一项工作所需的直接费。

（3）找出网络计划中的关键线路并求出计算工期。

（4）算出计算工期为 t 的网络计划的总费用

$$C_{t}^{T} = \sum C_{i-j}^{D} + a^{ID}t \tag{3-44}$$

式中　$\sum C_{i-j}^{D}$——计算工期为 t 的网络计划的总直接费；

a^{ID}——工程间接费率，即缩短或延长工期每一单位时间所需减少或增加的费用。

（5）当只有一条关键线路时，将直接费率最小的一项工作压缩至最短持续时间，并找出关键线路。若被压缩的工作变成了非关键工作，则应将其持续时间延长，使之仍为关键工作。当有多条关键线路时，则需压缩一项或多项直接费率或组合直接费率最小的工作，并以其中正常持续时间与最短持续时间的差值最小为尺度进行压缩，并找出关键线路。若被压缩工作变成了非关键工作，则应将其持续时间延长，使之仍为关键工作。

在压缩过程中，关键工作可以被动地（即未经压缩）变成非关键工作，关键线路也可以因此而变成非关键线路。

在确定了压缩方案以后，必须检查被压缩的工作的直接费率或组合直接费率是否等于、小于或大于间接费率：如等于间接费率，则已得到优化方案；如小于间接费率，则需继续按上述方法进行压缩；如大于间接费率，则在此前一次的小于间接费率的方案即为优化方案。

(6)列出优化表，如表 3-8 所示。

表 3-8　优化表

缩短次数	被缩工作代号	被缩工作名称	直接费率或组合直接费率	费率差（正或负）	缩短时间	费用变化（正或负）	工期	优化点
①	②	③	④	⑤	⑥	⑦=⑤×⑥	⑧	⑨
				费用变化合计				

注：1. 费率差 = 直接费率或组合直接费率 − 间接费率。
2. 费用变化只合计负值。

(7)计算出优化后的总费用

$$优化后的总费用 = 初始网络计划的总费用 - 费用变化合计的绝对值 \tag{3-45}$$

(8)绘出优化网络计划。在箭线上方注明直接费，箭线下方注明持续时间。

(9)按式(3-44)计算优化网络计划的总费用。此数值应与用式(3-45)算出的数值相同。

【例 3-9】　已知网络计划如图 3-41 所示，图中箭线下方为正常持续时间和最短持续时间(括号内)，箭线上方为正常直接费(千元)和最短时间直接费(括号内)(千元)，间接费率为 0.8 千元/d，试对其进行费用优化。

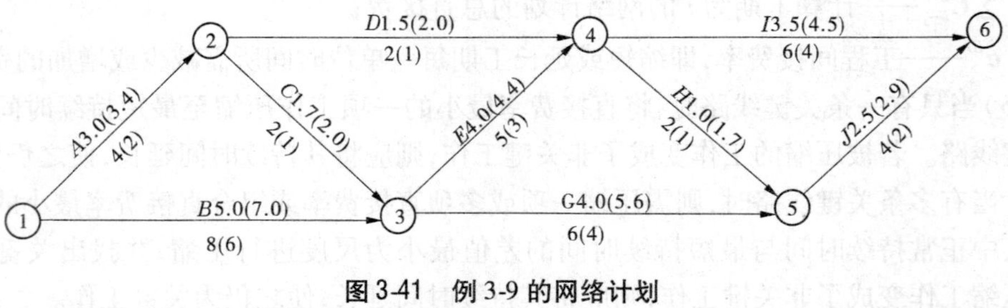

图 3-41　例 3-9 的网络计划

解：(1)算出工程总直接费

$$\sum C_{i-j}^{D} = 3.0 + 5.0 + 1.5 + 1.7 + 4.0 + 4.0 + 1.0 + 3.5 + 2.5 = 26.2(千元)$$

(2)算出各项工作的直接费率

$$a_{1-2}^{D}=\frac{CC_{1-2}-CN_{1-2}}{DN_{1-2}-DC_{1-2}}=\frac{3.4-3.0}{4-2}=0.2(\text{千元}/\text{d})$$

$$a_{1-3}^{D}=\frac{7.0-5.0}{8-6}=1.0(\text{千元}/\text{d})$$

$$a_{2-3}^{D}=\frac{2.0-1.7}{2-1}=0.3(\text{千元}/\text{d})$$

$$a_{2-4}^{D}=\frac{2.0-1.5}{2-1}=0.5(\text{千元}/\text{d})$$

$$a_{3-4}^{D}=\frac{4.4-4.0}{5-3}=0.2(\text{千元}/\text{d})$$

$$a_{3-5}^{D}=\frac{5.6-4.0}{6-4}=0.8(\text{千元}/\text{d})$$

$$a_{4-5}^{D}=\frac{1.7-1.0}{2-1}=0.7(\text{千元}/\text{d})$$

$$a_{4-6}^{D}=\frac{4.5-3.5}{6-4}=0.5(\text{千元}/\text{d})$$

$$a_{5-6}^{D}=\frac{2.9-2.5}{4-2}=0.2(\text{千元}/\text{d})$$

(3)用标号法找出网络计划中的关键线路并求出计算工期。如图3-42所示,计算工期为19 d。图中箭线上方括号内为直接费率。

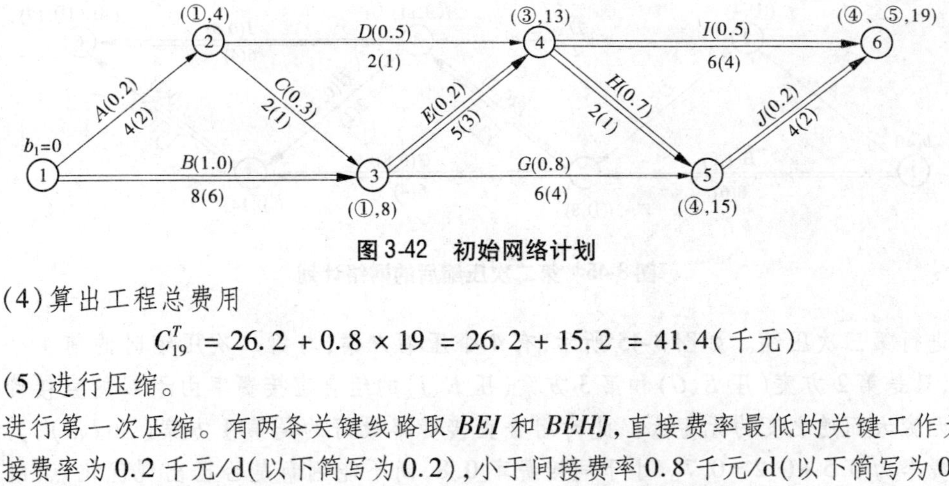

图3-42　初始网络计划

(4)算出工程总费用

$$C_{19}^{T}=26.2+0.8\times19=26.2+15.2=41.4(\text{千元})$$

(5)进行压缩。

进行第一次压缩。有两条关键线路取 *BEI* 和 *BEHJ*,直接费率最低的关键工作为 *E*,其直接费率为0.2千元/d(以下简写为0.2),小于间接费率0.8千元/d(以下简写为0.8)。因不能判断是否已出现优化点,故需将其压缩。现将 *E* 压至最短持续时间3,找出关键线路,如图3-43所示。由于 *E* 被压缩成了非关键工作,故需将其松弛至4,使之仍为关键工作,且不影响已形成的关键线路 *BEI* 和 *BEHJ*。第一次压缩后的网络计划如图3-44所示。

进行第二次压缩。有三条关键线路:*BEI*、*BEHJ*、*BGJ*。共有5个压缩方案:①压 *B*,直接费率为1.0;②压 *E*、*G*,组合直接费率为0.2+0.8=1.0;③压 *E*、*J*,组合直接费率为0.2+0.2=0.4;④压 *I*、*J*,组合直接费率为0.5+0.2=0.7;⑤压 *I*、*H*、*G*,组合直接费率为0.5+

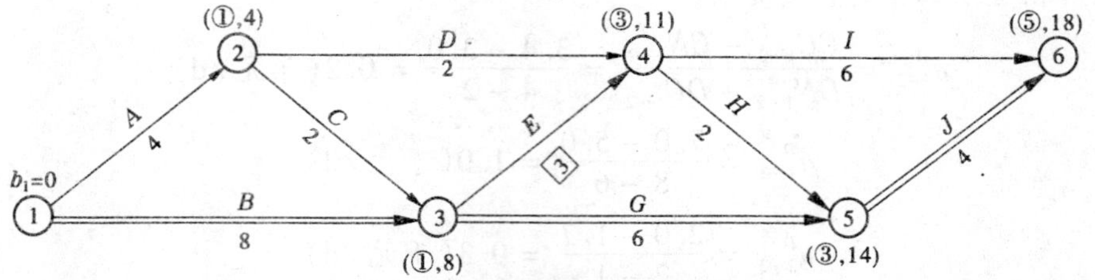

图 3-43　将 E 压缩到最短持续时间 3

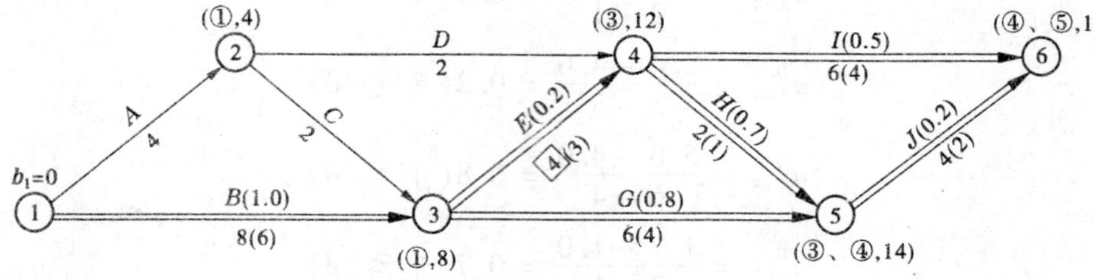

图 3-44　第一次压缩后的网络计划

0.7 +0.8 =2.0。决定采用诸方案中直接费率和组合直接费率最小的第 3 方案，即压 E、J，组合直接费率为 0.4，小于间接费率 0.8，尚不能判断是否已出现优化点，故应继续压缩。由于 E 只能压缩 1 d，J 随之只可压缩 1 d。压缩后，用标号法找出关键线路，此时只有两条关键线路：BEI，BGJ。H 未经压缩而被动地变成了非关键工作。第二次压缩后的网络计划如图 3-45 所示。

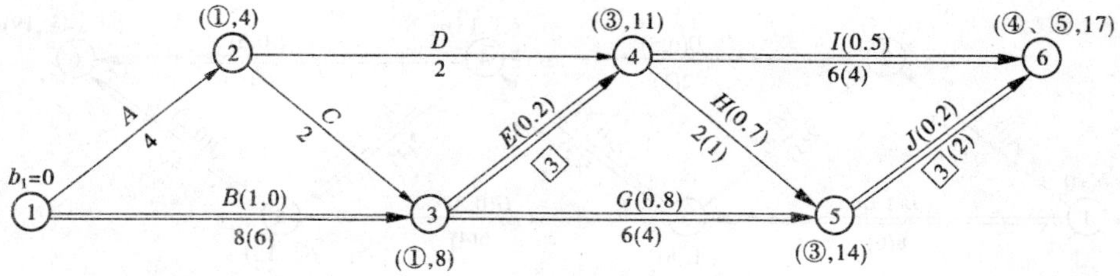

图 3-45　第二次压缩后的网络计划

进行第三次压缩。如图 3-45 所示，有 4 个压缩方案，与第二次压缩时的前 4 个方案相同，只是第 2 方案（压 E、G）和第 3 方案（压 E、J）的组合直接费率由于 E 的直接费率已变为无穷大而随之变为无穷大。此时组合直接费率最好的是第 4 方案（压 I、J），其组合直接费率为 0.5 +0.2 =0.7。小于间接费率 0.8，尚不能判断是否已出现优化点，故需继续压缩。由于 J 只能压缩 1 d，随之 I 只可压缩 1 d。压缩后关键线路不变，故可不重新画图。

进行第四次压缩。由于第 2、第 3、第 4 方案的组合直接费率因 E、J 的直接费率不能再缩短而变成无穷大，故只能选用第 1 方案（压 B），由于 B 的直接费率 1.0 大于间接费率 0.8，故已出现优化点。优化网络计划即为第三次压缩后的网络计划，如图 3-46 所示。

（6）列出优化表，如表 3-9 所示。

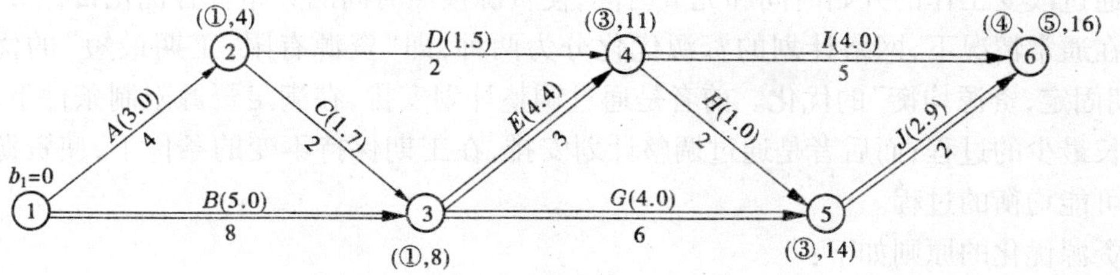

图 3-46 优化网络计划

表 3-9 例 3-9 优化表

缩短次数	被缩工作代号	被缩工作名称	直接费率或组合直接费率	费率差（正或负）	缩短时间	费用变化（正或负）	工期	优化点
①	②	③	④	⑤	⑥	⑦=⑤×⑥	⑧	⑨
0	—	—	—	—	—	—	19	
1	3—4	*E*	0.2	-0.6	1	-0.6	18	
2	3—4 5—6	*E*、*J*	0.4	-0.4	1	-0.4	17	
3	4—6 5—6	*I*、*J*	0.7	-0.1	1	-0.1	16	
4	1—3	*B*	1.0	+0.2	—	—	—	优
					费用变化合计	-1.1		

(7)计算优化后的总费用。

$$C_{16}^T = 41.4 - 1.1 = 40.3(\text{千元})$$

(8)绘出优化网络计划，如图3-46所示。

图中被压缩工作被压缩后的直接费确定如下：①工作 *E* 已压至最短持续时间，直接费为4.4千元；②工作 *I* 压缩1天，直接费为：3.5+0.5×1=4.0(千元)；③工作 *J* 已压至最短持续时间，直接费为2.9千元。

(9)按优化网络计划计算出总费用为

$$G_{16}^T = \sum C_{i-j}^D + a^{ID}t$$
$$= (3.0+5.0+1.7+1.5+4.4+4.0+1.0+4.0+2.9)+0.8\times16$$
$$= 27.5+12.8 = 40.3(\text{千元})$$

与第(7)项算出的总费用相同。

3.5.4 资源优化

资源是指为完成一项计划任务所需投入的人力、材料、机械设备和资金等。完成一项工程任务所需要的资源量基本上是不变的，不可能通过资源优化将其减少，资源优化的目的是通过改变工作的开始时间和完成时间,使资源按照时间的分布符合优化目标。

在通常情况下,网络计划的资源优化分为两种,即“资源有限,工期最短”的优化和“工期固定,资源均衡”的优化。前者是通过调整计划安排,在满足资源限制条件下,使工期延长最少的过程;而后者是通过调整计划安排,在工期保持不变的条件下,使资源需用量尽可能均衡的过程。

资源优化的原则如下:

(1)优化过程中,不改变网络计划中各项工作之间的逻辑关系;

(2)在优化过程中,不改变网络计划中各项工作的持续时间;

(3)网络计划中各项工作的资源强度(单位时间所需资源数量)为常数;

(4)除规定可中断的工作外,一般不允许中断工作,应保持其连续性。

为简化问题,这里假定网络计划中的所有工作需要同一种资源。

3.5.4.1 “资源有限,工期最短”的优化

“资源有限,工期最短”的优化一般可按以下步骤进行,而且是合理的。

(1)按照各项工作的最早开始时间安排进度计划,并计算网络计划每个时间单位的资源需用量。

(2)从计划开始日期起,逐个检查每个时段(每个时间单位资源需用量相同的时间段)资源需用量是否超过所能供应的资源限量。如果在整个工期范围内每个时段的资源需用量均能满足资源限量的要求,则可认为优化方案就编制完成了;否则,必须转入下一步进行计划调整。

(3)分析超过资源限量的时段。如果在该时段内有几项工作平行作业,则采取将一项工作安排在与之平行的另一项工作之后进行的方法,以降低该时段的资源需用量。

对于两项平行作业的工作 m 和工作 n 来说,为了降低相应时段的资源需用量,现将工作 n 安排在工作 m 之后进行,如图 3-47 所示。如果将工作 n 安排在工作 m 之后进行,网络计划的工期延长值为

$$\begin{aligned} T_{m,n} &= EF_m + D_n - LF_n \\ &= EF_m - (LF_n - T_n) \\ &= EF_m - LS_n \end{aligned} \tag{3-46}$$

式中 $T_{m,n}$——将工作 n 安排在工作 m 之后进行时网络计划的工期延长值;

EF_m——工作 m 的最早完成时间;

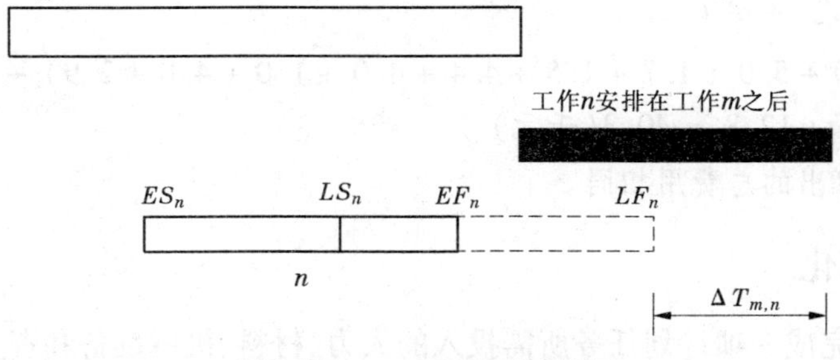

图 3-47 m、n 两项工作的排序

D_n——工作 n 的持续时间；

LF_n——工作 n 的最迟完成时间；

LS_n——工作 n 的最迟开始时间。

这样，在有资源冲突的时段中，对平行作业的工作进行两两排序，即可得出若干个 $T_{m,n}$，选择其中最小的 $T_{m,n}$，将相应的工作 n 安排在工作 m 之后进行，既可降低该时段的资源需用量，又使网络计划的工期延长最短。

(4)对于调整后的网络计划安排，重新计算每个时间单位的资源需用量。

(5)重复上述(2)至(4)步骤，直至网络计划整个工期范围内每个时间单位的资源需用量均满足资源限量为止。

3.5.4.2 “工期固定，资源均衡”的优化

安排建设工程进度计划时，需要使资源需用量尽可能地均衡，使整个工程每单位时间的资源需用量不出现过多的高峰和低谷，这样不仅有利于工程建设的组织与管理，而且可以降低工程费用。

“工期固定，资源均衡”的优化方法有多种，如方差值最小法、极差值最小法、削高峰法等。本书不再详细介绍。

3.6 网络计划的控制

网络计划的控制主要包括网络计划的检查和网络计划的调整两个方面。

3.6.1 网络计划的检查

网络计划的检查内容主要有：关键工作进度、非关键工作进度及时差利用、工作之间的逻辑关系。

对网络计划的检查应定期进行。检查周期的长短应视计划工期的长短和管理的需要而定，一般可以天、周、旬、月、季等为周期。在计划执行过程中突然出现意外情况时，可进行“应急检查”，以便采取应急调整措施。上级认为有必要时，还可进行“特别检查”。

检查网络计划时，首先必须收集网络计划的实际执行情况信息，并进行记录。

当采用时标网络计划时，可采用实际进度前锋线（简称前锋线）记录计划执行情况。前锋线应自上而下地从计划检查时的时间刻度线出发，用点画线依次连接各项工作的实际进展位置点，直至到达计划检查时的时间刻度线为止。前锋线可用彩色笔标画，相邻的前锋线可采用不同的颜色。

当采用无时标网络计划时，可采用直接在图上用文字或适当符号记录、列表记录等记录方式。

例如已知网络计划如图 3-48 所示，在第 5 天检查计划执行情况时，发现 A 已完成，B 已工作 1 d，C 已工作 2 d，D 尚未开始。则据此绘出带前锋线的时标网络计划，如图 3-49 所示。

网络计划检查后应列表反映检查结果及情况判断，以便对计划执行情况进行分析判断，为计划的调整提供依据。一般宜利用实际进度前锋线，分析计划的执行情况及其发展趋势，

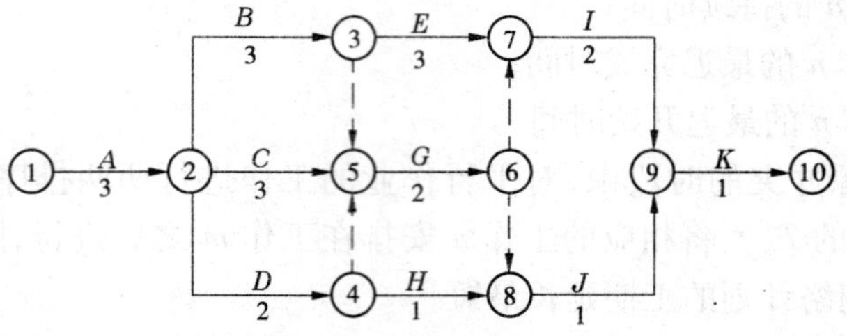

图 3-48　初始网络计划

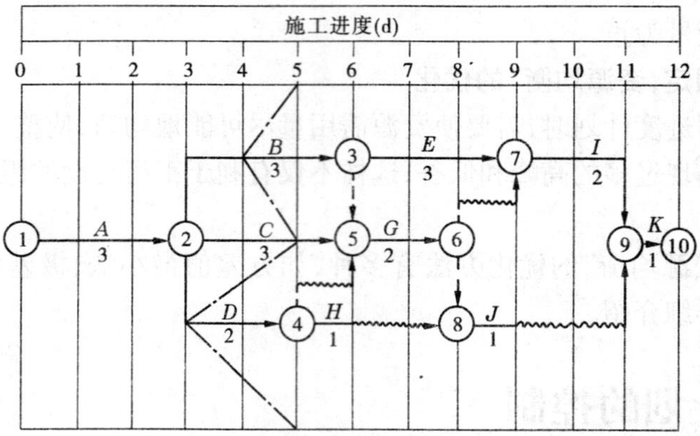

图 3-49　带前锋线的时标网络计划

并对未来的进度情况作出预测判断,找出偏离计划目标的原因及可供挖掘的潜力所在。

例如根据图 3-49 所示的检查情况,可列出该网络计划检查结果分析表,如表 3-10 所示。

表 3-10　网络计划检查结果分析表

工作代号	工作名称	检查计划时尚需作业天数	到计划最迟完成时尚有天数	原有总时差	尚有总时差	情况判断
2—3	*B*	2	1	0	-1	影响工期 1 d
2—5	*C*	1	2	1	1	正常
2—4	*D*	2	2	2	0	正常

表 3-10 中"检查计划时尚需作业天数"等于工作的持续时间减去该工作已进行的天数,"到计划最迟完成时尚有天数"等于该工作的最迟完成时间减去检查时间,"尚有总时差"等于"到计划最迟完成时尚有天数"减去"检查计划时尚需作业天数"。

在表 3-10 中,"情况判断"栏中填入是否影响工期。如尚有总时差≥0,则不会影响工期,在表中填"正常";如尚有总时差 <0,则会影响工期,在表中填明影响工期几天,以便在下一步中调整。

3.6.2　网络计划的调整

网络计划的调整时间一般应与网络计划的检查时间一致,根据计划检查结果可进行定期调整或在必要时进行应急调整、特别调整等,一般以定期调整为主。

网络计划的调整内容主要有:关键线路长度的调整,非关键工作时差的调整,增、减工作项目,调整逻辑关系,重新估计某些工作的持续时间,对资源的投入做局部调整。

3.6.2.1　关键线路长度的调整

关键线路长度的调整可针对不同情况选用不同的调整方法。

(1)当关键线路的实际进度比计划进度提前时,若不拟缩短工期,则应选择资源占用量大或直接费用高的后续关键工作,适当延长其持续时间以降低资源强度或费用;若拟提前完成计划,则应将计划的未完成部分作为一个新计划,重新进行调整,按新计划指导执行。

(2)当关键线路的实际进度比计划进度落后时,应在未完成关键线路中选择资源强度小或费用率低的关键工作,缩短其持续时间,并把计划的未完成部分作为一个新计划,按工期优化的方法对它进行调整。

如图 3-48 所示的网络计划,第 5 天用前锋线检查结果如图 3-49 所示,检查结果分析表如表 3-10 所示,发现会影响工期 1 d,现按工期优化的方法对其进行如下调整。

首先绘制出检查后的网络计划。此网络计划可从检查计划的那一天以后的第 2 天开始,本例从第 6 天开始。因为前面天数已经执行,故可不绘出。本例从第 6 天开始的网络计划如图 3-50 所示,拖延工期 1 d。

然后根据图 3-50,按工期优化的方法进行调整。现将关键线路中持续时间较长的关键工作 *E* 从 3 d 调整为 2 d,得出原要求工期的网络计划,如图 3-51 所示。

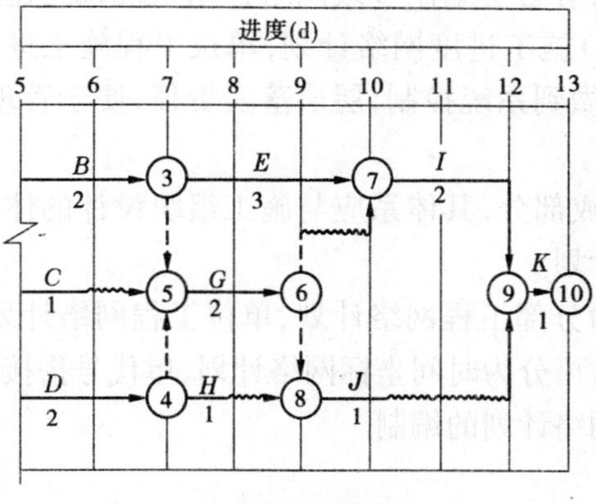

图 3-50　检查后的网络计划

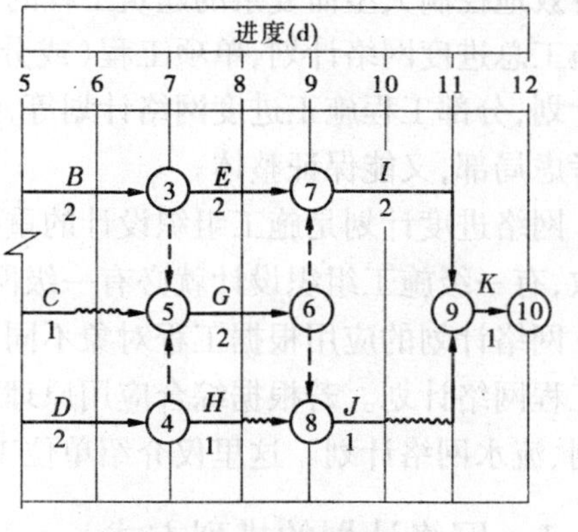

图 3-51　调整后的网络计划

3.6.2.2　非关键工作时差的调整

非关键工作时差的调整应在时差的范围内进行,以便更充分地利用资源、降低成本或满足施工的需要。每次调整均必须重新计算时间参数,观察调整对计划全局的影响。非关键工作时差的调整方法一般有三种:将工作在其最早开始时间和最迟完成时间范围内移动,延长工作持续时间,缩短工作持续时间。

3.6.2.3　其他方面的调整

1. 增、减工作项目

增、减工作项目时,不能打乱原网络计划总的逻辑关系,只能对局部逻辑关系进行调整；应重新计算时间参数，分析对原网络计划的影响，必要时采取措施以保证计划工期不变。

2. 调整逻辑关系

逻辑关系的调整只有当实际情况要求改变施工方法或组织方法时才能进行。调整时应避免影响原定计划工期和其他工作的顺利进行。

3. 重新估计某些工作的持续时间

当发现某些工作的原计划持续时间有误或实现条件不充分时，应重新估算其持续时间，并重新计算时间参数。

4. 对资源的投入做局部调整

当资源供应发生异常情况时，应采用资源优化方法对计划进行调整或采取应急措施，使其对工期的影响最小。

3.7 单位工程网络计划的编制

网络计划是表现进度计划的一种较好形式，用网络计划，可以编制出单个建筑、建筑群的施工总进度计划，也可以编制出建筑设计、结构设计和施工组织设计的进度计划，还可编制出建筑企业年、季、月、旬的生产计划。

由于工程大小、繁简不一，网络计划的体系也不同。对于小型建筑工程来讲，可编制一个整体工程的网络计划来控制进度，无需分若干等级。而对于大中型建筑工程来说，为了有效地控制大型而复杂的建筑工程的进度，有必要编制多级网络计划系统，即：建设项目施工总进度网络计划，单项工程（或分阶段）施工进度网络计划，单位工程施工进度网络计划，分部工程施工进度网络计划等，从而做到系统控制，层层落实责任，便于管理，既能考虑局部，又能保证整体。

网络进度计划是施工组织设计的重要组成部分，其体系应与施工组织设计的体系相一致，有一级施工组织设计就必有一级网络计划。

网络计划的应用根据工程对象不同，分为分部工程网络计划、单位工程网络计划、群体工程网络计划。若根据综合应用原理不同，可分为时间坐标网络计划、单代号搭接网络计划、流水网络计划。这里仅介绍单位工程网络计划的编制。

3.7.1 网络计划的排列方式

在编制网络计划时，为了使计划具有条理性和形象性，应根据不同的工程情况，不同的施工组织方法和使用方法等，使各工作之间在工艺上和组织上的逻辑关系更准确、清晰，更便于施工管理和具体操作人员掌握，更便于对网络计划进行计算、调整和优化。

如某基础工程，其施工过程及持续时间为：挖土 6 d、垫层 3 d、养护 1 d、扎筋 3 d、浇混凝土 6 d、养护 6 d、砌基础 12 d、做防水带 3 d、回填土 24 d。如果分三段进行施工，则横向为工艺逻辑关系时，双代号网络图见图 3-52；横向为组织逻辑关系时，双代号网络图见图 3-53。

又如某标准层的施工过程及持续时间为：柱筋 3 d、柱模 3 d、梁模 3 d、墙筋 2 d、墙模

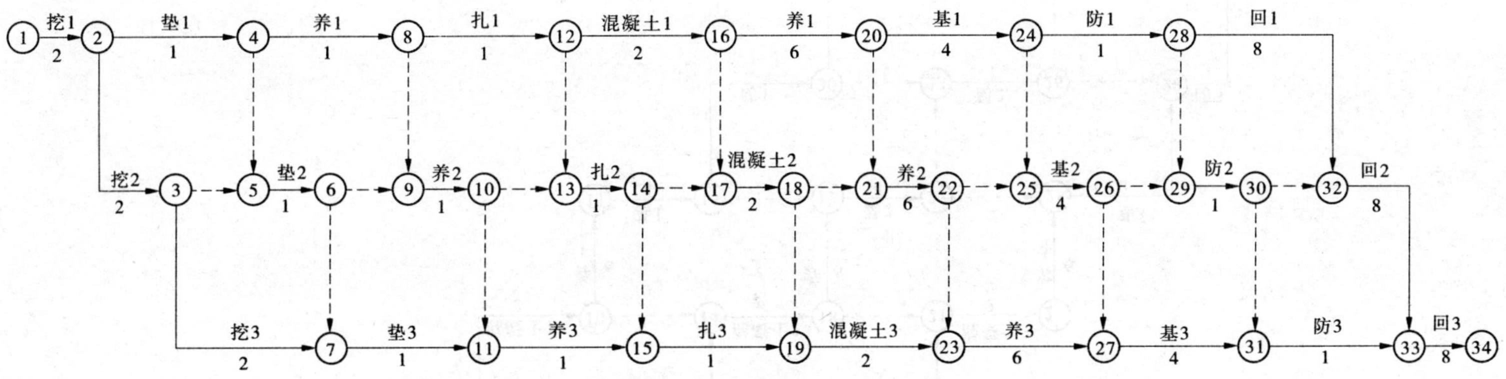

图 3-52　横向为工艺逻辑关系时的网络图

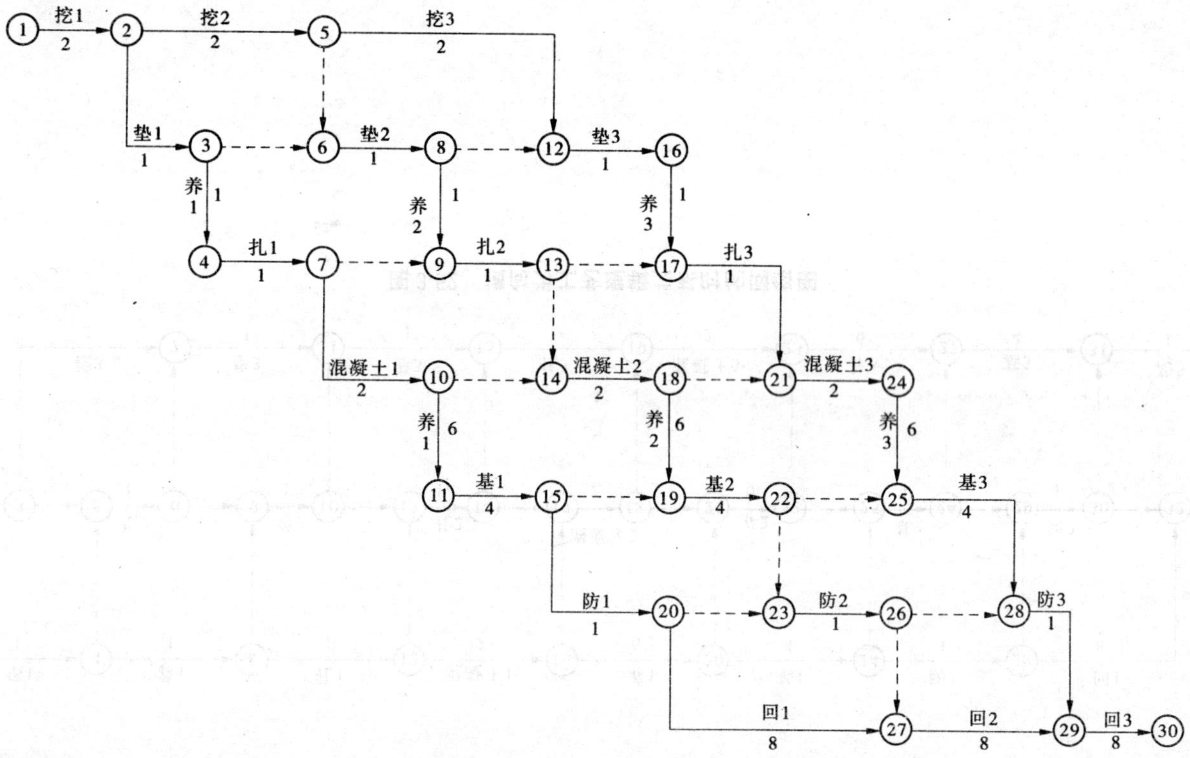

图 3-53　横向为组织逻辑关系时的网络图

2 d、井内模 2 d、井筋 2 d、梯模 2d、梯筋 1 d、井外模 2 d、板模 2 d、墙柱井梯混凝土 3 d、铺管 2 d、梁板筋 2 d、梁板混凝土 2 d。其中柱、墙先扎筋后立模板；电梯井是先立内模板、扎筋，最后立外模板；楼梯、梁、板均为先立模板后扎筋。其混合逻辑关系网络图如图 3-54 所示。

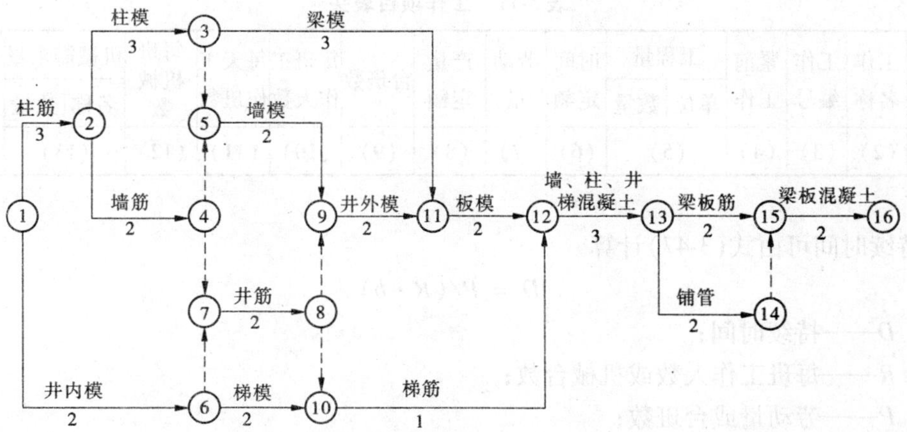

图 3-54　施工网络图

3.7.2　单位工程网络计划的编制方法与步骤

单位工程网络计划的编制方法与步骤如下：

(1)熟悉图纸、调查研究、分析情况。通过全面熟悉图纸和审查图纸，并与设计单位和建设单位加强联系，可以弄清设计规模、建筑构造、结构类型、建设构想以及对工程质量的要求；通过调查研究，可以拟好与工程项目有关的技术、经济、自然等条件，了解劳动力、机械设备以及材料供应与使用情况，了解协作单位的情况等。通过调查研究、分析情况，为更好地制订施工方案作好充分的准备。

(2)制订施工方案，确定施工顺序。在编制网络计划以前，应根据工程项目的结构、构造特点和施工条件，确定出主要分部分项工程的施工方法，选择主要的施工机械设备。如对于多层或高层建筑，在确定施工顺序时，应注意地上和地下工程的关系，结构主体工程和装饰工程的关系，室内装饰工程和室外装饰工程的关系，装饰工程的流向，室内装饰工程各工序之间的相互关系，土建工程与水电设备安装工程的关系等。

(3)确定工作项目。网络计划中，工作项目划分的粗细，应根据各级的需要不同而确定。若是供工程负责人掌握的网络计划，应把工作项目划分得粗一些，简洁，抓住关键；若是供工程管理人员使用的网络计划，则应划分得细一些，以便于具体指导施工作业。对于大型工程或建筑群的进度计划，网络计划宜分级编制，即先编制一个总的网络计划作为控制性网络计划，再按单位工程和分部分项工程，编制更为详细的网络计划。

(4)计算工程量及劳动量和机械需求量。对于工程量，应根据工序划分的粗细程度，并按施工图以及有关的计算规定进行计量；而对于劳动量和机械需求量，则应根据现行的施工定额和劳动定额，以及各工序计算出的工程量来确定。

(5)确定工作的持续时间。工作持续时间的确定，对于关键线路法(CPM)需要估定每项工作的持续时间或由公式算出；对于计划评审技术（PERT）则需估算出三个持续时间，据此算出持续时间的均差和方差，从而算出按要求工期完工的概率。可以将以上资料编制成工作项目表，按照一定的顺序，确定各工作之间在工艺上和组织上的逻辑关系，为绘制施工网络图准备条件。工作项目表头如表3-11所示。

表3-11 工作项目表头

序号	工作名称	工作编号	紧前工作	工程量		时间定额	劳动量	产量定额	台班数	每班工作人数	每天工作班数	每班机械数	机械需求量		工作持续时间
				单位	数量								名称	数量	
(1)	(2)	(3)	(4)	(5)		(6)	(7)	(8)	(9)	(10)	(11)	(12)	(13)		(14)

持续时间可由式(3-47)计算

$$D = P/(R \cdot b) \tag{3-47}$$

式中 D——持续时间；

R——每班工作人数或机械台数；

P——劳动量或台班数；

b——每天工作班数。

(6)绘制初始网络图。根据表3-11所示的逻辑关系绘制出初始网络图。绘制时应合理布置，使网络图布局整齐、清晰、美观、易于掌握，并将节点编号、工作名称及持续时间按要求标注在网络图上。

(7)计算及绘图。计算网络计划的各时间参数，确定出关键线路，并在网络计划的下方绘出资源动态图或每天的资源量以及资源累计量。

(8)调整与优化网络计划。

(9)绘制出正式网络计划。

【例3-10】 某5层教学楼，框架结构，建筑面积2 500 m^2，平面形状一字形，钢筋混凝土条形基础。主体为现浇框架结构，围护墙为空心砖砌筑。室内底层地面为缸砖，标准层地面为水泥砂浆地面，内墙、顶棚为中级抹灰，面层为涂料，外墙镶贴面砖。屋面用柔性材料防水。

本工程的基础、主体均分为三段施工，屋面不分段，内装修每层为一段，外装修自上而下一次完成。其劳动量见表3-12。试编制该工程的网络计划。

解：该工程的网络计划如图3-55所示。

表3-12 劳动量一览表

序号	分部分项名称	劳动量		工作持续天数(d)	每天工作班数(班)	每班工人数(人)
		单位	数量			
一	基础工程					
1	基础挖土	工日	300	15	1	20
2	基础垫层	工日	45	3	1	15

续表 3-12

序号	分部分项名称	劳动量		工作持续天数(d)	每天工作班数(班)	每班工人数(人)
		单位	数量			
3	基础现浇混凝土	工日	567	18	1	30
4	基础墙(素混凝土)	工日	90	6	1	15
5	基础及地坪回填土	工日	120	6	1	20
二	主体工程					
1	柱筋	工日	178	4.5	1	8
2	柱、梁、板模板(含梯)	工日	2 085	21	1	20
3	柱混凝土	工日	445	3	1.5	20
4	梁板筋(含梯)	工日	450	7.5	1	12
5	梁板混凝土(含梯)	工日	1 125	3	3	20
6	砌墙	工日	2 595	25.5	1	25
7	拆模	工日	671	10.5	1	20
8	搭架子	工日	360			6
三	屋面工程					
1	屋面防水	工日	105	7.5	1	15
2	屋面隔热	工日	240	12	1	20
四	装饰工程					
1	外墙粉刷	工日	450	15	1	30
2	安装门窗扇	工日	60	5	1	12
3	顶棚粉刷	工日	300	10	1	30
4	内墙粉刷	工日	600	20	2	30
5	楼地面、楼梯、扶手粉刷	工日	450	15	1	30
6	106 涂料	工日	50	5	1	10
7	油漆、玻璃	工日	70	7.5	1	10
8	水电安装	工日		3	1	10
9	拆脚手架、拆井架	工日		2	1	6
10	扫尾	工日			1	

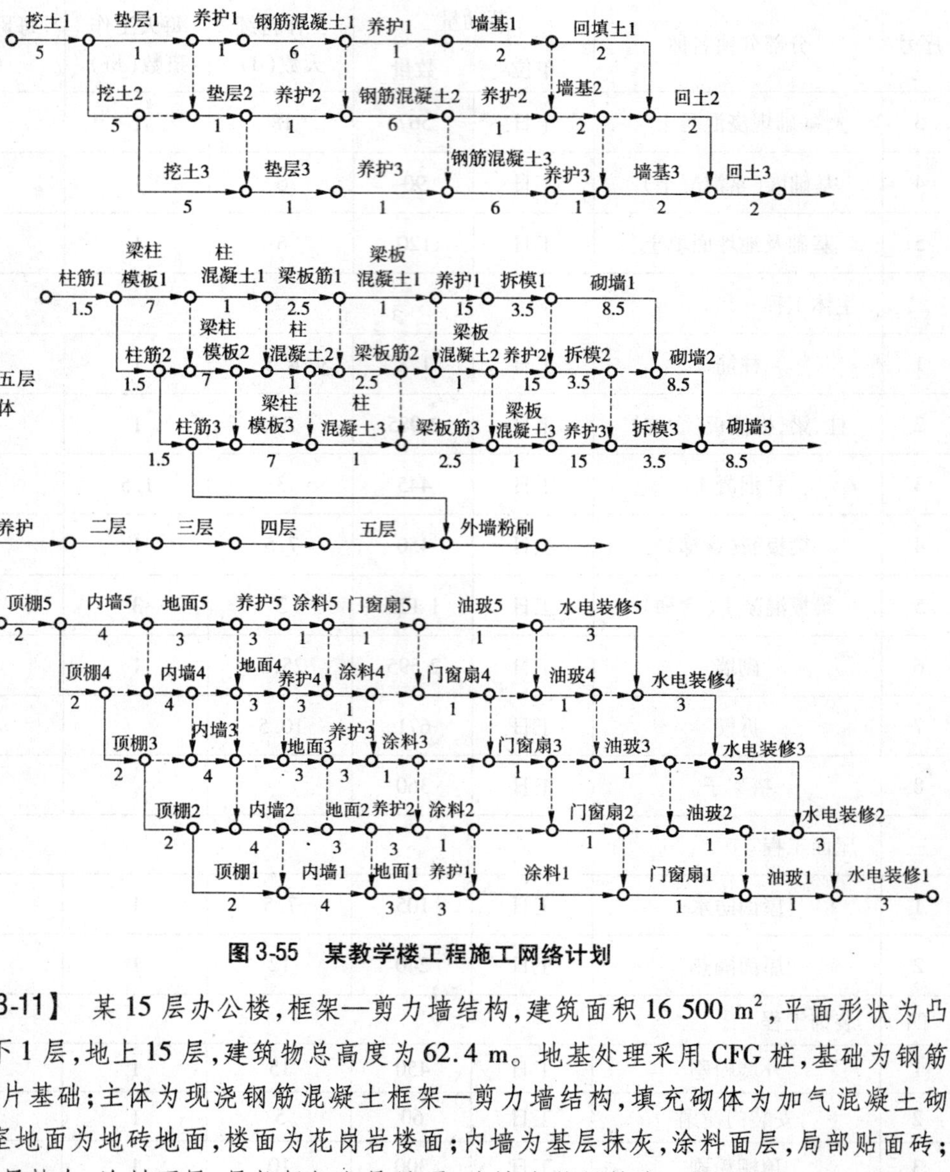

图 3-55 某教学楼工程施工网络计划

【例 3-11】 某 15 层办公楼，框架—剪力墙结构，建筑面积 16 500 m^2，平面形状为凸弧形，地下 1 层，地上 15 层，建筑物总高度为 62.4 m。地基处理采用 CFG 桩，基础为钢筋混凝土筏片基础；主体为现浇钢筋混凝土框架—剪力墙结构，填充砌体为加气混凝土砌块；地下室地面为地砖地面，楼面为花岗岩楼面；内墙为基层抹灰，涂料面层，局部贴面砖；顶棚为基层抹灰，涂料面层，局部轻钢龙骨吊顶；外墙为基层抹灰，涂料面层，立面中部为玻璃幕墙，底部花岗岩贴面；屋面防水为三元乙丙卷材三层柔性防水。

本工程基础、主体均分成三个施工段进行施工，屋面不分段，内装修每层为一段，外装修自上而下依次完成。在主体结构施工至第四层时，在地下室开始插入填充墙砌筑，2～15 层均砌完后再进行地上一层的填充墙砌筑；在填充墙砌筑至第四层时，在第二层开始室内装修，依次做完 3～15 层的室内装修后再做底层及地下室室内装修。填充墙砌筑工程均完成后再进行外装修，安装工程配合土建施工。试编制该单位工程网络计划。

解：该单位工程控制性一般网络计划如图 3-56 所示。

该单位工程控制性时标网络计划如图 3-57 所示。

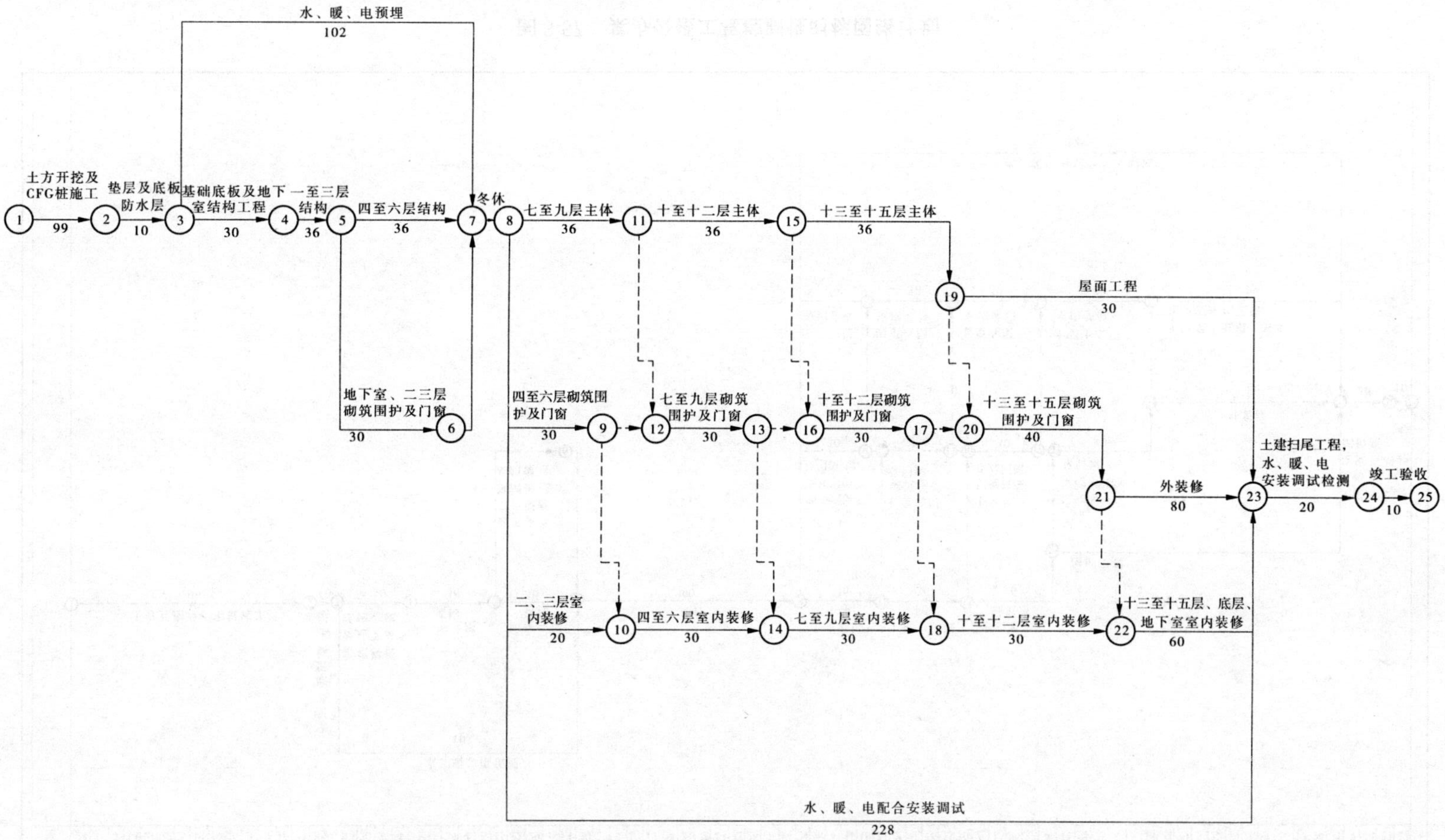

图 3-56　某办公楼工程控制性一般网络计划

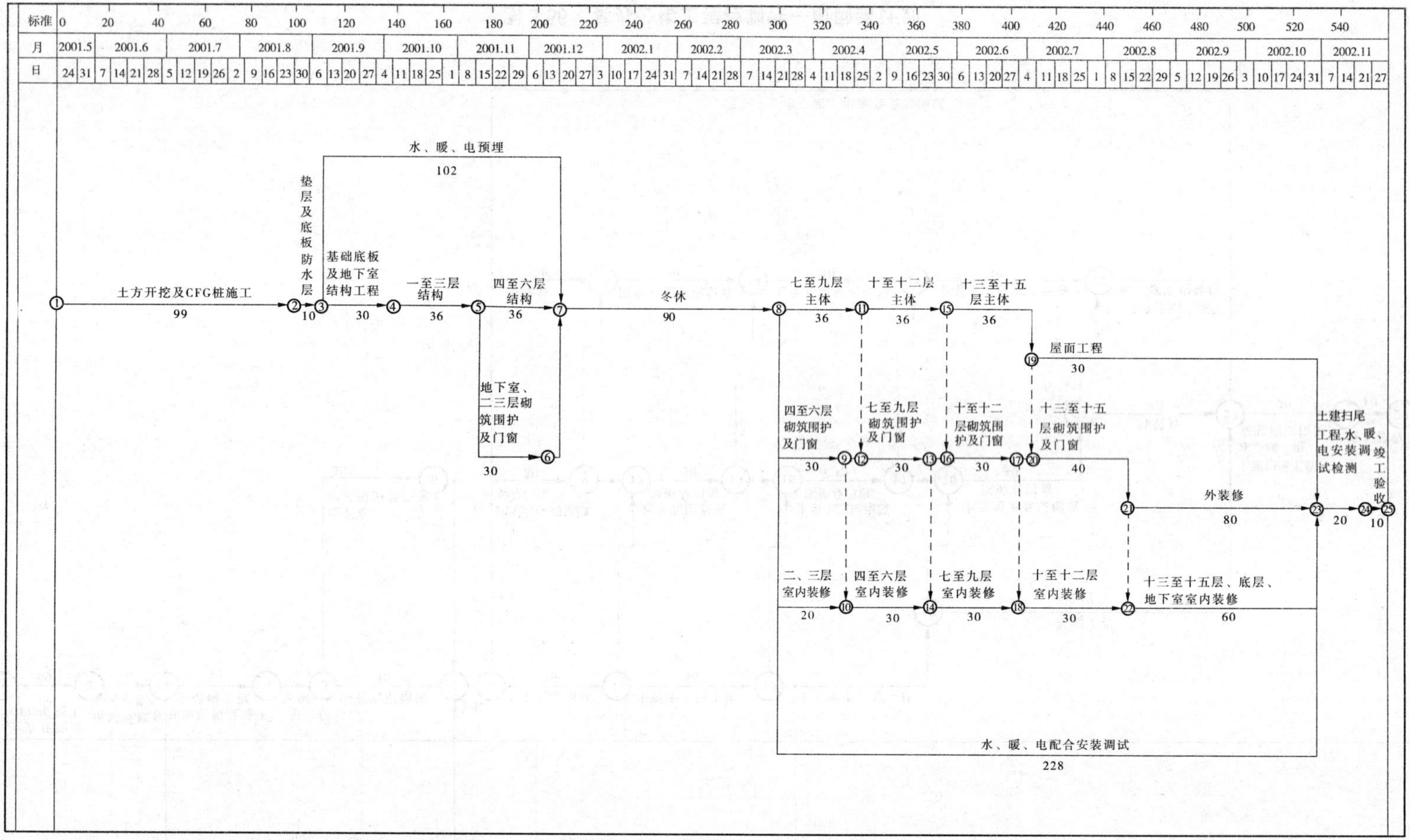

图 3-57　某办公楼工程控制性时标网络计划

复习思考题

3-1 什么是网络图？什么是网络计划？什么是网络计划技术？

3-2 何谓工艺关系和组织关系？试举例说明。

3-3 工作和虚工作有什么不同？虚工作可起哪些作用？试举例加以说明。

3-4 简述网络图的绘制原则。

3-5 什么叫总时差、自由时差、节点最早时间、节点最迟时间？

3-6 双代号时标网络图的特点有哪些？

3-7 什么是工期优化和费用优化，它们的区别是什么？

3-8 在费用优化过程中，如果拟缩短持续时间的关键工作（或关键工作组合）的直接费用率（或组合直接费用率）大于工程间接费用率，即可判定此时已达到优化点，为什么？

3-9 为什么要对网络计划进行控制？试述其控制的内容及方法。

3-10 已知网络图的资料如表3-13～表3-15所示，试确定出节点位置号，给出有横向虚工作（允许有竖向虚工作）的双代号网络图，并给出只有竖向虚工作（不允许有横向虚工作）的双代号网络图。

表3-13 资料一

工　作	*A*	*B*	*C*	*D*	*E*	*G*	*H*
紧前工作	*D*、*C*	*E*、*H*	—	—	—	*H*、*D*	—

表3-14 资料二

工　作	*A*	*B*	*C*	*D*	*E*	*G*
紧前工作	—	—	—	—	*B*、*C*、*D*	*A*、*B*、*C*

表3-15 资料三

工　作	*A*	*B*	*C*	*D*	*E*	*H*	*G*	*I*	*J*
紧前工作	*E*	*H*、*A*	*J*、*G*	*H*、*J*、*A*	—	—	*H*、*A*	—	*E*

3-11 某网络计划的有关资料如表3-16所示，试绘制双代号网络图，并在图中标出各项工作的六个时间参数，最后用双箭线标明关键线路。

表3-16 题3-11资料

工　作	*A*	*B*	*C*	*D*	*E*	*F*	*G*	*H*	*I*	*J*	*K*
持续时间	22	10	13	8	15	17	15	6	11	12	20
紧前工作	—	—	*B*、*E*	*A*、*C*、*H*	—	*B*、*E*	*E*	*F*、*G*	*F*、*G*	*A*、*C*、*I*、*H*	*F*、*G*

3-12 某网络计划的有关资料如表3-17所示，试绘制双代号网络图，在图中标出各

个节点的最早时间和最迟时间，并据此判定各项工作的六个主要时间参数，最后用双箭线标明关键线路。

表 3-17 题 3-12 资料

工　作	A	B	C	D	E	G	H	I	J	K
持续时间	2	3	4	5	6	3	4	7	2	3
紧前工作	—	A	A	A	B	C、D	D	B	E、H、G	G

3-13 某网络计划的有关资料如表 3-18 所示，试绘制单代号网络图，并在图中标出各项工作的六个时间参数及相邻两项工作之间的时间间隔，最后用双箭线标明关键线路。

表 3-18 题 3-13 资料

工　作	A	B	C	D	E	G
持续时间	12	10	5	7	6	4
紧前工作	—	—	—	B	B	C、D

3-14 某网络计划的有关资料如表 3-19 所示，试绘制双代号时标网络图，并判定各项工作的六个时间参数和关键线路。

表 3-19 题 3-14 资料

工　作	A	B	C	D	E	G	H	I	J	K
持续时间	2	3	5	2	3	3	2	3	6	2
紧前工作	—	A	A	B	B	D	G	E、G	C、E、G	H、I

3-15 已知网络计划如图 3-58 所示，箭线下方括号外数字为工作的正常持续时间，括号内数字为工作的最短持续时间；箭线上方括号内数字为优选系数。要求工期为 12，试对其进行工期优化。

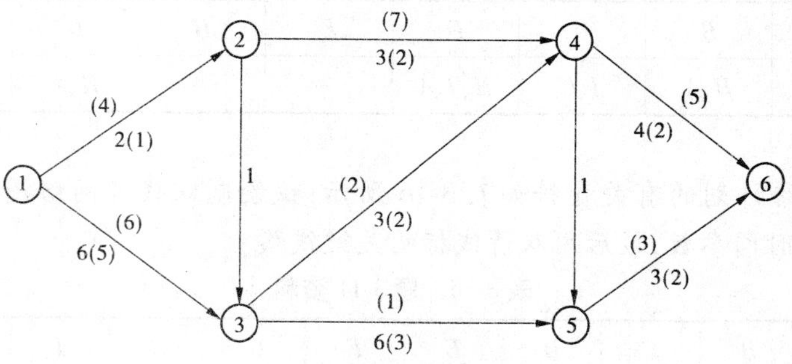

图 3-58 题 3-15 图

3-16 已知网络计划如图 3-59 所示，箭线下方括号外数字为工作的正常持续时间，括号内数字为工作的最短持续时间，箭线上方括号外数字为正常持续时间时的直接费，括号内数字为最短持续时间时的直接费。费用单位为千元，时间单位为 d。如果工程间接费率为0.8千元/d,求最低工程费用时的工期。

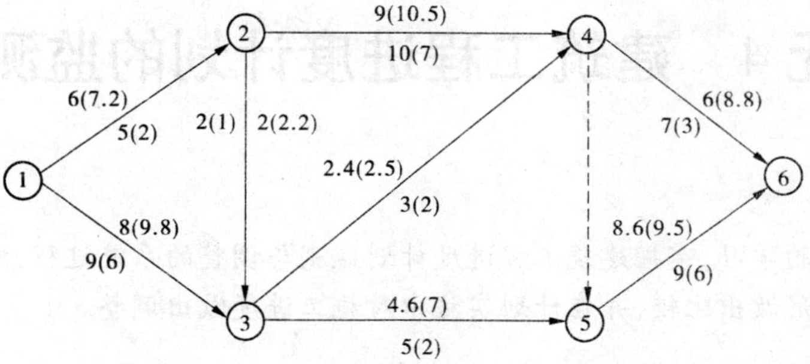

图3-59　题3-16图

学习单元4　建筑工程进度计划的监测与调整

【学习目标】

通过本单元的学习，掌握建筑工程进度计划监测与调整的系统过程，能够对实际进度与计划进度的图形做出比较，并在计划实施中对施工进度做出调整。

4.1　建筑工程进度计划监测与调整的系统过程

在工程项目的实施过程中，由于外部环境和条件的变化，进度计划的编制者很难事先对项目实施过程中可能出现的问题进行全面的估计。气候的变化、不可预见事件的发生及其他条件的变化均会对工程进度计划的实施产生影响，从而造成实际进度偏离计划进度，如果实际进度与计划进度的偏差得不到及时纠正，势必影响进度总目标的实现。因此，在进度计划执行过程中，就需要不断对实际进度进行监测，以便及时发现问题，并运用行之有效的进度调整方法来解决问题。

4.1.1　进度监测的系统过程

在建筑工程实施过程中，应根据进度监测的系统过程（见图4-1），经常地、定期地对进度计划的执行情况进行跟踪检查，发现问题后及时采取措施加以解决。

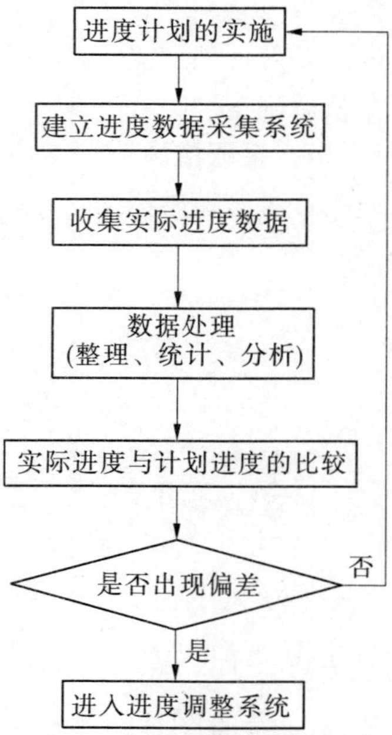

图4-1　建筑工程进度监测的系统过程

4.1.2　进度监测手段

为了全面、准确地掌握进度计划的执行情况，工作人员应认真做好以下三方面工作。

4.1.2.1　定期收集报表资料

进度报表是反映工程实际进度的主要方式之一。进度计划执行单位应按照规定的时间和报表内容，定期填写进度报表。监测单位通过收集进度报表资料掌握工程实际进展情况。

4.1.2.2　现场实地检查工程进展情况

派工作人员常驻现场，随时检查进度计划的实际执行情况，这样可以加强进度监测工作，掌握工程实际进度的第一手资料，使获得的数据更加及时、准确。

4.1.2.3　定期召开现场会议

定期召开现场会议，监测单位与进度计划执行单位的有关人员面对面地交谈，既可以了解工程实际进度状况，同时也可以协调各有关方面的进度关系。

4.1.3 进度调整的系统过程

在建筑工程实施进度监测过程中，当通过实际进度与计划进度的比较，发现有进度偏差时，需要分析该偏差产生的原因及对后续工作和总工期的影响，必要时采取合理、有效的进度计划调整措施，确保进度总目标的实现。进度调整的系统过程如图 4-2 如示。

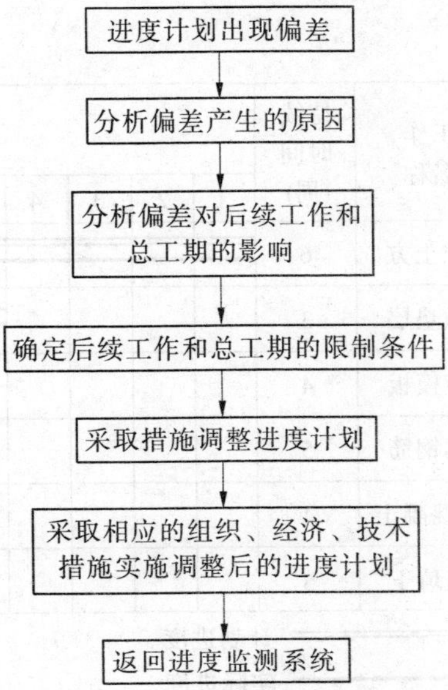

图 4-2 建筑工程进度调整的系统过程

4.1.3.1 分析偏差产生的原因

通过实际进度与计划进度的比较，发现有进度偏差时，为了采取有效措施调整进度计划，必须深入现场进行调查，分析产生进度偏差的原因。

4.1.3.2 分析偏差对后续工作和总工期的影响

当查明进度偏差产生的原因后，要分析进度偏差对后续工作和总工期的影响程度，以确保是否应采取措施调整进度计划。

4.1.3.3 确定后续工作和总工期的限制条件

当出现的进度偏差影响到后续工作或总工期而需要采取进度调整措施时，应当首先确定可调整进度的范围，主要指关键节点、后续工作的限制条件以及总工期允许变化的范围。这些限制条件往往与合同条件有关，需要认真分析后确定。

4.1.3.4 采取措施调整进度计划

采取进度调整措施，应以后续工作和总工期的限制条件为依据，确保要求的进度目标得到实现。

4.1.3.5 实施调整后的进度计划

进度计划调整后，应采取相应的组织、经济、技术措施执行它，并继续监测其执行情况。

4.2 实际进度与计划进度的比较方法

实际进度与计划进度的比较是建筑工程进度监测的主要环节。常用的进度比较方法有横道图、S 曲线、香蕉曲线、前锋线和列表比较法。

4.2.1 横道图比较法

横道图比较法是指将项目实施过程中定期检查实际进度收集到的数据，按横道进度计划中的施工过程名称列项、整理统计后，直接用涂黑的粗实线平行绘于原计划的横道线处，进行实际进度与计划进度的比较方法。采用横道图比较法，可以形象、直观地反映实际进度与计划进度的比较情况。

【例 4-1】 某工程项目钢筋混凝土基础工程，其施工的实际进度（用黑粗实线表示）与计划进度（双线条）如图 4-3 所示。试用横道图比较法进行实际进度与计划进度的比较。

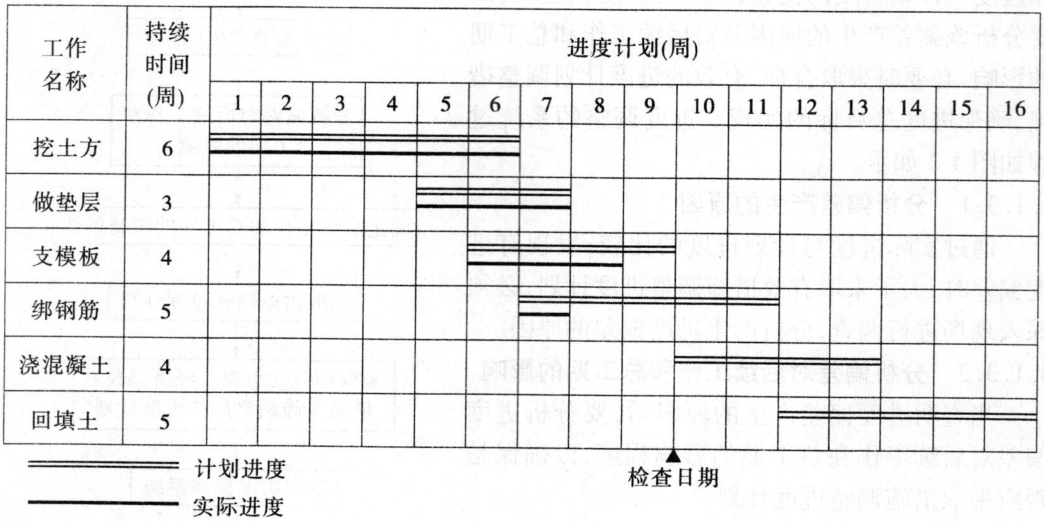

图 4-3　某基础工程实际进度与计划进度比较图

解：从图 4-3 中可以看出，第 9 周末进行实际进度检查时，挖土方和做垫层两项工作已经完成；支模板按计划也应该完成，但实际只完成了 75%，任务量拖欠 25%；绑钢筋按计划应该完成 60%，而实际只完成 20%，任务量拖欠 40%。

根据各项工作的进度偏差，进度控制者可以采取相应的纠编措施对进度计划进行调整，以确保该工程按期完成。

图 4-3 所表达的比较方法仅适用于工程项目中的各项工作都是均匀进展的情况，即每项工作在单位时间内完成的任务量都相等的情况。事实上，工程项目中各项工作的进展不一定是匀速的。根据工程项目中各项工作的进展是否匀速，可分别采用以下两种方法进行实际进度与计划进度的比较。

4.2.1.1　匀速进展横道图比较法

匀速进展是指在工程项目中，每项工作在单位时间内完成的任务量都是相等的，即工作的进展速度是均匀的。此时，每项工作累计完成的任务量与时间是线性关系，如图 4-4 所示。

完成的任务量可以用实物工程量、劳动消耗量或费用支出表示。为了便于比较，通常用上述物理量的百分比表示。

采用匀速进展横道图比较法时，其步骤如下：

（1）编制横道图进度计划。

（2）在进度计划上标出检查日期。

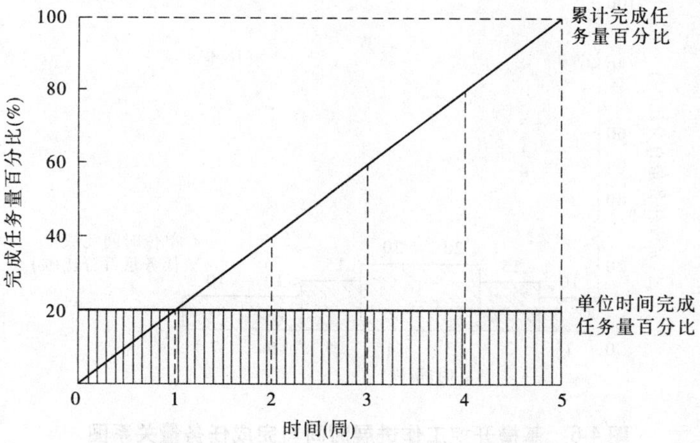

图 4-4　工作匀速进展时任务量与时间关系曲线

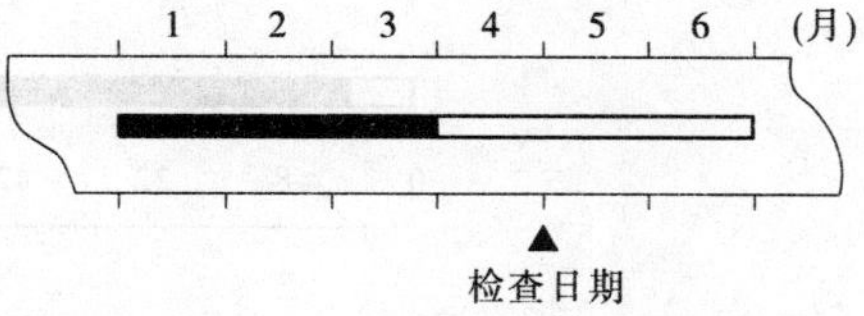

图 4-5　匀速进展横道图比较法

(3)将检查收集到的实际进度数据经加工整理后按比例用涂黑的粗线标于计划进度的下方,如图 4-5 所示。

(4)对比分析实际进度与计划进度。①如果涂黑的粗线右端落在检查日期左侧(右侧),表明实际进度拖后(超前)。②如果涂黑的粗线右端与检查日期重合,表明实际进度与计划进度一致。

必须指出,该方法仅适用于工作从开始到结束的整个过程中,其进展速度均为固定不变的情况。如果工作的进展速度是变化的,则不能采用这种方法进行实际进度与计划进度的比较;否则,会得出错误的结论。

4.2.1.2　非匀速进展横道图比较法

当某项工作在不同单位时间里的进展速度不相等时,累计完成的任务量与时间的关系就不可能是线性关系。此时,应采用非匀速进展横道图比较法进行实际进度与计划进度的比较。

非匀速进展横道图比较法在用涂黑粗线表示工作实际进度的同时,还要标出其对应时刻完成任务量的累计百分比,并将该百分比与其同时刻计划完成任务量的累计百分比相比较,判断工作实际进度与计划进度之间的关系。

下面以一简例说明非匀速进展横道图比较法的步骤。

【例 4-2】　某工程项目中的基槽开挖工作按施工进度计划安排需要 7 周完成,每周计划完成的任务量百分比如图 4-6 所示。试用非匀速进展横道图比较法进行实际进度与计划进度的比较。

解:(1)编制横道图进度计划,如图 4-7 所示。

(2)在横道线上方标出基槽开挖工作每周计划累计完成任务量的百分比,分别为 10%、25%、45%、65%、80%、90%和 100%。

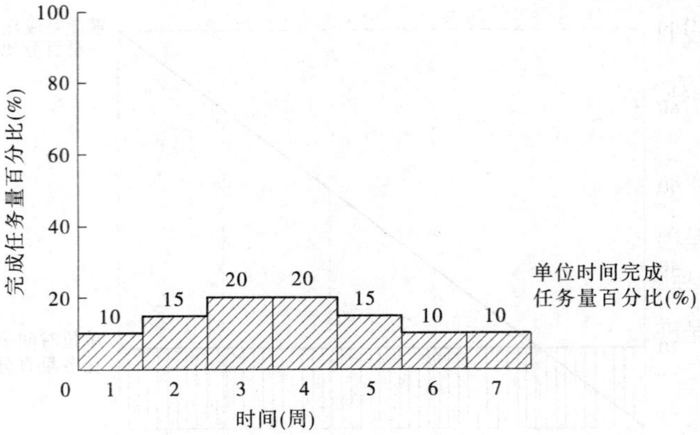

图 4-6　基槽开挖工作进展时间与完成任务量关系图

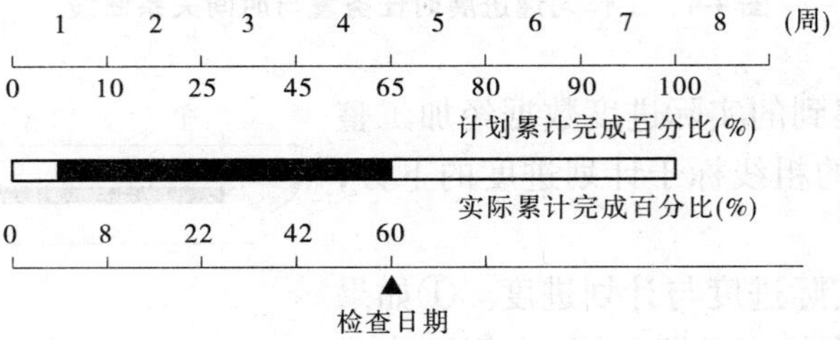

图 4-7　非匀速进展横道图

(3)在横道线下方标出第一周至检查日期(第四周)每周实际累计完成任务量的百分比,分别为 8%、22%、42%、60%。

(4)用涂黑粗线标出实际投入的时间。图 4-7 表明,该工作实际开始时间晚于计划开始时间,在开始后连续工作,没有中断。

(5)比较实际进度与计划进度。从图 4-7 中可以看出,该工作在第一周实际进度比计划进度拖后 2%,以后各周末累计拖后分别为 3%、3%和 5%。

由于工作进展速度是变化的,因此图 4-7 中的横道线,无论是计划的还是实际的,只能表示工作的开始时间、完成时间和持续时间,并不表示计划完成的任务量和实际完成的任务量。此外,采用非匀速进展横道图比较法,不仅可以进行某一时刻(如检查日期)实际进度与计划进度的比较,而且还能进行某一时间段实际进度与计划进度的比较。当然,这需要实施部门按规定的时间记录当时的任务完成情况。

横道图比较法虽有记录和比较简单、形象直观、易于掌握、使用方便等优点,但由于其以横道计划为基础,因而带有不可克服的局限性。在横道计划中,各项工作之间的逻辑关系表达不明确,关键工作和关键线路无法确定。一旦某些工作实际进度出现偏差,难以预测其对后续工作和工程总工期的影响,也就难以确定相应的进度计划调整方法。因此,横道图比较法主要用于工程项目中某些工作实际进度与计划进度的局部比较。

4.2.2 S曲线比较法

S曲线比较法是以横坐标表示时间,纵坐标表示累计完成任务量,绘制一条按计划时间累计完成任务量的S曲线,然后将工程项目实施过程中各检查时间实际累计完成任务量的S曲线也绘制在同一坐标系中,进行实际进度与计划进度比较的一种方法。

从整个工程项目进展全过程来看,单位时间投入的资源量一般是开始和结束时较少,中间阶段较多,与其相对应,单位时间完成的任务量也呈现相同的变化规律,如图4-8(a)所示。而随工程进展累计完成的任务量则呈S形变化,如图4-8(b)所示。

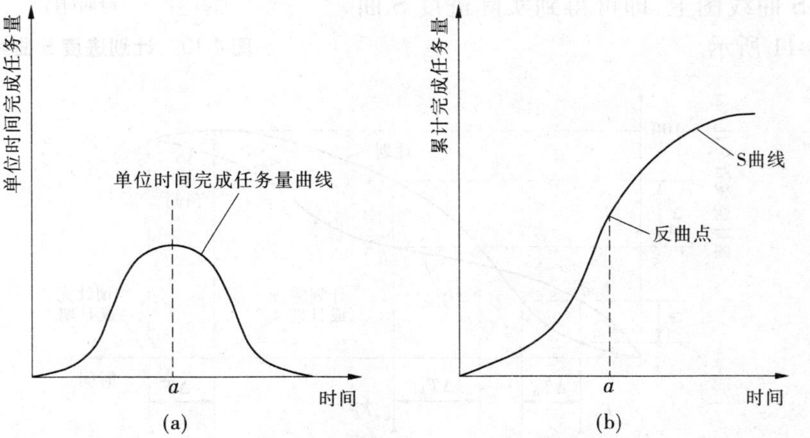

图4-8 时间与完成任务量关系曲线

4.2.2.1 S曲线的绘制方法

下面以一简例说明S曲线的绘制方法。

【例4-3】 某混凝土工程的浇筑总量为2 000 m³,按照施工方案,计划9个月完成,每月计划完成的混凝土浇筑量如图4-9所示,试绘制该混凝土工程的计划进度S曲线。

解:根据已知条件,绘制步骤如下:

(1)确定单位时间计划完成任务量。在本例中,将每月计划完成混凝土浇筑量列于表4-1中。

(2)计算不同时间累计完成任务量。在本例中,依次计算每月计划累计完成的混凝土浇筑量,结果列于表4-1中。

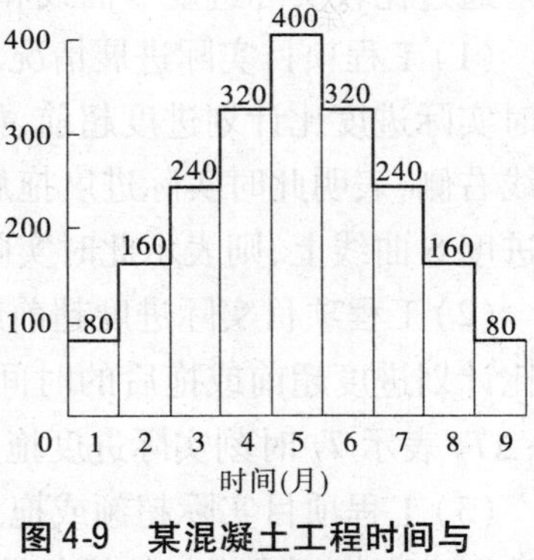

图4-9 某混凝土工程时间与完成任务量关系曲线

表4-1 完成工程量汇总表

时间(月)	1	2	3	4	5	6	7	8	9
每月计划完成量(m³)	80	160	240	320	400	320	240	160	80
累计完成量(m³)	80	240	480	800	1 200	1 520	1 760	1 920	2 000

(3)根据累计完成任务量绘制S曲线。在本例中,根据每月计划累计完成混凝土浇筑量而绘制的计划进度S曲线如图4-10所示。

4.2.2.2 实际进度与计划进度的比较

同横道图比较法一样,S曲线比较法也是在图上进行工程项目实际进度与计划进度的直观比较。在工程项目实施过程中,按照规定时间将检查收集到的实际累计完成任务量绘制在原计划进度S曲线图上,即可得到实际进度S曲线,如图4-11所示。

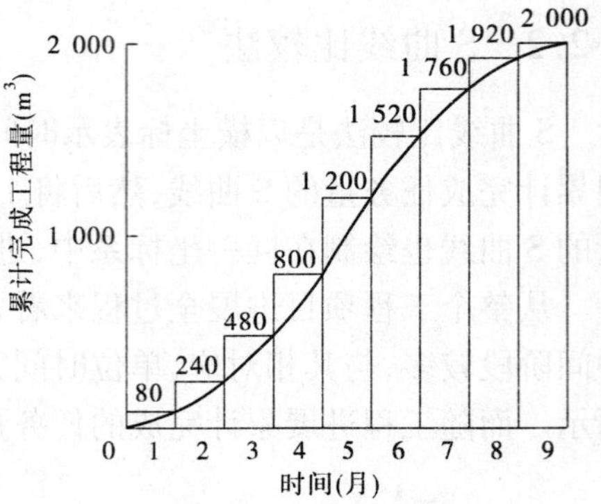

图4-10 计划进度S曲线图

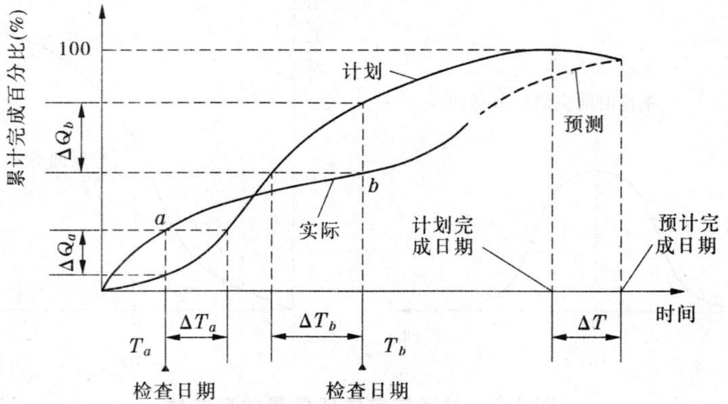

图4-11 S曲线比较图

通过比较实际进度S曲线和计划进度S曲线,可以获得如下信息:

(1)工程项目实际进展情况。如果工程实际进展点落在计划进度S曲线左侧,表明此时实际进度比计划进度超前,如图4-11中的a点;如果工程实际进展点落在计划进度S曲线右侧,表明此时实际进度拖后,如图4-11中的b点;如果工程实际进展点正好落在计划进度S曲线上,则表示此时实际进度与计划进度一致。

(2)工程项目实际进度超前或拖后的时间。在S曲线比较图中可以直接读出实际进度比计划进度超前或拖后的时间。如图4-11所示,ΔT_a表示T_a时刻实际进度超前的时间;ΔT_b表示T_b时刻实际进度拖后的时间。

(3)工程项目实际超额或拖欠的任务量。在S曲线比较图中也可直接读出实际进度比计划进度超额或拖欠的任务量。如图4-11所示,ΔQ_a表示T_a时刻超额完成的任务量,ΔQ_b表示T_b时刻拖欠的任务量。

(4)后期工程进度预测。如果后期工程按原计划速度进行,则可做出后期工程计划进度S曲线,如图4-11中虚线所示,从而可以确定工期拖延预测值ΔT。

4.2.3 香蕉曲线比较法

香蕉曲线是由两条S曲线组合而成的闭合曲线。由S曲线比较法可知,工程项目累计完成的任务量与计划时间的关系,可以用一条S曲线表示。对于一个工程项目的网络计划来说,如果以其中各项工作的最早开始时间安排进度而绘制S曲线,称为ES曲线;如果以其中各项工作的最迟开始时间安排进度而绘制S曲线,称为LS曲线。两条S曲线具有相同的起点和终点,因此两条曲线是闭合的。在一般情况下,ES曲线上的其余各点均落在LS曲线的相应点的左侧。由于该闭合曲线形似"香蕉",故称为香蕉曲线,如图4-12所示。

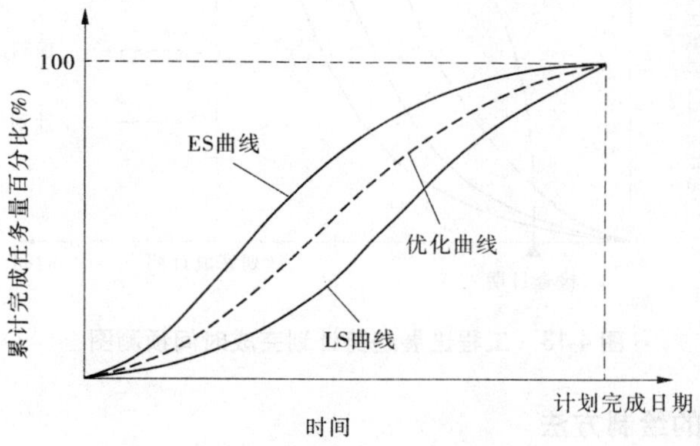

图4-12 香蕉曲线比较图

4.2.3.1 香蕉曲线比较法的作用

在工程项目实施过程中,根据检查得到的实际累计完成任务量,按同样的方法在原计划香蕉曲线上绘出实际进度曲线,便可以进行实际进度与计划进度的比较了。

在项目的实施过程中,进度控制的理想状态是任意时刻按实际进度描绘的点都应该落在香蕉曲线的闭合区域内。利用香蕉曲线不但可以进行计划进度的合理安排、实际进度与计划进度的比较,还可以对后期工程进行预测。其主要作用如下。

1. 合理安排工程项目进度计划

如果工程项目中的各项工作均按最早开始时间安排进度,将导致项目的投资加大;而如果各项工作都按最迟开始时间安排进度,则一旦工程进度受到影响因素的干扰,就将导致工期延期,使工程进度风险加大。因此,一个科学合理的进度计划优化曲线应处于香蕉曲线所包括的区域内,如图4-12中间的那条曲线。

2. 定期比较工程项目的实际进度与计划进度

在工程项目的实施过程中,根据每次检查收集到的实际完成任务量,绘制出实际进度S曲线,便可以与计划进度进行比较。工程项目实际进度的理想状态是任一时刻工程实际进展点应落在香蕉曲线的范围之内。如果工程实际进展点落在ES曲线的左侧,表明此刻实际进度比各项工作按最早开始时间安排的计划进度超前;如果工程实际进展点落在LS曲线的右侧,则表明此刻实际进度比各项工作按最迟开始时间安排的计划进度落后。

3. 预测后期工程进展趋势

利用香蕉曲线可以对后期工程的进展情况进行预测,如在图4-13中,该工程项目在检查日期实际进度超前,检查日期之后的后期工程进度安排如图中虚线所示,预计该工程项目提前完成。

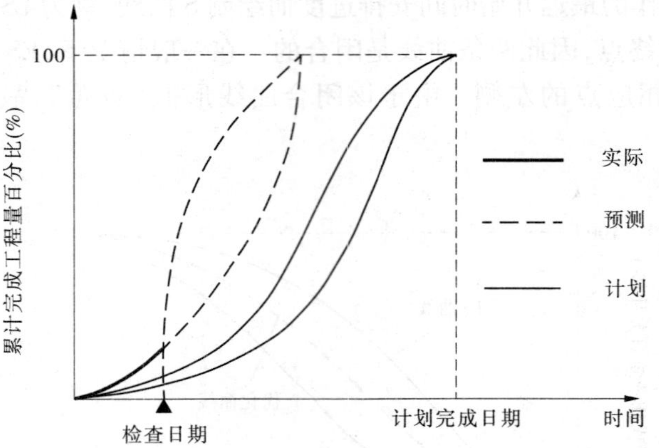

图 4-13　工程进展趋势计划完成时间预测图

4.2.3.2　香蕉曲线的绘制方法

香蕉曲线的绘制方法与 S 曲线的绘制方法基本相同,其不同之处在于香蕉曲线是以工作按最早开始时间安排进度和按最迟开始时间安排进度分别绘制的两条 S 曲线组合而成的。

在工程项目实施过程中,根据检查得到的实际累计完成任务量,在原计划香蕉曲线图上绘出实际进度曲线,便可以进行实际进度与计划进度的比较。

【例 4-4】　某工程项目网络计划如图 4-14 所示,图中箭线上方括号内数字表示各项工作计划完成的任务量,以劳动消耗量表示;箭线下方数字表示各项工作的持续时间(周)。试绘制香蕉曲线。

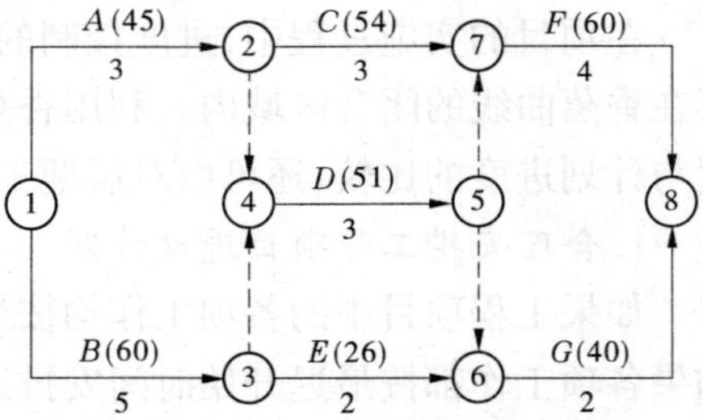

图 4-14　某工程项目网络计划

解:假设各项目工作都以匀速进展,即各项工作每周的劳动消耗量相等。

(1)确定各项工作每周的劳动消耗量。

工作 A:45 ÷ 3 = 15;工作 B:60 ÷ 5 = 12;工作 C:54 ÷ 3 = 18;工作 D:51 ÷ 3 = 17;

工作 E:26 ÷ 2 = 13;工作 F:60 ÷ 4 = 15;工作 G:40 ÷ 2 = 20

(2)计算工程项目劳动消耗总量

$$Q = 45 + 60 + 54 + 51 + 26 + 60 + 40 = 336$$

(3)根据各项工作按最早开始时间安排的进度计划,确定工程项目每周计划劳动消耗量及各周累计劳动消耗量,如图 4-15 所示。

(4)根据各项工作按最迟开始时间安排的进度计划,确定工程项目每周计划劳动消耗量及各周累计劳动消耗量,如图 4-16 所示。

(5)根据不同的累计劳动消耗量分别绘制 ES 曲线和 LS 曲线,便得到香蕉曲线,如图 4-17 所示。

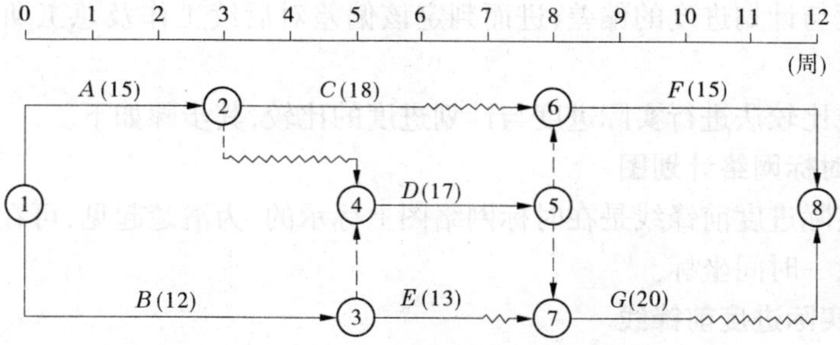

时间(周)	1	2	3	4	5	6	7	8	9	10	11	12
每周劳动消耗量	27	27	27	30	30	48	30	17	35	35	15	15
累计劳动消耗量	27	54	81	111	141	189	219	236	271	306	321	336

图 4-15　按工作最早开始时间安排的进度计划及劳动消耗量

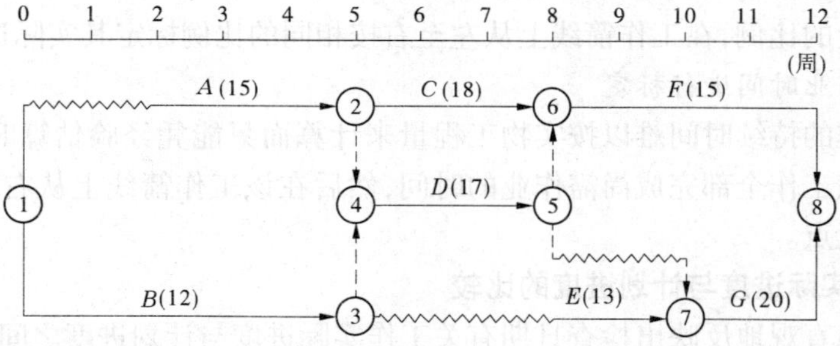

时间(周)	1	2	3	4	5	6	7	8	9	10	11	12
每周劳动消耗量	12	12	27	27	27	35	35	35	28	28	35	35
累计劳动消耗量	12	24	51	78	105	140	175	210	238	266	301	336

图 4-16　按工作最迟开始时间安排的进度计划及劳动消耗量

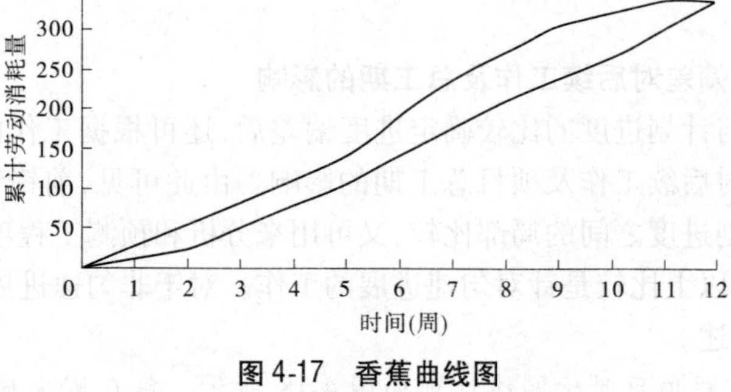

图 4-17　香蕉曲线图

4.2.4　前锋线比较法

前锋线比较法是通过绘制某检查时刻工程项目实际进度前锋线，进行工程实际进度与计划进度比较的方法，它主要适用于时标网络计划。所谓前锋线，是指在原时标网络计划上，从检查时刻的时标点出发，用点画线依次将各项工作实际进展位置点连接而成的折线。前锋线比较法就是通过实际进度前锋线与原进度计划中各工作箭线交点的位置来判断工作实际进度与计划进度的偏差,进而判定该偏差对后续工作及总工期影响程度的一种方法。

采用前锋线比较法进行实际进度与计划进度的比较,其步骤如下。

4.2.4.1 绘制时标网络计划图

工程项目实际进度前锋线是在时标网络图上标示的,为清楚起见,可在时标网络图的上方和下方各设一时间坐标。

4.2.4.2 绘制实际进度前锋线

一般从时标网络图上方时间坐标的检查日期开始绘制,依次连接相邻工作的实际进展位置点,最后与时标网络图下方坐标的检查日期相连接。

工作实际进展位置点的标定方法有两种:

1. 按该工作已完成任务量比例进行标定

假设工程项目中各项工作均为匀速进展,根据实际检查时刻该工作已完成任务量占计划完成任务量的比例,在工作箭线上从左至右按相同的比例标定其实际进展位置点。

2. 按尚需作业时间进行标定

当某些工作的持续时间难以按实物工程量来计算而只能凭经验估算时,可以先估算出检查时刻到该工作全部完成尚需作业的时间,然后在该工作箭线上从右至左逆向标定其实际进展位置点。

4.2.4.3 进行实际进度与计划进度的比较

前锋线可以直观地反映出检查日期有关工作实际进度与计划进度之间的关系。对某项工作来说,其实际进度与计划进度之间的关系可能存在如下三种情况:

(1)工作实际进展位置点落在检查日期的左侧,表明该工作实际进度拖后,拖后的时间为二者之差;

(2)工作实际进展位置点落与检查日期重合,表明该工作实际进度与计划进度一致;

(3)工作实际进展位置点落在检查日期的右侧,表明该工作实际进度超前,超前的时间为二者之差。

4.2.4.4 预测进度偏差对后续工作及总工期的影响

通过实际进度与计划进度的比较确定进度偏差后,还可根据工作的自由时差和总时差预测该进度偏差对后续工作及项目总工期的影响。由此可见,前锋线比较法既适用于工作实际进度与计划进度之间的局部比较,又可用来分析和预测工程项目整体进度状况。

值得注意的是,以上比较是针对匀速进展的工作。对于非匀速进展的工作,比较方法较复杂,此处不再赘述。

【例 4-5】 某工程项目时标网络计划如图 4-18 所示。第 6 周末检查实际进度时,发现工作 A 和 B 已经全部完成,工作 D 和 E 分别完成计划任务量的 20% 和 50%,工作 C 尚需 3 周完成,试用前锋线比较法进行实际进度与计划进度的比较。

解:根据第 6 周末实际进度的检查结果绘制前锋线,如图 4-18 中点划线所示。通过比较可以看出:

(1)工作 D 实际进度拖后 2 周,将使其后续工作 F 的最早开始时间推迟 2 周,并使总工期延长 1 周。

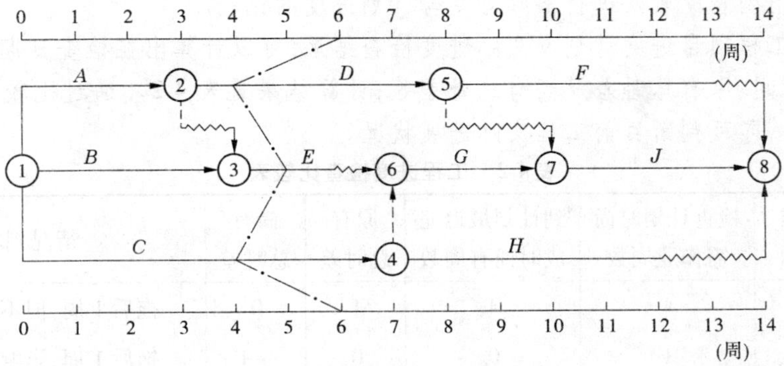

图 4-18　某工程前锋线比较图

(2)工作 E 实际进度拖后 1 周，既不影响总工期，也不影响其后续工作的正常进行。

(3)工作 C 实际进度拖后 2 周，将使其后续工作 G、H、J 的最早开始时间推迟 2 周。由于工作 G、J 开始时间的推迟，从而使总工期延长 2 周。

综上所述，如果不采取措施加快进度，该工程项目的总工期将延长 2 周。

4.2.5　列表比较法

当工程进度计划用非时标网络图表示时，可以采用列表比较法进行实际进度与计划进度的比较。

列表比较法是将某一检查日期某项工作的尚有总时差与原有总时差的计算结果列于表格之中进行比较，以判断工程实际进度与计划进度相比超前或滞后情况的方法。即是记录检查时正在进行的工作名称和已进行的天数，然后列表计算有关参数，根据原有总时差和尚有总时差来判断实际进度与计划进度的比较方法。

采用列表比较法进行实际进度与计划进度的比较，其步骤如下：

(1)对于在检查日期应该进行的工作，根据已经作业的时间，确定其尚需作业时间。

(2)根据原进度计划计算在检查日期应该进行的工作从检查日期到原计划最迟完成时尚有时间。

(3)计算工作尚有总时差，其值等于工作从检查日期到原计划最迟完成时尚有时间与该工作尚需作业时间之差。

(4)比较实际进度与计划进度，可能有以下几种情况：

①如果工作尚有总时差与原有总时差相等，说明该工作实际进度与计划进度一致。

②如果工作尚有总时差大于原有总时差，说明该工作实际进度超前，超前的时间为二者之差。

③如果工作尚有总时差小于原有总时差，且为非负值，说明该工作实际进度拖后，拖后的时间为二者之差，但不影响总工期。

④如果工作尚有总时差小于原有总时差，且为负值，说明该工作实际进度拖后，拖后的时间为二者之差，此时工作实际进度偏差将影响总工期。

【例 4-6】　某工程项目进度计划如图 4-18 所示。该计划执行到第 10 周末检查实际进度时，发现工作 A、B、C、D、E 已经全部完成，工作 F 已进行 1 周，工作 G 和工作 H 均已进行 2 周，试用列表比较法进行实际进度与计划进度的比较。

解：根据工程项目进度计划及实际进度检查结果，可以计算出在检查日期应进行工作的尚需作业时间、原有总时差及尚有总时差等，计算结果见表 4-2。通过比较尚有总时差和原有总时差，即可判断目前工程实际进展状况。

表 4-2　工程进度检查比较表

工作代号	工作名称	检查计划时尚需作业周数	到计划最迟完成时尚有周数	原有总时差	尚有总时差	情况判断
5—8	*F*	4	4	1	0	拖后 1 周，但不影响工期
6—7	*G*	1	0	0	−1	拖后 1 周，影响工期 1 周
4—8	*H*	3	4	2	1	拖后 1 周，但不影响工期

4.3　进度计划实施中的调整方法

4.3.1　分析进度偏差对后续工作及总工期的影响

在工程项目实施过程中，当通过实际进度与计划进度的比较，发现有进度偏差时，需要分析该偏差对后续工作及总工期的影响，从而采取相应的调整措施对原进度计划进行调整，以确保工期目标的顺利实现。进度偏差的大小及其所处位置的不同，对后续工作和总工期的影响程度是不同的，分析时需要利用网络计划中工作总时差和自由时差的概念进行判断。分析步骤如下：

(1)分析出现进度偏差的工作是否为关键工作。如果出现进度偏差的工作位于关键线路上，即该工作为关键工作，则无论其偏差有多大，都将对后续工作和总工期产生影响，必须采取相应的调整措施；如果出现偏差的工作是非关键工作，则需要根据进度偏差值与总时差和自由时差的关系作进一步分析。

(2)分析进度偏差是否超过总时差。如果工作的进度偏差大于该工作的总时差，则此进度偏差必将影响其后续工作和总工期，必须采取相应的调整措施；如果工作的进度偏差未超过该工作的总时差，则此进度偏差不影响总工期，至于对后续工作的影响程度，还需要根据偏差值与其自由时差的关系作进一步分析。

(3)分析进度偏差是否超过自由时差。如果工作的进度偏差大于该工作的自由时差，则此进度偏差将对其后续工作产生影响，此时应根据后续工作的限制条件确定调整方法；如果工作的进度偏差未超过该工作的自由时差，则此进度偏差不影响后续工作，因此原进度计划可以不做调整。

4.3.2　进度计划的调整方法

当实际进度偏差影响到后续工作、总工期而需要调整进度计划时，其调整方法主要有两种。

4.3.2.1　改变某些工作间的逻辑关系

当工程项目实施过程中产生的进度偏差影响到总工期，且有关工作的逻辑关系允许改变时，可以改变关键线路和超过计划工期的非关键线路上的有关工作之间的逻辑关系，达到缩短工期的目的。例如，将顺序进行的工作改为平行作业、搭接作业以及分段组织流水作业等，都可以有效地缩短工期。

【例 4-7】 某工程项目基础工程包括挖基槽、做垫层、砌基础、回填土 4 个施工过程，各施工过程的持续时间分别为 21 d、15 d、18 d 和 9 d，如果采取顺序作业方式进行施工，则其总工期为 63 d。为缩短该基础工程总工期，如果在工作面及资源供应允许的条件下，将基础工程划分为工程量大致相等的 3 个施工段组织流水作业，试绘制该基础工程流水作业网络计划，并确定其计算工期。

解：基础工程流水作业网络计划如图 4-19 所示。通过组织流水作业，使得该基础工程的计算工期由 63 d 缩短为 35 d。

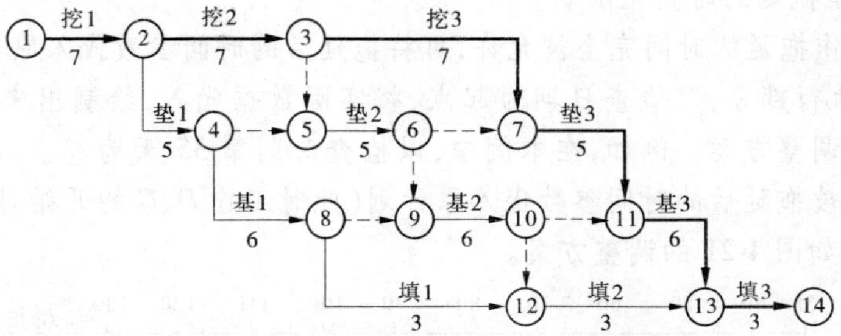

图 4-19 某基础工程流水施工网络计划

4.3.2.2 缩短某些工作的持续时间

这种方法是不改变工程项目中各项工作之间的逻辑关系，而通过采取措施来缩短某些工作的持续时间，以保证按计划工期完成该工程项目。这些被压缩持续时间的工作是位于关键线路和超过计划工期的非关键线路上的工作，同时，这些工作又是其持续时间可被压缩的工作。这种调整方法通常可以在网络图上直接进行。其调整方法视限制条件及对其后续工作影响程度的不同而有所区别，一般可分为以下三种情况。

1. 网络计划中某项工作进度拖延的时间已超过其自由时差但未超过其总时差

如前所述，此时该工作的实际进度不会影响总工期，而只对其后续工作产生影响。因此，在进行调整前，需要确定其后续工作允许拖延的时间限制，并以此作为进度调整的限制条件。该限制条件的确定常常较复杂，尤其是当后续工作由多个平行的承包单位负责实施时更是如此。后续工作如不能按原计划进行，在时间上产生的任何变化都可能使合同不能正常履行，而导致蒙受损失的一方提出索赔。因此，必须寻求合理的调整方案，把进度拖延对后续工作的影响减少到最低程度。

【例 4-8】 某工程项目双代号时标网络计划如图 4-20 所示，该计划执行到第 35 天下班时刻检查时，其实际进度如图中前锋线所示。试分析目前实际进度对后续工作和总工期的影响，并提出相应的进度调整措施。

解：从图中可以看出，目前只有工作 *D* 的开始时间拖后 15 d，而影响其后续工作 *G* 的最早开始时间，其他工作的实际进度均正常。由于工作 *D* 的总时差为 30 d，故此时工作 *D* 的实际进度不影响总工期。

该进度计划是否需要调整，取决于工作 *D* 和 *G* 的限制条件。

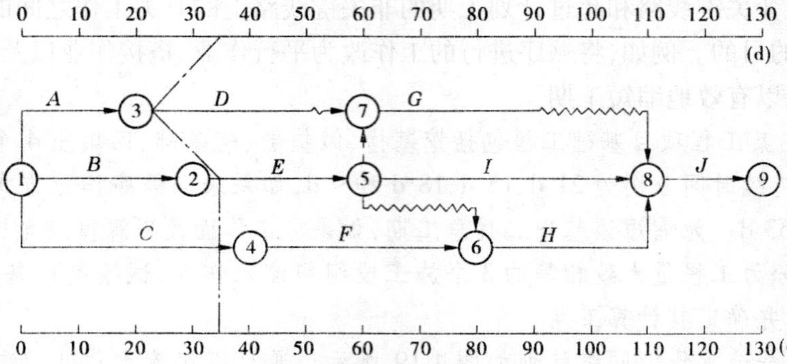

图 4-20　某工程项目时标网络计划

(1)后续工作拖延的时间无限制。

如果后续工作拖延的时间完全被允许,可将拖延后的时间参数代入原计划,并化简网络图(即去掉已执行部分,以检查日期为起点,将实际数据代入,绘制出未实施部分的进度计划),即可得调整方案。例如,在本例中,以检查时刻第 35 天为起点,将工作 *D* 的实际进度数据及 *G* 被拖延后的时间参数代入原计划(此时工作 *D*、*G* 的开始时间分别为 35 d 和 65 d),可得到如图 4-21 的调整方案。

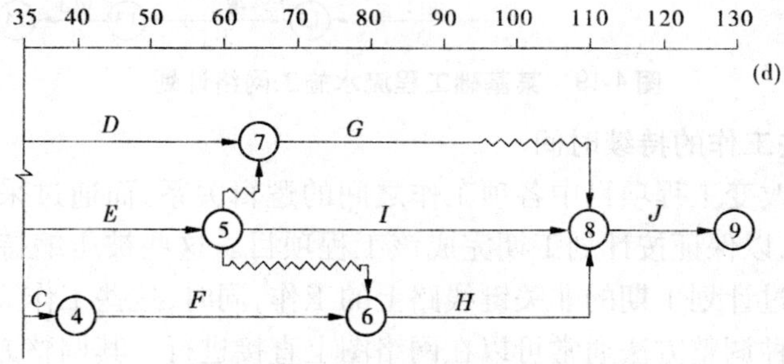

图 4-21　后续工作拖延的时间无限制时的网络进度计划

(2)后续工作拖延的时间有限制。

如果后续工作不允许拖延或拖延的时间有限制,需要根据限制条件对网络计划进行调整,寻求最优方案。例如,在本例中,如果工作 *G* 的开始时间不允许超过第 60 d,则只能将其紧前工作 *D* 的持续时间压缩为 25 d,调整后的网络计划如图 4-22 所示。

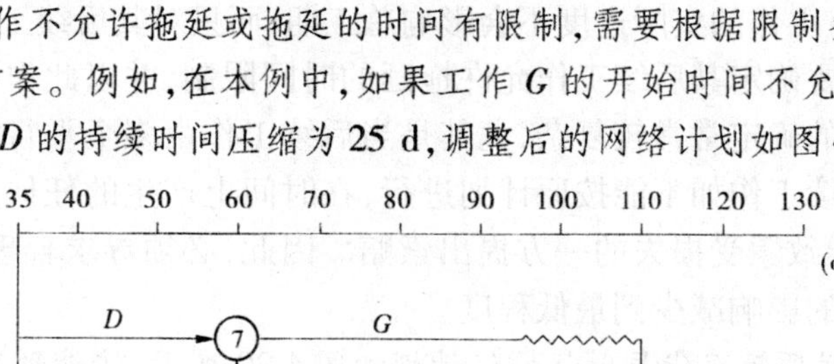

图 4-22　后续工作拖延时间有限制时的网络进度计划

如果在工作 *D*、*G* 之间还有多项工作,则可以利用工期优化的原理确定应压缩的工作，得到满足 G 工作限制条件的最优调整方案。

2. 网络计划中某项工作进度拖延的时间超过其总时差

如果网络计划中某项工作进度拖延的时间超过其总时差，则无论该工作是否为关键工作，其实际进度都将对后续工作和总工期产生影响。此时，进度计划的调整方法又可分为以下三种情况。

1）项目总工期不允许拖延

如果工程项目必须按照原计划工期完成，则只能采取缩短关键线路上后续工作持续时间的方法来达到调整计划的目的。

【例 4-9】 如图 4-20 所示，如果在计划执行到第 40 天下班时刻检查时，其实际进度如图 4-23 中前锋线所示，试分析目前实际进度对后续工作和总工期的影响，并提出相应的进度调整措施。

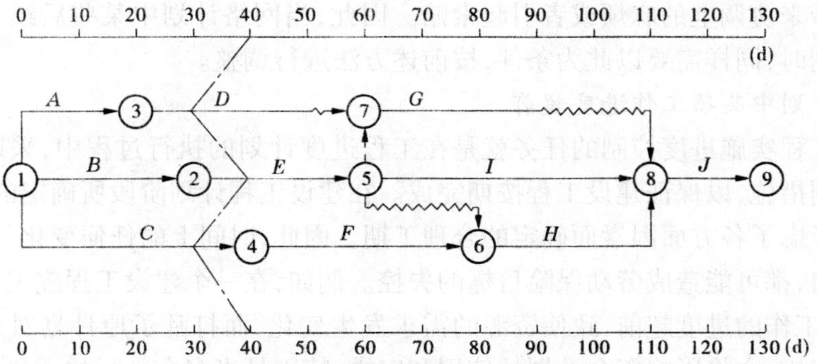

图 4-23 某工程实际进度前锋线

解：从图 4-23 中可看出：工作 C 实际进度拖后 10 d，由于其为关键工作，故其实际进度将使总工期延长 10 d，并使其后续工作 F、H 和 J 的开始时间推迟 10 d。

如果该工程项目总工期不允许拖延，则为了保证其按原计划工期 130 d 完成，必须采用工期优化的方法，缩短关键线路上后续工作的持续时间。现假设工作 C 的后续工作 F、H 和 J 均可以压缩 10 d，通过比较，压缩工作 H 的持续时间所需付出的代价最小，故将工作 H 的持续时间由 30 d 缩短为 20 d。调整后的网络计划如图 4-24 所示。

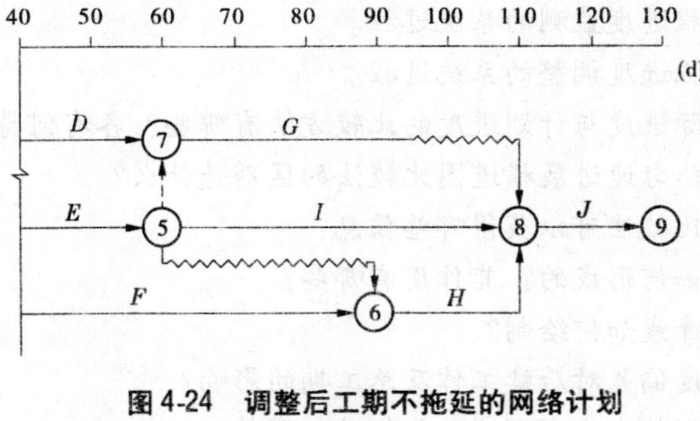

图 4-24 调整后工期不拖延的网络计划

2）项目总工期允许拖延

如果项目总工期允许拖延，则此时只需以实际数据取代原计划数据，并重新绘制实际进度检查日期之后的简化网络计划即可。

3)项目总工期允许拖延的时间有限

如果项目总工期允许拖延,但允许拖延的时间有限,则当实际进度拖延的时间超过此限制时,也需要对网络计划进行调整,以便满足要求。

具体的调整方法是以总工期的限制时间作为规定工期,对检查日期之后尚未实施的网络计划进行工期优化,即通过缩短关键线路上后续工作持续时间的方法来使总工期满足规定工期的要求。

以上三种情况均是以总工期为限制条件调整进度计划的。值得注意的是,当某项工作实际进度拖延的时间超过其总时差而需要对进度计划进行调整时,除需考虑总工期的限制条件外,还应考虑网络计划中后续工作的限制条件,特别是对总进度计划的控制更应注意这一点。因为在这类网络计划中,后续工作也许就是一些独立的合同段,时间上的任何变化都会带来协调上的麻烦或者引起索赔。因此,当网络计划中某些后续工作对时间的拖延有限制时,同样需要以此为条件,按前述方法进行调整。

3. 网络计划中某项工作进度超前

对建设工程实施进度控制的任务就是在工程进度计划的执行过程中,采取必要的组织协调和控制措施,以保证建设工程按期完成。在建设工程计划阶段所确定的工期目标,往往是综合考虑了各方面因素而确定的合理工期。因此,时间上的任何变化,无论是进度拖延还是超前,都可能造成劳动保险目标的失控。例如,在一个建设工程施工总进度计划中,由于某项工作的进度超前,致使资源的需求发生变化,而打乱了原计划对人、财、物等资源的合理安排,亦将影响资金计划的使用和安排;特别是当多个平行的承包单位进行施工时,由此引起的后续工作时间安排的变化,势必给监理工程师的协调工作带来许多麻烦。因此,如果建设工程实施过程中出现进度超前的情况,进度控制人员必须综合分析进度超前对后续工作产生的影响,并同承包单位协调,提出合理的进度调整方案,以确保工期总目标的顺利实现。

复习思考题

4-1 简述建筑工程进度监测的系统过程。

4-2 简述建筑工程进度调整的系统过程。

4-3 建筑工程实际进度与计划进度的比较方法有哪些?各有何特点?

4-4 匀速进展与非匀速进展横道图比较法的区别是什么?

4-5 利用S曲线比较法可以获得哪些信息?

4-6 香蕉曲线是如何形成的?其作用有哪些?

4-7 实际进度前锋线如何绘制?

4-8 如何分析进度偏差对后续工作及总工期的影响?

4-9 进度计划的调整方法有哪些?如何进行调整?

学习单元5 建筑工程设计阶段的进度控制

【学习目标】

通过本单元的学习，使学生了解设计进度控制目标体系、设计进度计划体系，能用网络计划技术编制设计进度，并能对设计进度进行控制。

建筑工程设计阶段是工程项目建设程序中的一个重要阶段，同时也是影响工程项目建设工期的关键阶段之一。因此，监理工程师必须充分重视对项目设计阶段的控制。监理工程师不仅要审核设计单位提供的进度计划，还要编制设计阶段的控制计划，以便有效地对设计单位提供的进度计划进行控制，确保建筑工程总进度目标的实现。

5.1 建筑工程设计进度控制目标体系的建立

设计进度控制的最终目标就是按质、按量、按时间要求提供施工图设计文件。确定建筑工程设计进度控制总目标的主要依据有：建筑工程总进度目标对设计周期的要求、设计周期定额、类似工程项目的设计进度、工程项目的技术先进程度等。为了有效地控制设计进度，将建筑工程设计进度控制总目标按设计进展阶段和专业进行分解，形成阶段性目标和专业目标，进而形成设计阶段进度控制目标体系。

设计阶段主要有：准备工作阶段，初步设计、技术设计阶段，施工图设计阶段。每个阶段都要有阶段性目标。

5.1.1 设计准备工作阶段的目标体系

设计准备工作阶段主要包括提供规划设计条件、提供设计基础资料和委托设计三项工作。在设计准备工作时间目标实现的前提条件下，设计工作才能顺利进行，进而缩短设计周期。

5.1.1.1 提供规划设计条件

规划设计条件是指在城市建设中，由城市规划管理部门根据国家有关规定，从城市总体规划的角度出发，对拟建项目在规划设计方面所提出的要求。规划设计条件的确定步骤如下。

第一步：建设单位持建设项目的批准文件和确定的建设用地通知书（如建设用地许可证及拟建建筑物的地址和地形图），向城市规划管理部门申请确定拟建工程项目的规划设计条件。

第二步：城市规划管理部门提出规划设计条件征询意见表，以了解有关部门是否有能力承担该项目的配套建设（如供电、供水、供气、排水、交通等），以及存在的问题和要求等。建设单位按照城市规划管理部门的要求，分别向有关单位征询意见，由各有关单位签署意见和要求，必要时由建设单位与有关单位签订配套项目协议。

第三步：征询意见表返回城市规划管理部门，经整理确定后，再向建设单位发出规划设计条件通知书。如果有人防工程，还须另发人防工程设计条件通知书。规划设计条件通知书一般包括下列内容：工程位置及附图，用地面积，建设项目的名称、建筑面积、高度、层数，建筑高度限额及容积率限额，绿化面积比例限额，机动车停车场位和地面车位比例，自行车存放场车位数，其他规划设计条件，注意事项等。

5.1.1.2 **提供设计基础资料**

设计单位进行工程设计的主要依据是完整、可靠的设计基础资料，这些资料需由建设单位提供。设计基础资料包括：经批准的设计任务书、规划设计通知书，规划部门准发的地形图，建筑总平面图和现状图，原有管线及新签订的协议书，当地气象、风向、风荷、雪荷及地震级别，水文地质和工程地质勘察报告，对采光、照明、供气、供热、给排水、空调、电梯的要求，建筑构配件的适用要求，各类设备选型、生产厂和设备构造及设备安装图纸，建筑物的装饰标准及要求，对“三废”处理的要求，其他要求与限制（如地区规划、机场、港口、文物保护等）。

5.1.1.3 **确定设计单位，签订设计合同**

设计单位的确定可以采用三种方式，即直接指定、设计招标、设计方案竞赛。为保证工程设计质量，缩短设计周期，降低设计费用，应当通过设计招标选定设计单位。而设计方案竞赛方式主要是用来获得理想的设计方案，也有助于选择理想的设计单位。

确定了设计单位以后，建设单位和设计单位就设计费用及委托设计合同中的一些细节进行谈判、磋商，双方取得一致意见后即可签订建设工程设计合同。在该合同中应明确设计进度和设计图纸提交时间。

5.1.2 初步设计、技术设计阶段的目标体系

为了确保工程建设进度总目标的实现，并保证工程设计质量，应根据建筑工程的具体情况，确定出合理的初步设计和技术设计周期。初步设计、技术设计阶段包括设计工作本身、设计的分析和评审、编制设计概算；有技术设计时，还要编制修正设计概算；此外，还应考虑报批时间。

设计单位根据建设单位所提供的设计基础资料进行初步设计的编制。初步设计和总概算经批准后，便可作为确定建设项目投资额、编制固定资产投资计划、签订总包合同及贷款合同、实行投资包干、控制建设工程拨款、组织主要设备订货、进行施工准备及编制技术设计（或施工图设计）文件等的主要依据。技术设计应根据初步设计文件进行编制，技术设计和修正总概算经批准后，便成为建筑工程拨款和编制施工图设计文件的依据。

5.1.3 施工图设计阶段的目标体系

施工图设计阶段包括单项工程的各个单位工程的施工图设计、编制施工图预算和报批等。具体体现专业目标的单位工程一般有建筑设计、给排水设计、暖气通风设计、电气设计等。

施工图设计应根据批准的初步设计文件(或技术设计文件)和主要设备订货情况进行编制,它是工程施工的主要依据。

施工图设计是工程设计的最后一个阶段,其工作进度将直接影响建筑工程的施工进度,进而影响建筑工程进度总目标的实现。因此,必须确定合理的施工图设计交付时间,确保建筑工程设计进度总目标的实现。

5.2 建筑工程设计进度计划体系的建立

设计进度计划主要包括:设计总进度控制计划、设计准备工作计划、初步设计及技术设计工作进度计划、施工图设计进度控制计划、设计进度作业计划等。

5.2.1 设计总进度控制计划

设计总进度控制计划主要控制工程项目的设计准备、初步设计、技术设计和施工图设计的进度,可以月为时间单位进行编制,格式如表 5-1 所示。

表 5-1 工程项目设计总进度控制计划表

序号	项目	进度(月)												
		1	2	3	4	5	6	7	8	9	10	11	12	…
1	设计准备工作阶段													
2	初步设计阶段													
3	技术设计阶段													
4	施工图设计阶段													

5.2.2 设计准备工作计划

设计准备工作计划一般包括确定规划设计条件,提供设计基础资料,选定设计单位、签订设计合同三项工作。设计准备工作计划表格式如表 5-2 所示。

表 5-2 设计准备工作计划表

序号	项目	进度(d)												
		1	2	3	4	5	6	7	8	9	10	11	12	…
1	确定规划设计条件													
2	提供设计基础资料													
3	选定设计单位、签订设计合同													

5.2.3 初步设计及技术设计工作进度计划

初步设计及技术设计工作进度计划一般包括初步设计工作、设计的分析和评审、编制设计概算、修正设计概算以及报批时间。初步设计及技术设计工作进度计划要根据设计的顺序和内容,确定每项工作的开始时间和结束时间,明确各项工作之间的逻辑关系。

初步设计及技术设计工作进度计划一般按单项工程进行编制。单项工程初步设计和技术设计工作进度计划表格式如表5-3所示。

表5-3　单项工程初步设计和技术设计工作进度计划表

序号	项目	进度(d)										
		1	2	3	4	5	6	7	8	9	10	…
1	初步设计											
2	技术设计											
3	设计的分析与评审											
4	编制设计概算											
5	修正设计概算											
6	上级审批											

5.2.4　施工图设计进度控制计划

施工图设计进度控制计划包括单项工程的各个单位工程的施工图设计、编制施工图预算和报批等。具体体现专业目标的单位工程一般有建筑设计、给排水设计、暖气通风设计、电气设计等。

施工图设计进度控制计划用以控制各单项工程、单位工程的施工图设计进度及它们之间的逻辑关系。施工图设计进度控制计划表格式如表5-4所示。

表5-4　施工图设计进度控制计划表

序号	项目	建筑面积	设计工日	设计人员数	进度(d)										
					1	2	3	4	5	6	7	8	9	10	…
1	大坝工程														
2	溢洪道工程														
3	料场开采工程														
4	灌浆工程														

5.2.5　设计进度作业计划

设计进度作业计划依据施工图设计进度控制计划及单项工程建筑设计工日定额进行编制,用以控制各专业设计作业的进度,并作为设计人员承包设计任务的依据,以实现具体的设计实践目标。设计进度作业计划表格式如表5-5所示。

表 5-5　设计进度作业计划表

序号	设计内容	定额工日	设计人员数	进度(d)										
				1	2	3	4	5	6	7	8	9	10	…
1	工艺设计													
2	建筑设计													
3	结构设计													
4	给排水设计													
5	暖通设计													
6	电气设计													
7	设计审批													

5.3　建筑工程设计进度网络计划的编制

设计进度控制计划的编制方法有两种,即横道图和网络图。网络图能明确反映各项工作之间的相互关系和关键线路,便于检查与调整,横道图则不具备以上优点,所以一般用网络图来编制设计进度控制计划。在编制项目网络图时,如果分部分项工程过多,网络图箭杆多至几百根,箭杆关系错综复杂,使人看起来眼花缭乱,不利于计划动态管理。分级网络法则很好地解决了以上问题,分级网络法可根据各级管理的需要和使用对象的不同,根据工程项目大小和性质要求,建立一张总控制(一级)网络图,若干张阶段性分部、分段或标准层、非标准层(二级)网络图,以及分项工程(三级)网络图。

设计工作的网络计划可用分级网络计划编制,具体的编制步骤如下。

5.3.1　第一级网络计划

第一级网络计划为设计总进度控制网络计划,主要包括设计准备、初步设计、施工图设计,如图 5-1 所示。

5.3.2　第二级网络计划

第二级网络计划主要有设计准备工作网络计划、初步设计网络计划、施工图设计网络计划等。

(1)设计准备工作网络计划包括确定规划设计条件(简称规划条件),提供设计基础资料(简称基础资料),确定设计单位、签订设计合同(简称确定单位)等三项工作。其单代号网络图如图 5-2 所示。

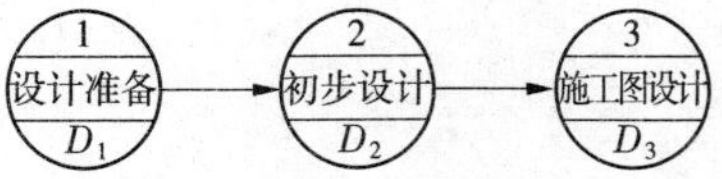

D_1、D_2、D_3—各工作的持续时间,后同

图 5-1　第一级网络计划——设计总进度控制网络计划

图 5-2　第二级网络计划之一——设计准备工作网络计划

(2)初步设计网络计划包括初步设计、设计评审、编制概算、上级审批等工作。其单代号网络图如图5-3所示。

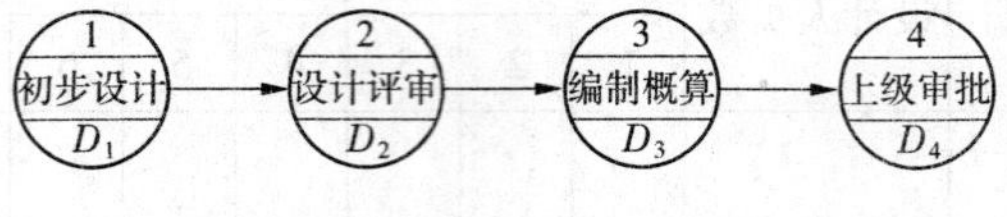

图5-3 第二级网络计划之二——初步设计网络计划

(3)施工图设计网络计划可按单项工程编制,如某个工程项目有4个单项工程,由2个设计组编制,则其单代号网络图如图5-4所示。

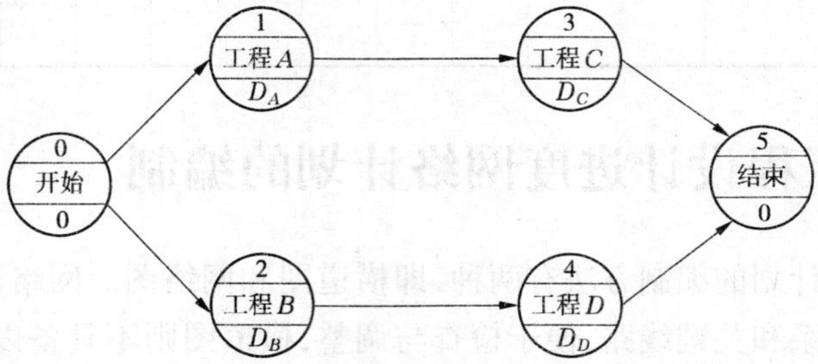

D_A、D_B、D_C、D_D—工程A、B、C、D的持续时间

图5-4 第二级网络计划之三——施工图设计网络计划

5.3.3 第三级网络计划

第三级网络计划为按单项工程编制的各专业设计的网络计划。图5-5所示为一个单项工程按专业设计(即按单位工程设计)编制的网络计划。在各专业设计之间有一段相互平行的作业段,在计划中未予示出,因而这种计划实质上是一种控制性网络计划。

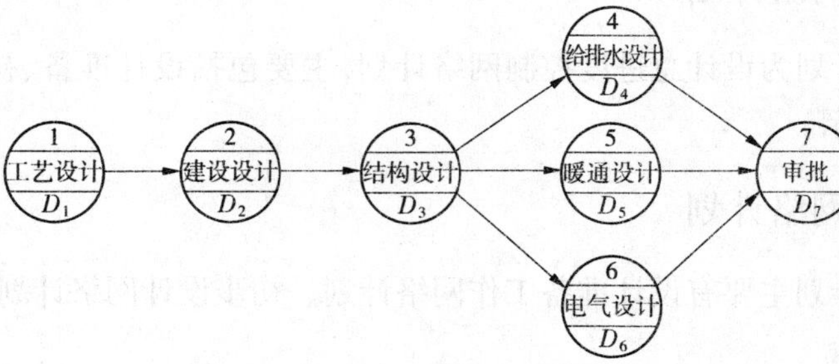

图5-5 第三级网络计划——单项工程网络计划

5.4 建筑工程设计进度控制措施

5.4.1 影响设计进度的因素

设计工作本身是多专业协作配合的智力劳动,工程设计不仅要满足使用要求,同时

也要讲求经济效益,并考虑工程施工的可能性。影响其进度的因素众多,归纳起来,主要有以下几个方面。

5.4.1.1 建设意图及要求改变的影响

设计单位受业主的委托编制建筑工程设计,所有的工程设计必然是业主意图和要求的体现。在编制建筑工程设计过程中,如果业主改变其中某些建设意图或要求,则设计单位要根据要求对设计进行变更,这样势必会影响设计进度。

5.4.1.2 设计审批时间的影响

建筑工程设计是分阶段进行的,各阶段环环相扣。如果前一阶段的设计文件不能顺利得到批准,必然会影响到下一阶段的设计进度。比如说初步设计的审批不及时,则会影响施工图设计阶段的进度。因此,设计审批时间的长短,在一定条件下将影响到设计进度。

5.4.1.3 设计各专业之间协调配合的影响

建筑工程设计涉及的专业多、单位也多,如果业主、科研单位、设计单位、监理单位、施工单位等单位之间,以及土建、机电、监测等各专业之间没有良好的协作和配合,必然会影响建筑工程设计工作的顺利进行。

5.4.1.4 工程变更的影响

当建筑工程采用 CM 法实行分段设计、分段施工时,如果在已施工的部分发现一些问题而必须进行工程变更,也会影响设计工作进度。

5.4.1.5 材料代用、设备选用失误的影响

材料代用、设备选用的失误将会导致原有工程设计失效而需重新进行设计,这也会影响设计工作进度。

5.4.2 设计单位的进度控制

为了履行设计合同,按期提交施工图设计文件,设计单位必须严格按照设计合同的要求,加强对设计进度的控制。控制工程项目设计进度的主要措施有:

(1)设计单位应建立计划管理部门,负责对设计进度计划的编制、实施和计划调控。

(2)建立健全设计单位的定额管理,并按照技术经济定额来考核设计进度完成情况。

(3)建立技术经济责任制,实行按劳分配和奖惩制度。

(4)做好设计总进度计划的控制,加强与业主和监理工程师的联系,并严格控制设计总进度的执行情况。

(5)加强对各个设计阶段进度控制和专业设计工作的作业计划的监控。

(6)坚持按基本建设程序办事,尽量避免进行“边设计、边准备、边施工”的“三边”设计。

(7)注重工作经验和资料的积累,提高进度控制的管理水平。

5.4.3 监理单位的进度监控

监理工程师必须严格按照设计合同规定的进度目标加强监控,控制设计文件的交图时间、审查时间,一旦发现偏差,就应在分析原因的基础上提出纠偏措施,以加快设计工作

进度。必要时,应对原进度计划进行调整或修订,并协助设计单位做好各专业设计工种的协调配合,协助业主和设计单位做好阶段设计成果的申报审核工作等。

在设计进度控制中,监理工程师要对设计单位填写的设计图纸进度表(见表5-6)进行核查分析,并提出自己的见解,从而将各设计阶段的每一张图纸(包括其相应的设计文件)的进度都纳入监控之中。

表5-6 设计图纸进度表

工程项目名称			项目编号	
监理单位			设计阶段	
图纸编号		图纸名称	图纸版次	
图纸设计负责人			制表日期	
设计步骤	监理工程师批准的计划完成时间		实际完成时间	
草图				
制图				
设计单位自审				
监理工程师审核				
发出				
偏差原因分析				
措施及对策				

5.4.4 建筑工程管理方法

建设管理(Construction Management,简称CM)方式是针对传统方式的不足而产生的,业主在项目开始阶段就雇用施工经验丰富的咨询人员即CM经理,参与到项目中来,负责对设计和施工整个过程的管理。它打破了过去那种设计图纸完成后,才进行招标建设的连续建设生产方式。CM管理方式主要适用于:设计可能经常变更的项目;工期比较紧,而不能等待编制出完整的招标文件的项目;由于工作范围和规模不确定而无法准确定价的项目。

建筑工程采用CM承发包模式,在进度控制方面的优势主要体现在以下几个方面:

(1)采取分阶段发包,集中管理,实现了有条件的"边设计、边施工",使设计与施工能够充分地搭接,有利于缩短建设工期。

(2)监理工程师在建筑工程设计早期即可参与项目的实施,并对工程设计提出合理化建议,使设计方案的施工可行性和合理性在设计阶段就得到考虑与证实,从而可以减少施工阶段因修改设计而造成的实际进度拖后。

(3)为了实现设计与施工以及施工与施工的合理搭接,建筑工程管理方式将项目的进度安排看做一个完整的系统工程，一般在项目实施早期即编制供货期长的设备采购计划，并提前安排设备招标、提前组织设备采购，从而可以避免因设备供应工作的组织和管理不当而造成的工程延期。

复习思考题

5-1　简述建筑工程设计阶段进度控制的意义。

5-2　建筑工程设计阶段进度控制的目标是什么？

5-3　影响建筑工程设计工作进度的因素有哪些？

5-4　建筑工程设计阶段进度控制的措施有哪些？

学习单元6　建筑工程施工阶段进度的控制

【学习目标】

通过本单元的学习，掌握施工阶段的控制目标，了解施工阶段进度控制监理工程师的任务、职责与权限，掌握施工阶段进度控制的内容，能够对施工阶段进度计划进行编制，了解影响施工阶段进度的因素，并能够对施工阶段进度计划进行检查、监督与调整。

建设项目的施工阶段是建筑工程实体即建筑产品的形成阶段，此阶段需要消耗大量的人力、财力和物力，加之建筑产品和工程施工本身的特点，如建筑产品的固定性、生产的流动性，露天作业多，受外界自然条件影响大，施工周期长，技术间歇性强，以及综合性强等，使得施工进度计划在执行过程中呈现出如下特点：

(1)进度计划的被动性。建筑工程施工主要是按照工程设计要求进行的，施工进度计划必须满足项目总进度计划的要求，这就使得施工进度计划具有被动性。

(2)进度计划的多变性。由于建筑工程形式多样，结构复杂多变，受外界自然条件影响较大，加之协作配合单位多，不可预见因素多，因此施工进度计划的相对稳定性小，具有复杂的多变性。

(3)进度计划的不均衡性。建筑工程施工受开竣工时间和季节性施工以及施工过程中各阶段工作面大小不一的影响，施工进度计划难以达到理想的均衡程度。

因此，施工阶段的进度控制是此阶段监理的重点，做好施工进度计划与项目总进度计划的衔接，进度执行过程中的检查、跟踪和进度计划的调整，对实现项目进度目标具有十分重要的意义。

监理人员受业主的委托在建筑工程施工阶段实施监理时，其进度控制的总任务就是在满足工程项目建设总进度计划要求的基础上，编制或审核施工进度计划，并对其执行情况加以动态控制，以保证工程项目按期竣工交付使用。

6.1　施工阶段进度控制目标的确定

6.1.1　目标体系的建立

监理单位受业主的委托，对工程项目的实施过程进行监督和管理就是进行三大目标的控制，即进行投资目标、进度目标、质量目标的控制。没有明确的进度目标（进度总目标和进度分目标），工程的进度就无法控制，导致进度失控。

6.1.1.1　进度失控的原因分析

进度失控的原因很多，其中包括设计、施工、材料设备等方面进度的失控。从施工进度失控来分析，其主要原因有：

(1)施工周期长；

(2)土建施工与各专业工程施工进度不协调；

(3)土建施工与材料、物资供应进度不协调；

(4)受外界自然条件影响大；

(5)受资金影响。

为了防止进度的失控，有效地控制施工进度，保证工程项目按期建成交付使用，首先要将施工进度总目标从不同角度进行层层分解，形成施工进度控制目标体系，从而作为实施进度控制的依据。监理人员必须避免制定出诸如“××工程施工尽可能早地完成”这类不明确的目标。

6.1.1.2 施工进度控制目标体系的建立

任何项目可按进展阶段的不同分解为多个层次，项目的进度目标则可按此层次分解为不同的进度分目标，由此构成一个建设项目的进度目标体系。若某个建设项目分解为若干个不同的层次，则第 i 层次的进度分目标受第 $i-1$ 层次的进度分目标的制约，也就是说下级目标受上级目标的制约，下级目标保证上级目标。

施工阶段进度目标分解的类型有如下几种。

1.按施工阶段分解，划定进度控制分界点

根据工程项目的特点，把整个施工过程分成几个施工阶段，例如土建工程可分为基础、结构、装饰或土建、安装、调试等，每一阶段的起止时间都要有明确的标志。特别是不同单位承包的不同施工段之间，更要明确划定时间分界点，以此作为形象进度的控制标志，从而使单位工程动用目标具体化。

以网络图表示这些施工阶段的起止时间，并将其作为控制节点，明确提出若干个阶段目标。例如，某月某日安装设备，某月某日调试等。这些目标要根据网络计划来确定，要有明确的标志，应是整个施工过程中的大事件。为了实现这些目标，还要制定阶段的施工规则，并对每个施工阶段的施工条件和问题进行更加具体的分析研究及平衡协调。

2.按承包施工单位分解，明确分工条件和承包责任

一个项目一般都有多个施工单位参加施工，要以总进度计划为依据，确定各单位的分包目标，并根据各专业工程交叉施工方案和前后衔接条件，明确不同承包单位工作面交接的条件和时间。通过分包合同落实分包责任，以分头实现分部目标来确保项目总目标的实现。监理工程师应协调施工单位编制和落实分包项目计划。

3.按项目组成分解，确定各单位工程开工及动用日期

各单位工程的进度目标在工程项目建设总进度计划及建设工程年度计划中都有体现。在施工阶段应进一步明确各单位工程的开工和交工动用日期，以确保施工总进度目标的实现。

4.按专业工种分解，确定交接日期

在同专业或同工种的任务之间，要进行综合平衡；在不同专业或不同工种的任务之间，要强调相互之间的衔接配合，要确定相互之间的交接日期。强调为下一道工序服务，保证工程进度不在本工序造成延误。工序的管理是项目各项管理的基础，监理工程师通过掌握各道工序完成的质量及时间，才能控制住各分部工程的进度计划。

5. 按计划期分解,组织综合施工

按建设工期及进度目标,将施工总进度计划分解成逐年、逐季、逐月(旬)进度计划,并用实物工程量、货币工作量及形象进度表示,这样将更有利于监理人员对进度计划的控制,根据各阶段确定的目标或工程量,监督其实施,检查其完成情况。计划期愈短,进度目标愈细,进度跟踪就愈及时,从而形成一个有计划、有步骤,协调施工,长期目标对短期目标自上而下逐级控制,短期目标对长期目标自下而上逐级保证,逐步趋近进度总目标的局面,最终达到工程项目按期竣工交付使用的目的。

建筑工程施工进度控制目标体系如图 6-1 所示。

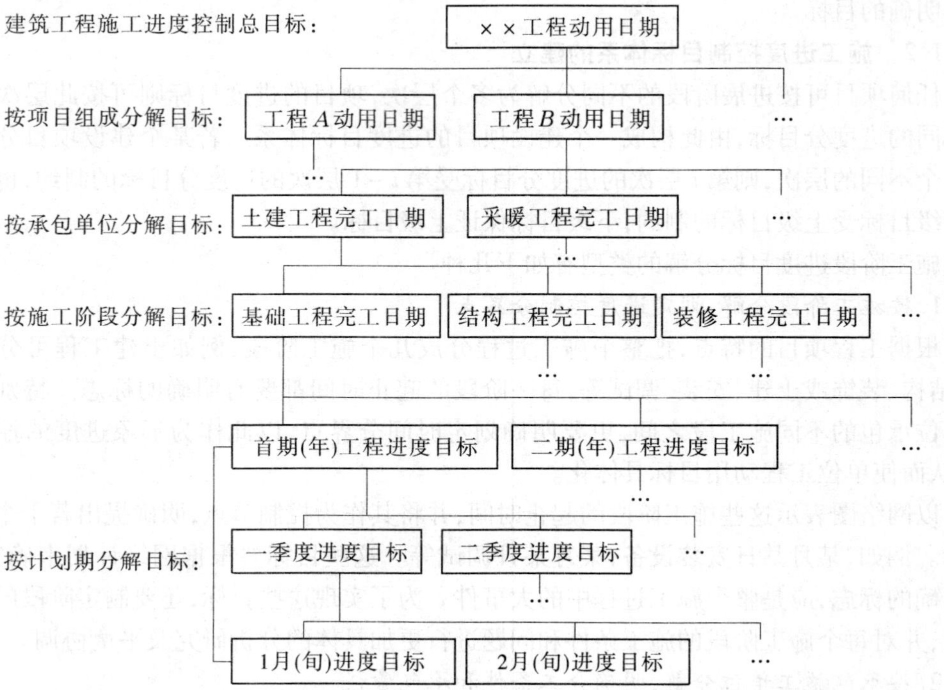

图 6-1　建筑工程施工进度控制目标体系

从图 6-1 可以看出,建筑工程不但要有项目建成交付使用的确切日期这个总目标,还要有各单位工程交工动用的分目标以及按承包单位、施工阶段和不同计划期划分的分目标。各目标之间相互联系,共同构成建筑工程施工进度控制目标体系。其中,下级目标受上级目标的制约,下级目标保证上级目标,最终保证施工进度总目标的实现。

6.1.2　控制目标的确定

为了提高进度计划的预见性和进度控制的主动性,在确定施工进度控制目标时,只有全面细致地分析与建筑工程进度有关的各种有利因素和不利因素,才能制订出一个科学、合理的进度控制目标。确定施工进度控制目标的主要依据有:建筑工程总进度目标对施工工期的要求,工期定额,类似工程项目的实际进度,工程难易程度和工程条件的落实情况等。

在确定施工进度控制目标时,应考虑以下各个方面:

(1)项目总进度计划对项目施工工期的要求。对于大型建筑工程项目,应根据尽早提供可动用单元的原则,集中力量分期分批建设,以便尽早投入使用,尽快发挥投资效益。有时,为保证每一动用单元能形成完整的生产能力,就要考虑这些动用单元交付使用时所必需的全部配套项目。因此,要处理好前期动用和后期建设的关系、每期工程中主体工程与辅助及附属工程之间的关系等。

(2)项目建设的需要。不同的建设项目,具有不同的使用目的,这将影响到施工阶段进度目标的制定。例如,一个工厂的建设,施工完毕后设备安装、试生产的时间比较长,为了实现项目总进度目标,土建施工完成后必须留有足够充裕的时间进行上述工作。对土建与设备的综合施工,要按照它们各自的特点,对土建施工与设备基础、设备安装的先后顺序及搭接、交叉或平行作业,明确设备工程对土建工程的要求和土建工程为设备工程提供施工条件的内容及时间。

(3)项目的特殊性。主要针对组织、协调方面和技术方面的特殊性。

(4)已建成的同类或相似项目的实际进度。任何建设项目都需要经过一定的时间才能完成,决不能盲目地确定项目的施工期限,否则必然在实施中造成进度的失控,这时可参照以往类似工程项目的实际进度来确定项目的进度目标。

(5)做好资金供应能力、施工力量配备、物资(材料、构配件、设备)供应能力与施工进度的平衡工作,确保工程进度目标的要求而不使其落空。资金是保证项目进行的先决条件,如果没有资金的保证,进度目标则不能实现,通常资金的供给在一定时间内总是有限的,必须予以充分考虑;施工进度目标的确定应与现场可能投入的施工力量相协调;要了解材料、构件、设备等物资供应的可能性,其中包括不同时期不同材料物资的可供量。

(6)其他。考虑工程项目所在地区地形、地质、水文、气象、运输条件等方面的限制条件。建筑工程施工的特点之一就是受外界自然条件影响大,因此在制定施工进度目标时,必须考虑当地季节气候条件的变化对施工进度的影响,以避免实施中由于恶劣气候条件而使施工拖延甚至造成停工的现象。

施工阶段监理工程师对施工进度进行控制,就是为了确保进度目标的实现——整个项目施工按期竣工。要想对工程项目的施工进度实施控制,就必须有明确、合理的进度目标(进度总目标和进度分目标);否则,控制便失去了意义。

6.2 施工阶段进度控制监理人员的任务、职责与权限

6.2.1 施工阶段进度控制监理工程师的任务

施工阶段进度控制监理工程师的主要任务包括:

(1)适时发布开工令。

(2)审核批准施工单位提交的施工总进度计划及年、季、月的实施进度计划。

(3)严格控制关键线路上的关键工序、关键分部分项工程或单项工程的控制工期的

实现。

(4)定期检查施工单位的实际进度与计划进度是否相符,如实际施工进度拖延,督促施工单位采取有效措施加快进度,及时修改施工进度计划以保证按期完工,必要时可命令施工单位追赶进度。

(5)协调好各施工单位之间的施工安排,尽可能减少相互干扰,以保证项目顺利实施。

(6)控制材料物资按计划供应,以保证施工按计划实施。

(7)公正合理地处理好施工单位的工期索赔要求,尽可能减少对工期有重大影响的"工程变更"指令,以保证施工按计划执行。

(8)及时协助建设单位和施工单位做好单项工程和全部工程的验收工作,尽早使已完成的单项工程投入运行。

6.2.2 施工阶段进度控制监理人员的职责

监理工程师应积极参与工程项目进度计划的编制,审查施工进度计划,以便提出修改与完善计划的意见。在项目开工前检查各方落实施工准备的工作,例如建设单位是否按合同要求提供了外部施工条件,设计单位是否按规定提交了设计文件、施工图纸以及测量控制网点,施工单位是否进行了人员与材料的准备。经过监理工程师的审查,认为已符合开工条件,征得建设单位同意,并对施工单位提交的开工申请报告进行审查后,可由项目监理工程师签署开工令。工程开工令作为工程正式开始施工、确定施工工期的依据,是具有法律效力的指令性文件。当工程全面开工实施进度计划时,监理工程师应积极参与进度目标管理;根据工程建设总目标的要求,编制所属监理项目的控制进度和各阶段的控制工期,并审查施工承包单位的单项工程施工进度计划与年、季、月的施工计划;在进度计划执行过程中,监理工程师应深入施工现场,了解施工实际进展情况,既要重视工程量完成情况,也要重视工程形象进度。一旦工期拖延,应督促并帮助施工单位分析原因,提出措施,及时扭转,以控制各阶段进度目标的实施。

在施工阶段,监理单位各级人员进度控制的职责如下。

6.2.2.1 监理工程师的职责

监理工程师的职责主要是监督、协调和服务。监理单位受建设单位的委托对项目合同内容进行管理,监督合同签约双方执行合同,并在监督的过程中做好协调服务,确保施工活动按合同工期完成。监理工程师的职责具体包括以下内容:

(1)控制工程总进度,审批施工单位呈报的施工进度计划和分部分项工程进度计划。

(2)监督施工单位执行进度计划,并根据各阶段的主要控制目标做好进度控制,根据施工单位完成进度的状况,签署月进度支付凭证。

(3)向施工单位及时提供施工图、规范标准以及有关技术资料。

(4)督促与协调施工单位做好原材料、施工机械与设备等物资的供应工作。

(5)定期向业主提交工程进度报告,组织召开进度协调会议,解决进度控制中的重大问题,签发会议纪要。

(6)在合同执行过程中，做好各种施工进度记录，并保管与整理好各种报告、批示、指令及其他有关资料。

(7)组织阶段验收与竣工验收。

6.2.2.2 监理员的职责

监理员的职责主要包括以下内容：

(1)熟悉合同文件、设计内容、施工图纸以及各种技术规范等，并在实际工作中灵活应用。

(2)监督、检查分管工作的进度执行情况，如资源的投入使用状况、施工方法与施工机械的选择，进度工程量是否按计划完成，做好现场的值班记录。

(3)发现施工现场出现问题，及时向施工单位提出建议，并向现场监理工程师报告。

(4)在现场监理工程师的指导下审查月进度报表。

(5)根据现场实际施工条件，审查施工单位提出的施工更改措施。

(6)做好工程施工总进度的平衡。

6.2.3 施工阶段进度控制监理工程师的权限

根据 FIDIC《土木工程施工合同条件》条款中的规定，建设单位和施工单位签订承包合同，其关系属于经济承包关系。建设单位将合同管理的工作委托给监理工程师，而不直接指挥施工单位。监理工程师依据与建设单位签订的监理合同，对施工单位在施工过程中的行为进行监理。为了明确监理工程师在施工管理中的核心地位，保障对项目实施全面监理，FIDIC 条款赋予了监理工程师较大的权限。

6.2.3.1 保证工程建设按合同规定的日期开工与竣工

施工单位在收到中标通知书后的较短时间内，必须尽快向监理工程师提交施工进度计划，经过审查、修改、批准后才能根据监理工程师下达的开工令进行施工。在进度计划的实施过程中，监理工程师要按计划对施工活动进行全面控制，经常地、定期地检查和分析实施情况，并指令施工单位修改进度计划，保证工程项目按合同规定的日期竣工。

6.2.3.2 施工组织设计审定权

施工单位提交的施工组织设计涉及施工进度计划、施工总部署、施工技术方案与施工机械的选择、各项临时设施的规模与生产能力等内容，常因过多考虑本单位利益或与施工现场不符，而缺乏指导施工的作用。因此，监理工程师应对施工组织设计进行审查，提出修改意见并择优批准最终方案以指导施工。

6.2.3.3 修改设计建议及设计变更签字权

由于施工自然环境变化较大或设计方案、施工图存在不合理的地方，经技术论证后认为有必要优化设计，监理工程师有权建议设计单位修改设计。所有的设计变更文件与施工图，必须征得监理工程师的批准，签字认可后，才能交付施工单位实施。

6.2.3.4 劳动力、材料、设备使用监督权

根据季、月度作业计划的安排，监理工程师应深入现场监督检查劳动力配置、施工机械的类型与数量。监督的目的是既保证工程建设的进度，又不因资源使用的不合理而浪

费资金。

6.2.3.5 工程付款签证权

监理工程师在工程的进度控制中,应要求建设单位积极组织资金,以便按时支付工程进度款。未经监理工程师签署付款凭证,建设单位将拒付施工单位的备料、购置设备、工程结算等工程建设款项。

6.2.3.6 下达停工令和复工令

由于建设单位原因或施工条件发生较大变化而导致必须停工时,监理工程师有权发布停工令,在符合合同要求时也有权发布复工令。对于施工单位不符合质量标准、规范、图纸等要求进行的施工,监理工程师有权签发整改通知单,限期整改。整改不力的可在报请总监理工程师后签发"停工通知单",直至整改验收合格后才准许复工。而对于严重违约的施工单位,监理工程师有权向建设单位建议驱逐。

6.2.3.7 合同条款的解释权与管理权

对于建设单位与施工单位正式签订的承包合同条款,监理工程师虽不承担合同风险,但负有有效地管理合同职责,在合同的执行过程中有权对合同条款进行解释,并采取相应的措施提高施工单位现场管理人员的合同意识,按合同条款及有关文件管理工程项目的建设,确保进度目标的实现。

6.2.3.8 索赔费用的核定权

对于不因施工单位的责任而造成的工期延误及费用的增加,施工单位有权向建设单位提出索赔。监理工程师应核定索赔的依据及索赔费用的金额,并在合同的管理中尽量减少索赔事件的发生。

6.2.3.9 有效开展协调工作的权力

协调工作主要包括:协调各施工单位之间的关系,使它们互相配合,搞好工作衔接,保证建设按进度计划实施;协调建设单位与施工单位之间的关系,在合同条款的履行中应公开地维护双方的利益,确保工程的进度;协调监理单位与施工单位之间的关系,定期召开协调会议,检查进度计划的执行情况,通过分析原因制订出措施,修订下一阶段的进度计划,以利实施。监理工程师应通过信件、通知、指令及会议纪要等形式对合同实施管理。

6.2.3.10 工程验收签字权

当分部分项工程或隐蔽工程完工后,应经监理工程师组织验收并签发验收证后工程才能继续施工,以避免出现施工单位因抢进度而不经验收继续施工的情况,影响施工质量。

6.3 施工阶段进度控制内容的确定

6.3.1 建筑工程施工进度控制工作流程

建筑工程施工进度控制工作流程如图 6-2 所示。

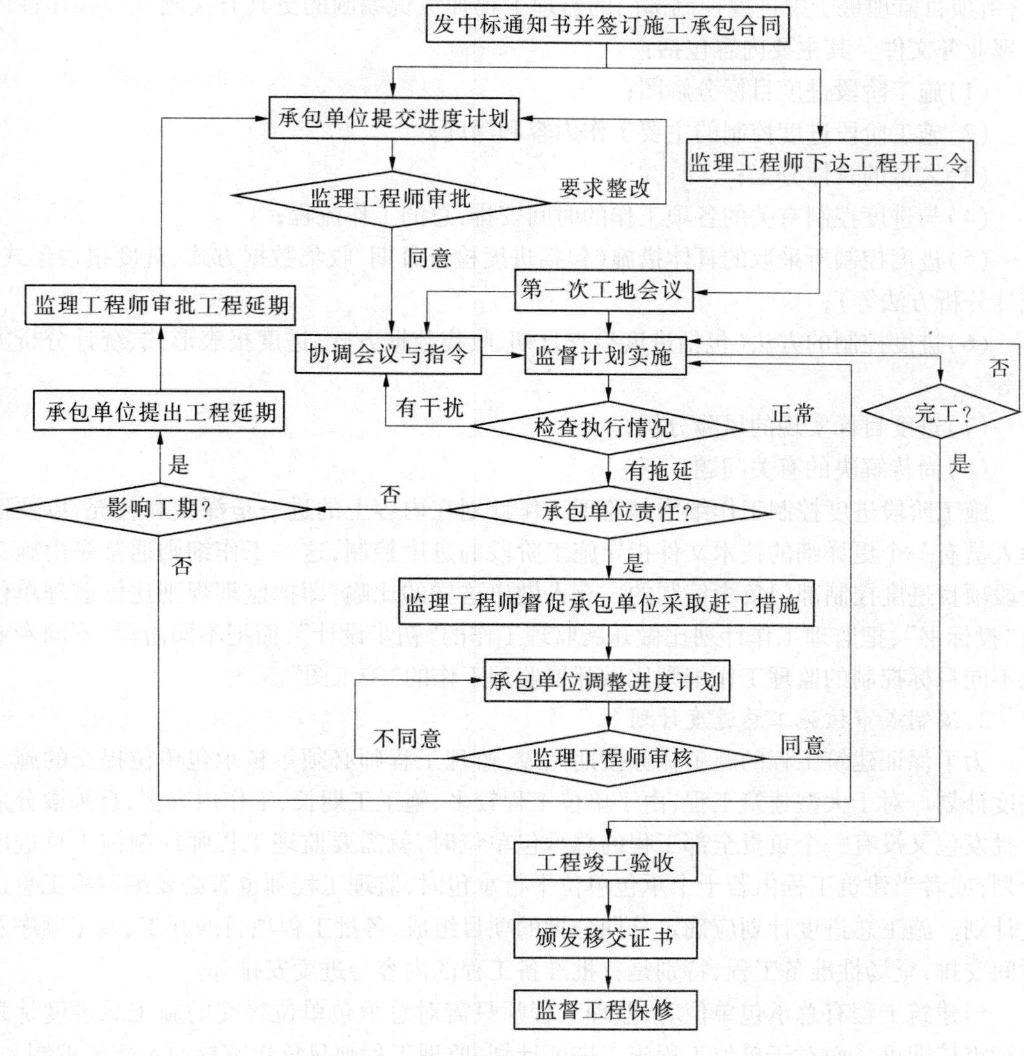

图 6-2 建筑工程施工进度控制工作流程

6.3.2 建筑工程施工进度控制工作内容

建筑工程施工进度控制工作从审核承包单位提交的施工进度计划开始,直至建筑工程保修期满为止。建筑工程施工阶段进度控制的主要内容包括事前、事中和事后进度控制。

6.3.2.1 事前进度控制的内容

事前进度控制是指项目正式施工前进行的进度控制,其具体内容如下。

1. 编制施工阶段进度控制工作细则

施工阶段进度控制工作细则是针对具体的施工项目、以监理工作计划中有关进度控制的总部署为基础来编制的,施工阶段进度控制工作细则是在建筑工程监理规划的指导下，由项目监理班子中进度控制部门的监理工程师负责编制的更具有实施性和操作性的监理业务文件。其主要内容包括：

(1)施工阶段进度目标分解图；

(2)施工阶段进度控制的主要工作内容和深度；

(3)人员的具体分工；

(4)与进度控制有关的各项工作的时间安排，总的工作流程；

(5)进度控制所采取的具体措施(包括进度检查日期、收集数据方式、进度报表形式、统计分析方法等)；

(6)进度控制的方法(包括进度检查日期、收集数据方式、进度报表形式、统计分析方法等)；

(7)进度目标实现的风险分析；

(8)尚待解决的有关问题。

施工阶段进度控制工作细则是监理工作计划在内容上的进一步深化和补充，以便监理人员有一个更详细的技术文件指导施工阶段的进度控制，这一工作细则通常是由施工阶段项目进度控制部门负责编制的。有人做出这样的比喻，即把监理规则比做监理单位的"投标书"，把监理工作计划比做开展监理工作的"初步设计"，而把不同阶段、不同专业或不同目标控制的监理工作细则比做开展监理工作的"施工图"。

2. 编制或审核施工总进度计划

为了保证建筑工程的施工任务按期完成，监理工程师必须审核承包单位提交的施工进度计划。对于大型建筑工程，由于单位工程较多、施工工期长、工作内容多，且采取分期分批发包又没有一个负责全部工程的总承包单位时，就需要监理工程师编制施工总进度计划；或者当建筑工程由若干个承包单位平行承包时，监理工程师也有必要编制施工总进度计划。施工总进度计划应确定分期分批的项目组成，各批工程项目的开工、竣工顺序及时间安排，全场性准备工程，特别是首批准备工程的内容与进度安排等。

当建筑工程有总承包单位时，监理工程师只需对总承包单位提交的施工总进度计划进行审核即可。而对于单位工程施工进度计划，监理工程师只负责审核而不需要编制。

施工进度计划审核的内容主要有：

(1)项目的划分是否合理，有无重项和漏项；分期施工是否满足分批动用的需要和配套动用的要求。

(2)进度在总的时间安排上是否符合合同中规定的工期要求或是否与项目总进度计划中施工进度分目标的要求一致，是否符合施工合同中开工、竣工日期的规定。

(3)施工顺序的安排是否符合施工工艺的要求，是否满足分期投产的要求以及是否符合施工程序的要求。

(4)全工地性材料物资供应的均衡性是否满足要求，劳动力、材料、构配件、设备及施工机具、水、电等生产要素的供应计划是否能保证施工进度计划的实现，供应是否均衡，需求高峰期是否有足够能力实现计划供应。

(5)施工组织总设计的合理性、全面性和可行性如何，总包、分包单位分别编制的各项单位工程施工进度计划之间是否相协调，专业分工与计划衔接是否明确、合理。

(6)对于业主负责提供的施工条件(包括施工图纸、施工场地、采供的物资等),施工进度计划中安排得是否明确、合理,是否有因业主违约而导致工程延期和费用索赔的可能存在。

如果监理工程师在审查施工进度计划的过程中发现问题,应及时向承包单位提出书面修改意见(也称整改通知书),并协助承包单位修改。其中重大问题应及时向业主汇报。

(7)进度安排与建设单位提供资金的能力是否一致。

尽管承包单位向监理工程师提交施工进度计划是为了听取建设性的意见,但施工进度计划一经监理工程师确认,即应当视为合同文件的一部分,它是以后处理承包单位提出工程延期或费用索赔的一个重要依据。

3. 审核单位工程施工进度计划

监理工程师一般并不负责单位工程施工进度计划的编制,但必须对施工单位提交的单位工程施工进度计划进行审核,经认可后方可执行。通常,施工单位在编制单位工程施工进度计划时,除满足关键控制日期的要求外,大多数施工过程的安排具有相当大的灵活性,以协调施工单位内部各方面的关系。只要不影响合同规定的关键控制工作的进度目标的实现,监理工程师可不予干涉。监理工程师对施工单位提交的单位工程施工进度计划的审核内容主要包括以下方面:

(1)进度安排是否满足合同规定的开竣工日期;

(2)施工顺序的安排是否符合逻辑,是否符合施工程序的要求;

(3)施工单位的劳动力、材料、机具设备供应计划能否保证进度计划的实现;

(4)进度安排的合理性,以防止施工单位利用进度计划的失当安排造成建设单位违约,并以此向建设单位提出索赔;

(5)该进度计划是否与其他施工进度计划协调;

(6)进度计划的安排是否满足连续性、均衡性的要求。

在某些情况下,单位工程施工进度计划也可由监理人员编制,这主要与施工任务的承包形式有关。不过由监理人员编制的施工进度计划相对来说是粗线条的、控制性的,详细的实施性进度计划由施工单位编制。

4. 进行进度计划系统的综合

监理工程师在对施工单位提交的施工进度计划进行审核以后,往往要把若干个相互关联、处于同一层次或不同层次的施工进度计划综合成一个多级群体的施工总进度计划,以利于进行总体控制。特别是在项目的实施过程中,当工程的规模较大时,若不将进度计划进行综合,而只是形成若干个"孤岛",那么,要想迅速而准确地了解某一局部对另一局部的影响以及某一局部对总体的影响是非常困难的。

5. 编制年度、季度、月度工程计划

进度控制人员应以施工总进度计划为基础编制年度工程计划,安排单项工程的项目、形象进度和所需各种资源,包括资金、设备材料和施工平衡,相互衔接。年度计划作为建设单位拨付工程款和备用金的依据。季度和月度工程计划作为施工单位近期执行的指令性计划,以保证实施。

6. 下达工程开工令

监理工程师应根据承包单位和业主双方关于工程开工的准备情况，选择合适的时机发布工程开工令。工程开工令的发布要尽可能及时，因为从发布工程开工令之日算起，加上合同工期后即为工程竣工日期。如果开工令发布拖延，等于推迟了竣工时间，甚至可能引起承包单位的索赔。

为了检查双方的准备情况，监理工程师应参加由业主主持召开的第一次工地会议。业主应按照合同规定，做好征地拆迁工作，及时提供施工用地。同时，还应当完成法律及财务方面的手续，以便能及时向承包单位支付工程预付款。承包单位应当将开工所需要的人力、材料及设备准备好，同时还要按合同规定为监理工程师提供各种条件。

6.3.2.2 事中进度控制的内容

事中进度控制是指项目施工过程中的进度控制，是施工进度计划能否付诸实现的关键过程。进度控制人员一旦发现实际进度与目标偏离，必须及时采取措施以纠正这种偏差。事中进度控制的具体内容包括以下几方面。

1. 建立现场办公室

建立现场办公室，以保证施工进度的顺利实施。

2. 协助实施进度计划

协助施工单位实施进度计划，随时注意施工进度计划的关键控制点，了解进度实施的动态；监理工程师要随时了解施工进度计划执行过程中所存在的问题，并帮助承包单位予以解决，特别是承包单位无力解决的内外关系协调问题。

3. 监督施工进度计划的实施

这是建筑工程施工进度控制的经常性工作。监理工程师不仅要及时检查承包单位报送的施工进度报表和分析资料，还要进行必要的现场实地检查，了解施工进度的实际状况，核实所报送的已完项目的时间及工程量，杜绝虚报现象，并做好工程施工进度记录。

对收集的进度数据进行整理和统计，在对工程实际进度资料进行整理的基础上，监理工程师应将其与计划进度相比较，以判定实际进度是否出现偏差。如果出现进度偏差，监理工程师应进一步分析此偏差对进度控制目标的影响程度及其产生的原因，以便研究对策，提出纠偏措施。必要时还应对后期工程进度计划作适当的调整。

4. 定期汇报实际进展状况

定期向业主汇报工程实际进展状况，按期提供必要的进度报告。

5. 组织定期和不定期的现场协调会议

监理工程师应每月、每周定期组织召开不同层级的现场协调会议，以解决工程施工过程中的相互协调配合问题。在每月召开的高级协调会上，通报工程项目建设的重大变更事项，协商其后果处理，解决各个承包单位之间以及业主与承包单位之间的重大协调配合问题；在每周召开的管理层协调会上，通报各单位进度状况、存在的问题及下周的安排，解决施工中的相互协调配合问题。施工中的相互协调配合问题通常包括：各承包单位之间的进度协调问题，工作面交接和阶段成品保护责任问题，场地与公用设施利用中的矛盾问题，某一方面断水、断电、断路、开挖要求对其他方面影响的协调问题以及资源保障、外部条件配合问题等。

在平行、交叉施工单位多,工序交接频繁且工期紧迫的情况下,现场协调会甚至需要每日召开。在会上通报和检查当天的工程进度,确定薄弱环节,部署当天的赶工任务,以便为次日正常施工创造条件。

对于某些未曾预料的突发变故或问题,监理工程师还可以发布紧急协调指令,督促有关单位采取应急措施维护施工的正常秩序。

6. 签发工程进度款支付凭证

监理工程师应对承包单位申报的已完分项工程量进行核实,在质量监理人员检查验收后,签发工程进度款支付凭证。

7. 审批工程延期

造成工程进度拖延的原因有两个方面:一是由于承包单位自身的原因;二是由于承包单位以外的原因。前者所造成的进度拖延,称为工程延误;而后者所造成的进度拖延称为工程延期。

1)工程延误

当出现工程延误时,监理工程师有权要求承包单位采取有效措施加快施工进度。如果经过一段时间后,实际进度没有明显改进,仍然拖后于计划进度,而且显然影响工程按期竣工,监理工程师应要求承包单位修改进度计划,并提交给监理工程师重新确认。

监理工程师对修改后的施工进度计划的确认,并不是对工程延期的批准,他只是要求承包单位在合理的状态下施工。因此,监理工程师对进度计划的确认,并不能解除承包单位应负的一切责任,承包单位需要承担赶工的全部额外开支和误期损失赔偿。

2)工程延期

如果由于承包单位以外的原因造成工期拖延,承包单位有权提出延长工期的申请。监理工程师应根据合同规定,审批工程延期时间。经监理工程师核实批准的工程延期时间,应纳入合同工期,作为合同工期的一部分。即新的合同工期应等于原定的合同工期加上监理工程师批准的工程延期时间。

监理工程师对于施工进度的拖延是否批准为工程延期,对承包单位和业主都十分重要。如果承包单位得到监理工程师批准的工程延期,不仅可以不赔偿由于工期延长而支付的误期损失费,而且还要由业主承担由于工期延长所增加的费用。因此,监理工程师应按照合同的有关规定,公正地区分工程延误和工程延期,并合理地批准工程延期时间。

8. 向业主提供进度报告

监理工程师应随时整理进度资料,并做好工程记录,定期向业主提交工程进度报告。

6.3.2.3 事后进度控制的内容

事后进度控制是指完成整个施工任务后进行的进度控制工作,具体内容如下:

(1)签署工程竣工报验单,提交质量评估报告。当单位工程达到竣工验收条件后,承包单位在自行预验的基础上提交工程竣工报验单,申请竣工验收。监理工程师在对竣工资料及工程实体进行全面检查、验收合格后,签署工程竣工报验单,并向业主提交质量评估报告。

(2)处理工程索赔。

(3)整理工程进度资料。在工程完工以后,监理工程师应将工程进度资料收集起来,进行归类、编目和建档,以便为今后其他类似工程项目的进度控制提供参考。施工过程中的工程进度资料一方面为业主提供有用信息,另一方面也是处理工程索赔必不可少的资料,必须认真整理,妥善保存。

(4)工程移交。监理工程师应督促承包单位办理工程移交手续,颁发工程移交证书。在工程移交后的保修期内,还要处理验收后质量问题的原因及责任等争议问题,并督促责任单位及时修理。当保修期结束且再无争议时,建筑工程进度控制的任务即告完成。

6.4 施工进度计划的编制

施工进度计划是表示各项工程(单位工程、分部工程或分项工程)的施工顺序、开始和结束时间以及相互衔接关系的计划。它既是承包单位进行现场施工管理的核心指导文件,也是监理工程师实施进度控制的依据。

工程项目能否在预定的时间内交付使用,直接影响到投资效益的发挥。确保项目进度总目标得以实现,首要前提是有一个科学、合理的施工进度计划。

6.4.1 施工总进度计划的编制

施工总进度计划一般是建筑工程项目的施工进度计划,是施工组织总设计的重要组成部分,是施工总体方案在时间序列上的反映,用以合理确定各主要工程项目施工的先后顺序、施工期限、开工和竣工日期,以及各项目之间搭接关系和搭接时间,综合平衡各施工阶段(或施工年度)建筑安装工程的工作量、不同时期的资源量以及投资分配。特别是对于大型工业建设项目,正确合理地编制施工总进度计划,不仅是保证各施工项目得以成套交付使用的重要条件,而且在很大程度上也决定着项目投资的经济效益。

编制施工总进度计划的依据有:施工总方案、资源供应条件、各类定额资料、合同文件、工程项目建设总进度计划、工程动用时间目标、建设地区自然条件及有关技术经济资料等。

6.4.1.1 施工总进度计划的编制原则

(1)合理安排施工顺序,保证在劳动力、物资以及资金消耗量最少的情况下,按规定工期完成拟建工程施工任务。

(2)采用合理的施工方法,使建设项目的施工连续、均衡地进行。

(3)节约施工费用。

6.4.1.2 施工总进度计划的内容

其内容一般包括:估算主要项目的工程量,确定各单位工程的施工期限,确定各单位工程开工、竣工时间和相互搭接关系以及施工总进度计划表的编制。

6.4.1.3 施工总进度计划的编制步骤

1.列出工程项目一览表并计算工程量

首先根据建筑工程的特点划分项目,由于施工总进度计划主要起控制性作用,因此项目划分不宜过细，可按确定的主要工程项目的开展顺序排列，一些附属项目、辅助工程及临时设施可以合并列出。

在工程项目一览表的基础上，估算各主要项目的实物工程量。估算工程量可按初步设计（或扩大初步设计）图纸，并根据各种定额手册进行。常用的定额资料有以下几种：

（1）万元、十万元投资工程量，劳动力及材料消耗扩大指标。这种定额规定了某种结构类型建筑，每万元或十万元投资中劳动力、主要材料等消耗数量。根据设计图纸中的结构类型，即可估算出拟建工程各分项需要的劳动力和主要材料消耗数量。

（2）概算指标或扩大结构定额。这两种定额都是预算定额的扩大，根据建筑物的结构类型、跨度、层数、高度等即可查出单位建筑体积和单位建筑面积的劳动力及主要材料消耗指标。

（3）标准设计或已建成的类似建筑物、构筑物的资料。在缺少上述几种定额资料的情况下，可采用标准设计或已建成的类似工程实际所消耗的劳动力和材料加以类推，按比例估算。但是，由于和拟建工程完全相同的已建工程是极为少见的，因此在采用已建工程资料时，一般都要进行换算调整。这种消耗指标都是各单位多年积累的经验数字，实际工作中常用这种方法计算。

除房屋外，还必须计算全场性工程的工程量，如场地平整的土石方工程量、道路及各种管线长度等，这些可根据建筑总平面图来计算。

计算的工程量应填入工程项目工程量汇总表中，如表 6-1 所示。

表 6-1　工程项目工程量汇总表

工程项目分类	工程项目名称	结构类型	建筑面积（100 m^2）	幢（跨）数	概算投资	主要实物工程量								
						场地平整（1 000 m^2）	土方工程（1 000 m^3）	桩基工程（100 m^3）	…	砖石工程（100 m^3）	钢筋混凝土工程（100 m^3）	…	装饰工程（1 000 m^2）	…
全场性工程														
主体项目														
辅助项目														
永久住宅														
临时建筑														
合计														

2. 确定各单位工程的施工期限

单位工程的施工期限应根据施工单位的具体条件（如技术力量、管理水平、机械化施工程度等）及施工项目的建筑结构类型、工程规模、施工条件及施工现场环境等因素加以确定。此外，还应参考有关的工期定额来确定各单位工程的施工期限，但总工期应控制在合同工期以内。

3. 确定各单位工程开工、竣工时间和相互搭接关系

根据施工部署及单位工程施工期限，就可以安排各单位工程的开工、竣工时间和相互

搭接关系，安排时通常应考虑下列因素：

(1)保证重点，兼顾一般。在安排进度时，要分清主次，抓住重点，同一时期施工的项目不宜过多，以免人力、物力分散。

(2)满足连续、均衡施工要求，尽量使劳动力和材料、机械设备消耗在全工地内均衡。

(3)合理安排各期建筑物施工顺序，缩短建设周期，尽早发挥效益。

(4)考虑季节影响，合理安排施工项目。

(5)使施工场地布置合理。

(6)对于工程规模较大、施工难度较大、施工工期较长以及需先配套使用的单位工程，应尽量安排先施工。

(7)全面考虑各种条件的限制。在确定各建筑物施工顺序时，还应考虑各种客观条件的限制，如施工企业的施工力量，原材料、机械设备的供应情况，设计单位出图的时间，投资数量等对工程施工的影响。

如工业建设项目，一般先把主厂房的施工安排在比较好的季节，尽量避免冬、雨季施工。先由要求交付投产的期限减去设备安装和试车时间来确定土建的竣工时间，然后根据主厂房的竣工时间从后往前推算确定其开工时间。主厂房的施工时间确定后，可以安排保证主厂房投产的其他配套建筑物的施工时间。对具有相同结构特征的建筑物或主要工种要安排流水施工。为减少临时设施，能为施工服务的永久性建筑物应尽早开工。同一时间安排的工程不宜太集中，尽量使劳动力和物资技术资源的使用能均衡。为此，可确定一些次要工程作为调剂工程，用以调节主要工程项目的施工进度。

4.编制初步施工总进度计划

施工总进度计划应安排全工地性的流水作业。全工地性的流水作业安排应以工程量大、工期长的单位工程为主导，组织若干条流水线，并以此带动其他工程。

施工总进度计划既可以用横道图表示，也可以用网络图表示。如果用横道图表示，则常用的格式见表6-2。由于施工总进度计划只是起控制性作用，而且施工条件多变，因此不必考虑得很细致。当用横道图表达总进度计划时，项目的排列可按施工总体方案所确定的工程开展程序排列。横道图上应表达出各施工项目的开工、竣工时间及其施工持续时间。

表6-2　施工总进度计划表

序号	工程名称	建筑面积	结构形式	工作量	施工进度计划														
					××××年						××××年								
					三季度			四季度			一季度			二季度			三季度		
					7	8	9	10	11	12	1	2	3	4	5	6	7	8	9
1	铸造车间				—	—	—	—	—	—	—	—							
2	金工车间							—	—	—	—	—	—	—	—				
⋮	⋮																		
n	单身宿舍				—	—	—	—	—	—	—	—	—	—	—	—	—	—	

近年来,随着网络计划技术的推广,采用网络图表达施工总进度计划,已经得到广泛应用。采用有时间坐标的网络图(时标网络图)表达总进度计划比横道图更加直观明了,可以表达出各项目之间的逻辑关系,还可以进行优化,实现最优进度目标、资源均衡目标和成本目标。同时,由于网络图可以采用计算机计算和输出,对其进行调整、优化、统计资源数量、输出图表更为方便、迅速。

5. 编制正式施工总进度计划

初步施工总进度计划编制完成后,要对其进行检查。主要是检查总工期是否符合要求,资源使用是否均衡且其供应是否能得到保证。如果出现问题,则应进行调整。调整的主要方法是改变某些工程的起止时间或调整主导工程的工期。如果是网络计划,则可以利用电子计算机分别进行工期优化、费用优化及资源优化。当初步施工总进度计划经过调整符合要求后,即可编制正式的施工总进度计划。

施工总进度计划的优化,主要包括工期优化、工期—费用优化和工期—资源优化等形式,具体的优化方法详见本书学习单元3中有关网络计划优化的内容。一般来说,单目标下的施工总进度计划的优化较易实现,但对于多目标下的施工总进度计划,例如在同时考虑年度投资分配、资源供应的均衡性以及外界自然条件等影响的条件下,如何寻找综合效果最好的施工总进度计划方案,到目前为止还没有统一的优化模式,研究者们也正在朝这方面努力。

一般地,在对施工总进度计划进行优选时,要求综合考虑以下几方面的内容:

(1)满足项目总进度计划或施工总承包合同对总工期以及起止时间的要求;

(2)年度投资分配的合理性;

(3)各施工项目之间的合理搭接;

(4)项目新增生产能力或工程投资效益需要与施工总进度计划安排竣工日期之间的平衡;

(5)不同时间各子项目规模与可供资金、设备、材料、施工力量之间的平衡;

(6)主体工程与辅助工程、配套工程之间的平衡;

(7)生产性工程与非生产性工程之间的平衡;

(8)进口设备与国内配套工程之间的平衡。

施工总进度计划优化的过程,就是选出最优方案的过程,从中掌握施工过程中的重要控制环节,为项目的进度控制提供必要的资料。

正式的施工总进度计划确定后,应编制劳动力、材料、大型施工机械等资源在各个工程上的流水施工计划。

图6-3是某汽车制造企业施工总进度计划横道图,其中主要工程项目分为两期组织施工。第一期有弹簧车间、轮胎车间、热电站、1号锻压车间、木工模压车间、修理车间等,先期建成投产生产汽车弹簧和轮胎等产品,进行销售,又可留待二期工程建成投产时加工装配用。两期工程搭接进行,可组织各主要工程对象之间的流水施工。

图6-4所示为其施工总进度计划的网络表达形式,其中各主要施工项目再按土建、设备安装和试车三个阶段分配施工时间,确定各个子目标的阶段性进度。图6-4中属二期工程的土建施工项目名称用括号标出。

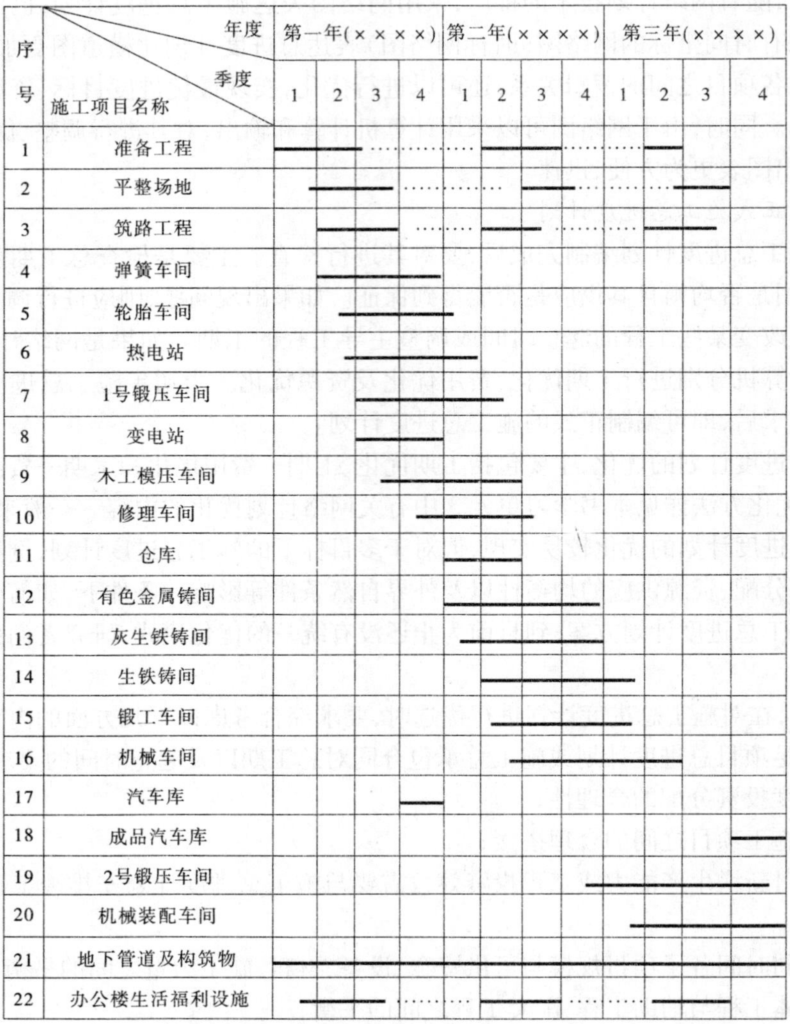

图 6-3 某汽车制造企业施工总进度计划横道图

6.4.1.4 编制施工总进度计划的依据及应考虑的问题

1. 编制依据

编制施工总进度计划的依据如下：

(1)初步设计、扩大初步设计等工程技术资料；

(2)项目总进度计划或施工合同文件(总承包单位编制施工总进度计划时以此为依据)，以确定工程施工的开工、竣工日期；

(3)有关定额和指标，如概算指标、扩大结构定额、万元指标或类似建筑所需消耗的劳动力材料和工期指标；

(4)施工中可能配备的人力、机具设备，以及施工准备工作中所取得的自然条件和技术经济等资料，如有关气象、地质、水文、资源供应以及运输距离等的资料。

2. 注意事项

在项目实施过程中有许多干扰因素，编制项目施工进度计划时应事先周密考虑，排除

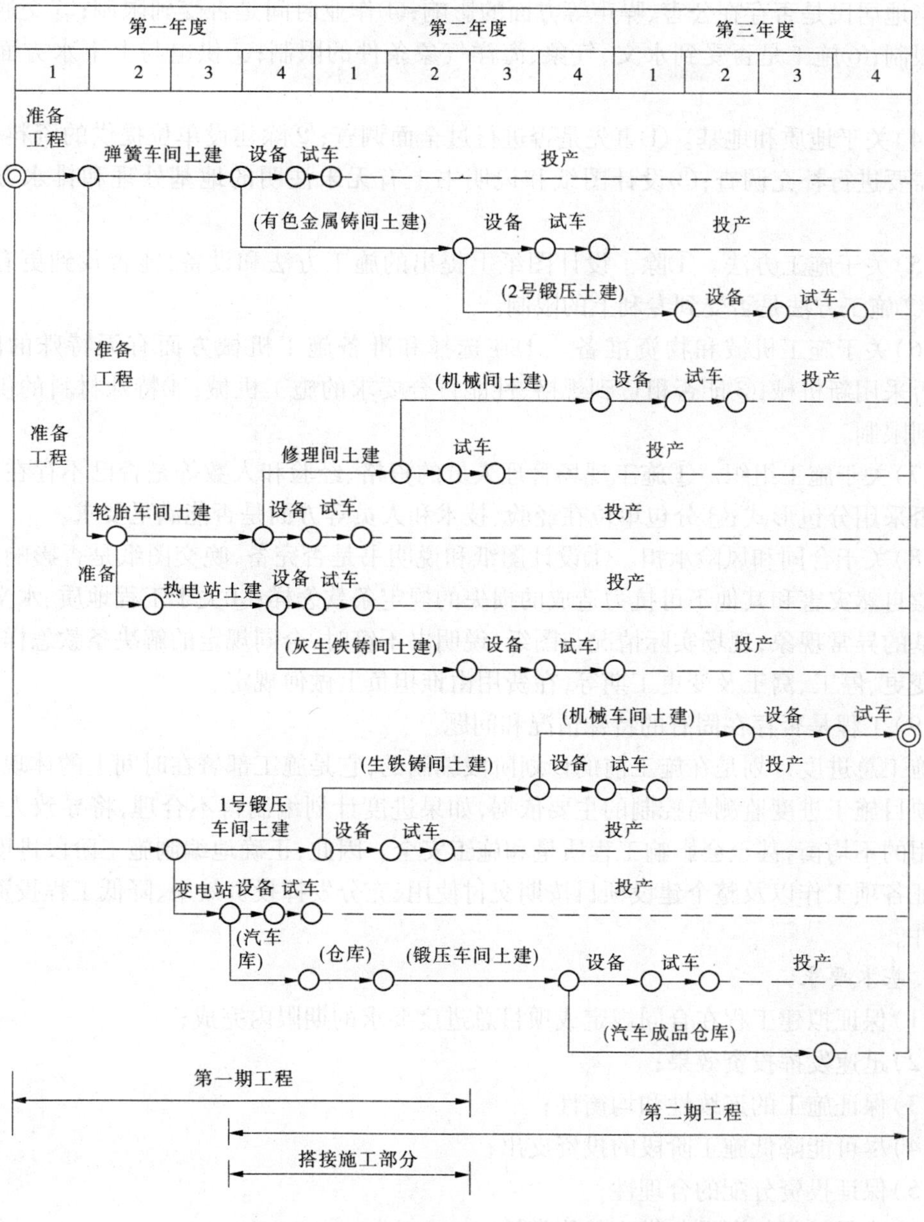

图6-4　某汽车制造企业施工总进度计划网络图

这些因素，达到主动控制的目的。在编制施工总进度计划时，应认真考虑如下问题：

(1)关于工期。①工期是否充裕；②除整个工期外，在部分工程的工期上有无问题；③施工中，有哪些瓶颈问题。

(2)关于占用土地问题和开工手续。①建设单位向有关部门办理的手续是否已全部办好；②尚未解决的问题预计何时能得到解决；③土地方面未解决的问题对整个工程的影响如何。

(3)关于现场条件。①去现场的道路是否还有问题；②现场施工用道路有无问题；

③对当地居民是否存在公害、噪声等方面的影响；④作业时间是否受到限制；⑤交通是否受到限制；⑥施工是否受到水文、气象、海洋气象条件的限制；⑦供电与上下水方面有无问题。

(4)关于地质和地基。①事先是否进行过全面调查；②除建设单位提供的资料外，是否还需要进行补充调查；③设计图纸和说明书上有无未注明的地基处理和排水方面的问题。

(5)关于施工方法。①除了设计图纸上提出的施工方法和设备，能否找到更有利的方案；②施工方法是否受到专利上的限制。

(6)关于施工机械和物资准备。①在选择和准备施工机械方面有无特殊的问题；②能否采用新机械；③能否租赁到规格、性能符合要求的施工机械；④特殊材料的供应是否受到限制。

(7)关于施工组织。①施工现场管理人员的资格、经验和人数等是否已不存在问题；②是否采用分包形式；③分包单位在经验、技术和人员等方面是否能满足要求。

(8)关于合同和风险承担。①设计图纸和说明书是否完备，晚交图纸是否影响施工；②补偿自然灾害和其他不可抗力造成的损失的规定条款怎样；③关于工程地质、水文地质和地基的异常现象，现场实际情况与图纸、说明书不符时，合同规定的解决条款怎样；④对设计变更、停工、窝工及变更工期等，在费用由谁担负上做何规定。

(9)工程是否存在固有的特殊情况和问题。

施工总进度计划是在施工前的计划阶段编制的，它是施工部署在时间上的体现，也是进行项目施工进度监测与控制的主要依据，如果进度计划编制得不合理，将导致人力、物力使用的不均衡，甚至会影响工程质量和施工安全。因此，正确地编制施工阶段进度计划是保证各项工作以及整个建设项目按期交付使用、充分发挥投资效果、降低工程投资的重要条件。

3.基本要求

(1)保证拟建工程在合同规定或项目总进度要求的期限内完成；

(2)迅速发挥投资效果；

(3)保证施工的连续性和均衡性；

(4)尽可能降低施工阶段的投资支出；

(5)保证投资分配的合理性；

(6)确保材料物资设备供应的均衡性；

(7)尽可能避开不利自然条件的影响。

4.研究重点

施工总进度计划是以某一工业建设项目或民用建筑群为对象编制的，任务一旦确定后，首先要通过分析研究来认识其施工对象，熟悉具体特点。施工对象不同，其所处环境亦不同，而且，其所要求的生产条件和施工工艺亦不同。一般地，工业建设项目比民用建筑群的组织工作更为复杂。因此，在组织工业建设项目施工时，需要着重研究分析以下几个问题及其对安排进度的影响。

1)拟建企业的生产工艺、设备安装与土建施工的关系

现代工业企业的生产过程,大都是由若干个生产子系统组成的一个完整的大生产系统。各个生产子系统又是由若干个具体的生产环节(生产过程或工序)所组成的。每个生产环节通常需用形式、构造不同的厂房或构筑物来容纳各种生产设备,并作为工人进行正常生产活动的场所和条件。因而,各个建筑物之间存在密切的联系和制约关系。

研究分析拟建企业生产工艺的目的,在于认识其最终产品与中间产品情况,以及各建筑物之间的内在联系,以便进行工程施工的合理分期和正确排列各建筑物的施工顺序。

除主要生产系统及其所属的建筑物外,尚有一系列附属性和辅助性建筑工程。如油系统、修配厂、材料库和生产办公楼等。

2)建设项目建筑总平面图及其对施工总进度的影响

工业企业建设项目的建筑总平面图设计,应在满足有关规范(如防火规范)要求的前提下,使各建筑物的布置尽量紧凑。这不仅能节省占地面积,而且可以缩短各种管线、道路、围墙等的长度。但由于建筑物密集,会导致施工场地狭小,使场内运输、材料和构件堆放、设备拼装和施工机械布置等产生困难。为尽量减少这方面的困难,除采取一定的技术措施外,还应对相邻各建筑物的开工和施工顺序予以妥善安排,以避免或减少其相互干扰。

3)建设项目各建筑工程的材料、结构构造特点、主要实物工程量和劳动量

认识各建筑物的结构构造特点和所用的材料,获得建筑工程的主要实物工程量和劳动量数据资料,也是确定分期分批施工和安排施工进度的重要依据。施工进度的安排,必须考虑能得到劳动力、材料、构件和施工机械等各种资源的保证。因此,必须使各种资源的需要量同供应能力相适应。一般可以从施工进展速度的快慢来协调供需之间的关系,特别是大型生产设备与施工设备的供应时间,往往并不单纯取决于主观要求。为了协调供需之间的关系,有时需要在施工顺序的安排上来协调两者之间的矛盾。在协调资源供应与进度要求之间的关系方面,可在周密调查研究的基础上努力扩大资源的供应量、运输能力和储存能力,以保证施工速度尽可能加快。

各建筑物所选用的材料、结构类型以及实物工程量的大小是决定施工方案与选择机械设备的主要依据。例如,由于钢结构与钢筋混凝土结构的不同,现浇钢筋混凝土与预制装配式钢筋混凝土结构的不同,大量现浇钢筋混凝土结构与小量现浇钢筋混凝土结构以及大规模土方工程与小规模土方工程的不同,其施工方案和机械设备的选择有较大的差异。施工方案和机械设备的不同,直接影响到施工进度的安排。

4)自然条件对施工进度安排的影响

由于建筑施工是在建筑物所在地露天作业,所以受到季节、气温条件的影响。有些影响因素早在工程设计和选择施工方案时已分别考虑过。但在安排施工顺序和施工进度时仍需慎重对待,特别是季节气候条件方面的影响。如开挖较深的土方工程不宜在雨季施工,而高空作业的钢筋混凝土工程不宜在严冬季节施工。为此,在安排施工总进度时,就需要将某些工程有意识地避开对其不利的季节。

5)保证重点,照顾一般与均衡施工

在安排施工进度时,要分清主次,抓住重点。所谓重点工程,常指那些对整个建设项

目的进展或效益影响较大的工程子项。这些项目一般具有下列某些特点:工程量和劳动量大,施工工期长,结构构造复杂,工程质量要求高,设备安装工程量大且复杂;能为施工服务从而可以节约大型临时设施投资;在平面位置上对其他建筑物的施工影响较大等。要把人力、物力、财力优先投到重点工程上,使其尽快建成。同时,注意照顾一般工程,使重点和一般工程很好地结合起来,使各期工程能按期或提前交付使用,并能使得全部工程任务逐月均匀地稳步增减,确保按施工计划的要求,在一定的时间内,不发生时松时紧的现象。对施工进度计划的均衡安排仅是事前的一个规划,在实际执行中还会由于一些不可预见的因素影响而产生一些变化,所以在具体实践中尚需根据具体情况的变化不断进行调整平衡。

图6-5是某电厂用时标网络图表示的施工总进度计划。该火力发电厂的装机容量为10万kW,由三个机组组成,网络图是按最迟时间绘制的。为清楚起见,图6-5中只列出了几个主要建筑系统。

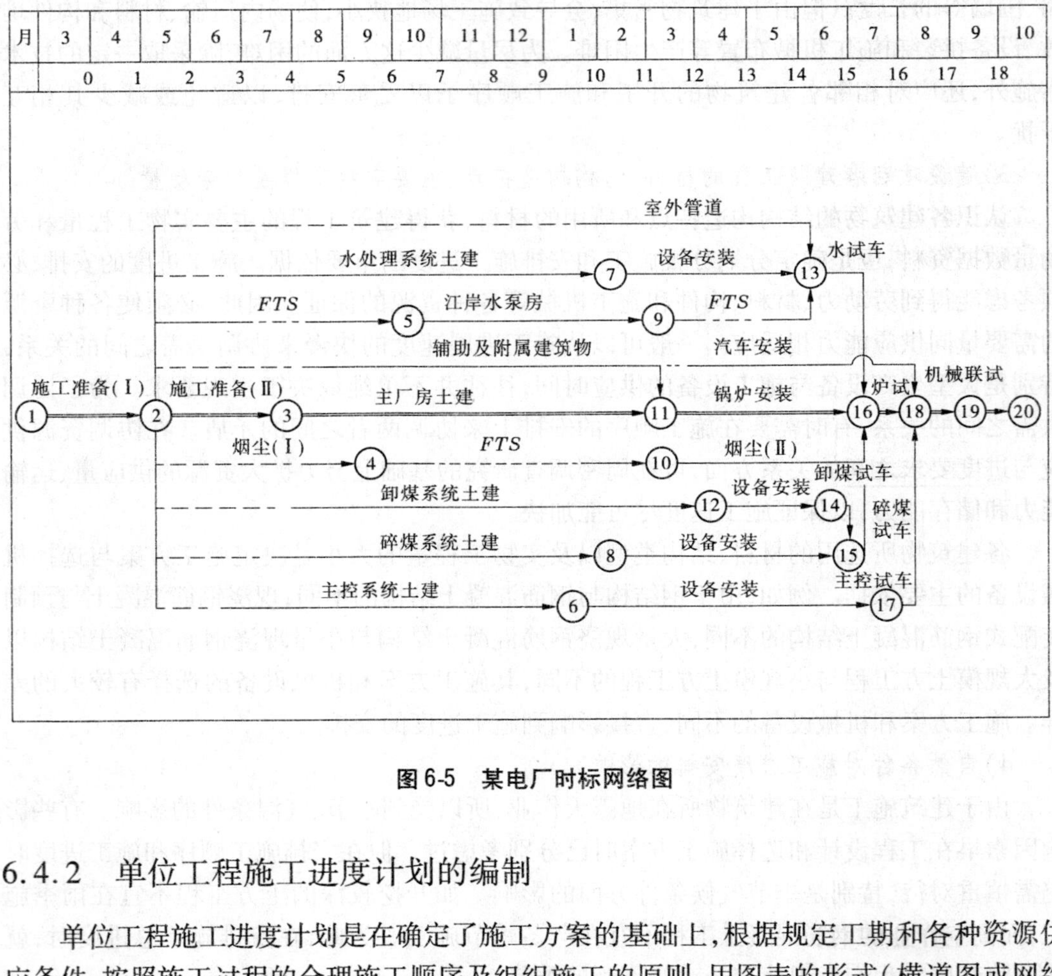

图6-5　某电厂时标网络图

6.4.2　单位工程施工进度计划的编制

单位工程施工进度计划是在确定了施工方案的基础上,根据规定工期和各种资源供应条件,按照施工过程的合理施工顺序及组织施工的原则,用图表的形式(横道图或网络图),对于一个工程从开始施工到全部竣工的各个项目,确定其在时间上的安排和相互间的搭接关系。在此基础上,方可编制月、季计划及各项资源需要量计划。所以,单位工程施工进度计划是单位工程施工组织设计中的一项非常重要的内容。

6.4.2.1 单位工程施工进度计划的作用及分类

1. 施工进度计划的作用

(1)控制单位工程的施工进度,保证在规定工期内完成符合质量要求的工程任务;

(2)确定单位工程各个施工过程的施工顺序、施工持续时间及相互衔接和合理配合关系;

(3)为编制季度、月度生产作业计划提供依据;

(4)是制定各项资源需要量计划和编制施工准备工作计划的依据。

2. 施工进度计划的分类

单位工程施工进度计划根据施工项目划分的粗细程度,可分为控制性与指导性施工进度计划两类。控制性施工进度计划按分部工程来划分施工项目,控制各分部工程的施工时间及其相互搭接配合关系。它主要适用于工程结构较复杂、规模较大、工期较长而需跨年度施工的工程(如体育场、火车站等公共建筑以及大型工业厂房等),还适用于工程规模不大或结构不复杂但各种资源(劳动力、机械、材料等)不落实的情况,以及建筑结构、建筑规模等可能变化的情况。编制控制性施工进度计划的单位工程,当各分部工程的施工条件基本落实之后,在施工之前还应编制各分部工程的指导性施工进度计划。指导性施工进度计划按分项工程或施工过程来划分施工项目,具体确定各分项工程或施工过程的施工时间及其相互搭接配合关系。它适用于施工任务具体而明确、施工条件基本落实、各种资源供应正常、施工工期不太长的工程。

6.4.2.2 单位工程施工进度计划的编制程序和依据

1. 施工进度计划的编制程序

单位工程施工进度计划的编制程序如图6-6所示。

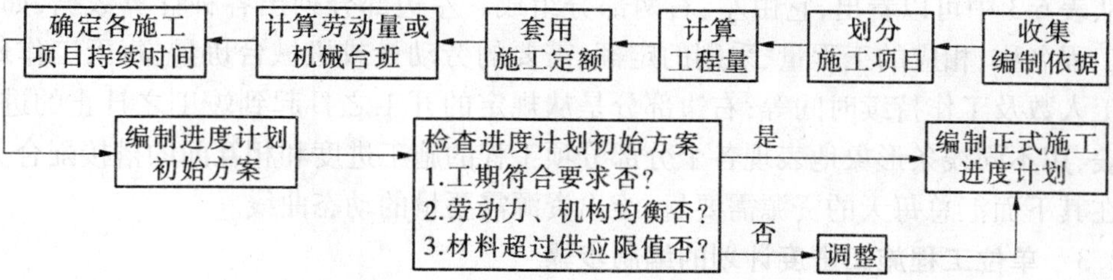

图6-6 单位工程施工进度计划的编制程序

2. 施工进度计划的编制依据

编制单位工程施工进度计划,主要依据下列资料:

(1)经过审批的建筑总平面图及单位工程全套施工图,以及地质图、地形图、工艺设计图、设备及其基础图,采用的各种标准图等图纸及技术资料;

(2)施工组织总设计对本单位工程的有关规定;

(3)施工工期要求及开工、竣工日期;

(4)施工条件,劳动力、材料、构件及机械的供应条件,分包单位的情况等;

(5)主要分部分项工程的施工方案,包括施工程序、施工段划分、施工流程、施工顺序、施工方法、技术及组织措施等；

(6)施工定额；

(7)其他有关要求和资料，如工程合同。

在编制单位工程施工进度计划时，应着重考虑以下几方面的因素：

(1)合同规定的工期；

(2)外界自然条件的影响；

(3)对专业施工分包项目的时间要求；

(4)专业单位配合土建施工的能力；

(5)材料、劳动力、机械供应的能力；

(6)不同时期的资金能力；

(7)进度安排的连续性、均衡性、协调性以及经济性。

3. 施工进度计划的表示方法

施工进度计划一般用图表来表示，图通常有两种形式：横道图和网络图。施工进度计划表格式如表 6-3 所示。

表 6-3　施工进度计划表

序号	分部分项工程名称	工程量		定额	劳动量		需要机械		每天工作班次	每班工人数	工作天数	施工进度	
		单位	数量		工种	工日数	机械名称	台班数				××月	××月

从表 6-3 中可以看出，它由左、右两部分组成。左边部分列出各种计算数据，如分部分项工程名称、相应的工程量、采用的定额、需要的劳动量或机械台班量、每天工作班次、每班工人数及工作持续时间等；右边部分是从规定的开工之日起到竣工之日止的进度指示图表，用不同线条形象地表现各个分部分项工程的施工进度和相互间的搭接配合关系，有时在其下面汇总每天的资源需要量，绘出资源需要量的动态曲线。

6.4.2.3　单位工程施工进度计划的编制步骤

根据单位工程施工进度计划的编制程序，现将其编制的主要步骤和方法叙述如下。

1. 划分施工项目

编制施工进度计划时，首先应按照图纸和施工顺序将拟建单位工程的各个施工过程列出，并结合施工方法、施工条件、劳动组织等因素，加以适当调整，使之成为编制施工进度计划所需的施工项目。施工项目是包括一定工作内容的施工过程，它是施工进度计划的基本组成单元。

单位工程施工进度计划的施工项目仅包括现场直接在建筑物上施工的施工过程，如砌筑、安装等，而构件制作和运输等施工过程则不包括在内。但现场就地预制的钢筋混凝土构件的制作，不仅单独占有工期，且对其他施工过程的施工有影响，或构件的运输需与其他施工过程的施工密切配合，例如楼板随运随吊时，仍需将这些制作和运输过程列入施工进度计划。

在确定施工项目时,应注意以下几个问题:

(1)施工项目划分的粗细程度,应根据进度计划的需要来决定。一般对于控制性施工进度计划,施工项目可以划分得粗一些,通常只列出分部工程,如混合结构居住房屋的控制性施工进度计划,只列出基础工程、主体工程、屋面工程和装饰工程四个施工过程;而对实施性施工进度计划,施工项目划分就要细一些,应明确到分项工程或更具体,以满足指导施工作业的要求,如屋面工程应划分为找平层、隔汽层、保温层、防水层等分项工程。

(2)施工过程的划分要结合所选择的施工方案进行。由于施工方案的不同,不仅影响施工过程名称、数量和内容的确定,而且也影响施工顺序的安排。如结构安装工程,若采用分件吊装方法,则施工过程的名称、数量和内容及其吊装顺序应按构件来确定;若采用综合吊装方法,则施工过程应按施工单元(节间或区段)来确定。

(3)适当简化施工进度计划的内容,避免施工项目划分过细,重点不突出。因此,可考虑将某些穿插性分项工程合并到主要分项工程中去,如门窗框安装可并入砌筑工程;而在同一时间内由同一施工班组施工的过程可以合并,如工业厂房中的钢窗油漆、钢门油漆、钢支撑油漆、钢梯油漆等可合并为钢构件油漆一个施工过程;对于次要的、零星的分项工程,可合并为"其他工程"一项列入。

(4)水、暖、电、卫和设备安装等专业工程不必细分具体内容,由各专业施工队自行编制计划并负责组织施工,而在单位工程施工进度计划中只要反映出这些工程与土建工程的配合关系即可。

(5)所有施工项目应大致按施工顺序列成表格,编排序号,避免遗漏或重复,其名称可参考现行的施工定额手册上的项目名称。

2. 确定施工顺序

1)必须遵守施工工艺的要求

各种施工过程之间客观存在的工艺顺序关系,随着房屋结构和构造的相异而不同。在确定施工顺序时,必须服从这种关系。例如当建筑物采用装配式钢筋混凝土内柱和砖外墙承重的多层房屋时,由于大梁和楼板的一端支持在外墙上,所以应先把墙砌到一层楼高度之后,才能安装梁和楼板。

2)必须考虑施工方法和施工机械的要求

例如,在建造装配式单层工业厂房时,如果采用分件吊装法,施工顺序应该是先吊柱、后吊吊车梁,最后吊屋架和屋面板;如果采用综合吊装方法,则施工顺序应该为吊装完一个节间的柱、吊车梁、屋架、屋面板之后,再吊装另一节间的构件。又如在安装装配式多层多跨工业厂房时,如果采用塔式起重机,则可以自下而上地逐层吊装;如果采用桅杆式起重机,则可能是把整个房屋在平面上划分成若干单元,由下向上吊完一个单元构件后,再吊下一单元的构件。

3)必须考虑施工组织的要求

例如,地下室的混凝土地坪,可以在地下室的上层楼板铺设以前施工,也可以在上层楼板铺设以后施工。从施工组织角度看,前一方案较合理,它便于利用安装楼板的垂直运输设施向地下室浇筑混凝土。又如在建造某些重型车间时,这种车间通常有较大、较深的设备基础,如果先建造厂房,然后再建造设备基础,在设备基础挖土时可能破坏厂房的柱基础,在这种情况下,必须先进行设备基础的施工,然后再进行厂房柱基础的施工,或者两者同时进行。

4)必须考虑安全技术的要求

合理的施工顺序,必须使各施工过程的搭接不至于引起安全事故。例如,在同一施工段上,不能一面在铺屋面板,一面又进行其他作业。多层房屋施工,只有在已经有层间楼板或坚固的临时铺板把一个一个楼层分隔开的条件下,才允许同时在各个楼层展开工作。

除此之外,还必须考虑当地的气候条件和施工质量的要求。

3.计算工程量

工程量计算是一项十分烦琐的工作,应根据施工图纸、有关计算规则及相应的施工方法进行计算。因为进度计划中的工程量仅用来计算各种资源需用量,不作为计算工资或工程结算的依据,故不必精确计算,直接套用施工预算的工程量即可。计算工程量时应注意以下几个问题:

(1)各分部分项工程的工程量计算单位应与采用的施工定额中相应项目的单位一致,以便计算劳动量及材料需要量时可直接套用定额,不再进行换算。

(2)计算工程量时应结合选定的施工方法和安全技术要求,使计算所得工程量与施工实际情况相符合。例如,挖土时是否放坡,是否加工作面,坡度大小与工作面尺寸是多少,是否使用支撑加固,开挖方式是单独开挖、条形开挖还是整片开挖,这些都直接影响到基础土方工程量的计算。

(3)结合施工组织的要求,分区、分段、分层计算工程量,以便组织流水作业。若每层、每段上的工程量相等或相差不大,可将工程量总数分别除以层数、段数,得每层、每段上的工程量。

(4)如已编制预算文件,应合理利用预算文件中的工程量,以免重复计算。施工进度计划中的施工项目大多可直接采用预算文件中的工程量,可按施工过程的划分情况将预算文件中有关项目的工程量汇总。如“砌筑砖墙”一项的工程量,可首先分析它包括哪些内容,然后按其所包含的内容从预算工程量中摘抄出来并加以汇总求得。施工进度计划中的某些施工项目与预算文件中的项目完全不同或局部有出入(如计量单位、计算规则、采用定额不同等)时,则应根据施工中的实际情况加以修改、调整或重新计算。

4.套用施工定额

根据所划分的施工项目和施工方法,即可套用施工定额(当地实际采用的劳动定额及机械台班定额),以确定劳动量和机械台班量。

施工定额有两种形式,即时间定额和产量定额。时间定额是指某种专业、某种技术等级的工人小组或个人在合理的技术组织条件下,完成单位合格的建筑产品所必需的工作时间,单位有:工日/m^3、工日/m^2、工日/m、工日/t 等。因为时间定额以劳动工日数为单位,便于综合计算,故在劳动量统计中用得比较普遍。产量定额是指在合理的技术组织条件下,某种专业、某种技术等级的工人小组或个人在单位时间内所应完成合格的建筑产品的数量,单位有:m^3/工日、m^2/工日、m/工日、t/工日等。因为产量定额由建筑产品的数量来表示,具有形象化的特点,故在分配施工任务时用得比较普遍。时间定额和产量定额是互为倒数的关系。

套用国家或地方颁发的定额时,必须注意结合本单位工人的技术等级、实际施工操作水平、施工机械情况和施工现场条件等因素,确定完成定额的实际水平,使计算出来的劳动量、机械台班量符合实际需要,为准确编制施工进度计划打下基础。

有些采用新技术、新材料、新工艺或特殊施工方法的项目,施工定额中尚未编入,这时可参考类似项目的定额、经验资料,或按实际情况确定。

5. *确定劳动量和机械台班数量*

劳动量和机械台班数量应根据各分部分项工程的工程量、施工方法和现行的施工定额,并结合当地的具体情况加以确定。一般应按式(6-1)计算

$$P = \frac{Q}{S} \tag{6-1}$$

或

$$P = QH \tag{6-2}$$

式中 P——完成某施工过程所需的劳动量(工日)或机械台班数量(台班);

Q——某施工过程的工程量;

S——某施工过程所采用的产量定额;

H——某施工过程所采用的时间定额。

例如,已知某单层工业厂房的柱基坑土方量为 3 240 m^3,采用人工挖土,产量定额为 3.9 m^3/工日,则完成挖基坑所需劳动量为

$$P = \frac{Q}{S} = \frac{3\ 240}{3.9} = 830(\text{工日})$$

若已知时间定额为 0.256 工日/m^3,则完成挖基坑所需劳动量为

$$P = QH = 3\ 240 \times 0.256 = 830(\text{工日})$$

经常还会遇到施工进度计划所列项目与施工定额所列项目的工作内容不一致的情况,具体处理方法如下:

(1)若施工项目是由两个或两个以上同一工种,但材料、做法或构造都不同的施工过程合并而成的,可用其加权平均定额来确定劳动量或机械台班数量。加权平均产量定额的计算可按式(6-3)进行

$$\overline{S_i} = \frac{\sum_{i=1}^{n} Q_i}{\sum_{i=1}^{n} P_i} \tag{6-3}$$

式中 $\overline{S_i}$——某施工项目加权平均产量定额;

$\sum_{i=1}^{n} Q_i$—— 总工程量,$\sum_{i=1}^{n} Q_i = Q_1 + Q_2 + Q_3 + \cdots + Q_n$;

$\sum_{i=1}^{n} P_i$—— 总劳动量,$\sum_{i=1}^{n} P_i = \frac{Q_1}{S_1} + \frac{Q_2}{S_2} + \frac{Q_3}{S_3} + \cdots + \frac{Q_n}{S_n}$;

$Q_1, Q_2, Q_3, \cdots, Q_n$——同一工种但施工做法、材料或构造不同的各个施工过程的工程量；

$S_1, S_2, S_3, \cdots, S_n$——与上述施工过程相对应的产量定额。

(2)对于某些采用新材料、新工艺或特殊施工方法的施工项目，其定额在施工定额手册中未列入，则可参考类似项目或实测确定。

(3)对于“其他工程”项目所需劳动量，可根据其内容和数量，并结合施工现场的具体情况，以占总劳动量的百分比(一般为10%～20%)计算。

(4)水、暖、电、卫设备安装等工程项目，一般不计算劳动量和机械台班需要量，仅安排与一般土建单位工程配合的进度。

6. 确定各项目的施工持续时间

施工项目的施工持续时间的计算方法，除定额计算法和倒排计划法外，还有经验估计法。

施工项目的持续时间最好按正常情况确定，这时它的费用一般是较低的。待编制出初始进度计划并经过计算后再结合实际情况作必要的调整，这是避免因盲目抢工而造成浪费的有效办法。根据过去的施工经验并按照实际的施工条件来估算项目的施工持续时间是较为简便的办法。其多运用于采用新工艺、新技术、新材料等无定额可循的工种。在经验估计法中，有时为了提高其准确程度，往往用“三时估计法”，即先估计出该项目的最长、最短和最可能的三种施工持续时间，然后据以求出期望的施工持续时间作为该项目的施工持续时间。其计算公式为

$$t = \frac{A + 4C + B}{6} \tag{6-4}$$

式中 t——项目施工持续时间；

A——最长施工持续时间；

B——最短施工持续时间；

C——最可能施工持续时间。

7. 编制施工进度计划的初始方案

编制施工进度计划时，必须考虑各分部分项工程的合理施工顺序，尽可能组织流水施工，力求主要工种的施工班组连续施工，其编制方法如下：

(1)对主要施工阶段(分部工程)组织流水施工。先安排其中主导施工过程的施工进度，使其尽可能连续施工，其他穿插施工过程尽可能与主导施工过程配合、穿插、搭接。如砖混结构房屋中的主体结构工程，其主导施工过程为砖墙砌筑和现浇钢筋混凝土楼板；现浇钢筋混凝土框架结构房屋中的主体结构工程，其主导施工过程为钢筋混凝土框架的支模、扎筋和浇混凝土。

(2)配合主要施工阶段，安排其他施工阶段(分部工程)的施工进度。

(3)按照工艺的合理性和施工过程间尽量配合、穿插、搭接的原则，将各施工阶段(分部工程)的流水作业图表搭接起来，即可得到单位工程施工进度计划的初始方案。

8. 施工进度计划的检查与调整

检查与调整的目的在于使施工进度计划的初始方案满足规定的目标，一般从以下几

方面进行检查与调整：

(1)各施工过程的施工顺序是否正确，流水施工的组织方法应用得是否正确，技术间歇是否合理。

(2)工期方面，初始方案的总工期是否满足合同工期。

(3)劳动力方面，主要工种工人是否连续施工，劳动力消耗是否均衡。劳动力消耗的均衡性是针对整个单位工程或各个工种而言的，应力求每天劳动力不发生过大变动。

为了反映劳动力消耗的均衡情况，通常采用劳动力消耗动态图来表示。对于单位工程的劳动力消耗动态图，一般绘制在施工进度计划表右下方。劳动力消耗动态图如图6-7所示。

施工过程	班组人数	施工进度(d)																		
		1	2	3	4	5	6	7	8	9	10	11	12	13	14	15	16	17	18	19
基坑挖土	16																			
浇垫层	30																			
砌砖基础	20																			
回填土	10																			

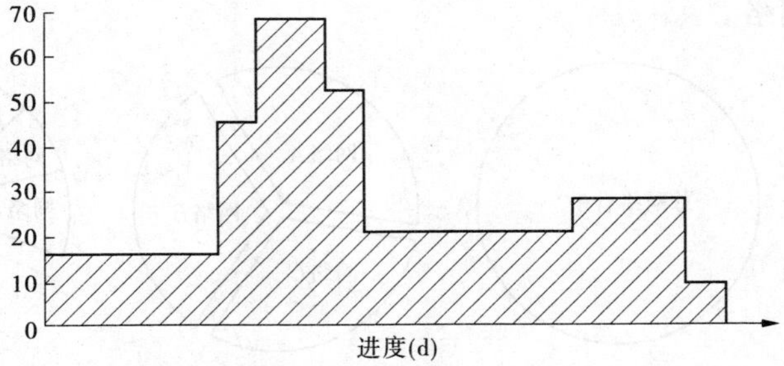

图6-7　劳动力消耗动态图

劳动力消耗的均衡性指标可以采用劳动力均衡系数(K)来评估，即

$$K = 高峰出工人数/平均出工人数$$

式中的平均出工人数为每天出工人数之和除以总工期所得之商。

最为理想的情况是劳动力均衡系数 K 接近于1。劳动力均衡系数在2以内为好，超过2则不正常。

(4)物资方面，主要机械、设备、材料等的利用是否均衡，施工机械是否充分利用。

主要机械通常是指混凝土搅拌机、灰浆搅拌机、自动式起重机和挖土机等。机械的利用情况是通过机械的利用程度来反映的。

初始方案经过检查，不符合要求的部分需进行调整。调整方法一般有：增加或缩短某些施工过程的施工持续时间；在符合工艺关系的条件下，将某些施工过程的施工时间向前或向后推移。必要时，还可以改变施工方法。

应当指出，上述编制施工进度计划的步骤不是孤立的，而是互相依赖、互相联系的，有的可以同时进行。由于建筑施工是一个复杂的生产过程，受周围客观条件影响的因素很多，在施工过程中，劳动力和机械、材料等物资的供应及自然条件等因素的影响，使其经常不符合原计划的要求，因而在工程进展中应随时掌握施工动态，经常检查，不断调整计划。

6.4.3 施工阶段群体多级网络计划的编制

6.4.3.1 群体多级网格计划的概念和特点

项目进度控制中的主要工作就是不断地编制和调整计划。对于大中型建设项目,用横道图表示的进度计划往往不能反映复杂工程中各项工作的逻辑关系,而且计算机也不易处理;用一个网络编制计划,也很难包括复杂项目的所有工作内容;而用若干个相互独立的单位工程或分部分项工程网络计划也不能系统地表达出整个项目中各工作之间的衔接和制约关系,因而很难解决大中型项目施工进度的综合平衡问题。此外,在项目实施过程中,监理工程师随时要对进度计划的执行情况进行检查、监督、分析和调整,如果按项目实施的不同阶段和不同工作内容编制独立的网络,则很不便于监理人员从整体上进行调整。因此,编制群体多级网络计划很有必要。

群体多级网络计划是由若干处于不同层次且相互有关联的网络计划组成的,它的特点是这些不同层次的网络既可以进行分解,又可以进行综合,如图 6-8(a)、(b)、(c)所示,其中网络 A、网络 B 和网络 C 是总网络 ABC 的子网络,而网络 A_1、网络 A_2、网络 A_3 和网络 A_4 是网络 A 的子网络。这些网络既可以分解成独立的网络,又可以综合形成一个多级的群体网络。

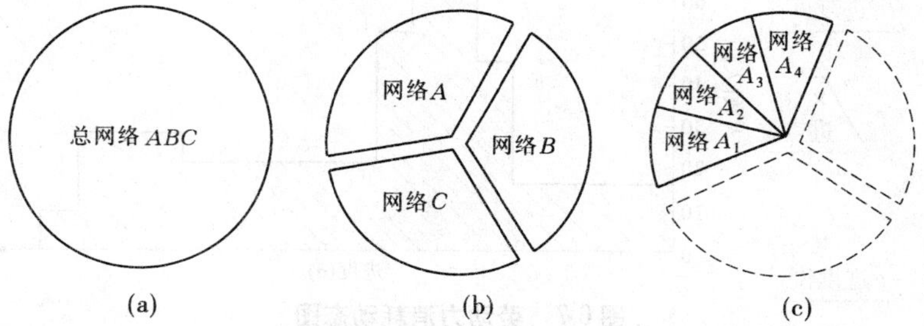

图 6-8 多级网络关系

在项目实施过程中,监理人员要随时地进行网络计划的分解与综合。其分解的目的为:

(1)便于不同层次的进度控制人员把精力集中于各自所负责的子项目上;

(2)在进度实施中,可以相对独立地检查和监督自己所负责部分的进度实施情况,不必从整个网络开始;

(3)抓住关键子网络,以便重点监督和控制;

(4)提高网络计算速度及效率,节省时间。

综合的目的为:

(1)便于了解各网络之间的相互衔接和制约关系;

(2)便于进行总体进度计划的综合平衡;

(3)可以随时了解项目进展的局部与总体情况;

(4)能迅速了解子网络出现的进度偏差对各不同层次的进度分目标以及进度总目标的影响;

(5)使进度计划的调整既能保证局部又能照顾整体。

6.4.3.2　群体多级网络计划的特点

(1)群体多级网络计划的形成是分阶段逐步深化的,其编制过程由浅入深,由高层到低层,由粗到细,并贯穿项目实施的始终。例如在项目的设计阶段,由于许多子项目还未形成,这时要编制施工阶段某子项目的实施性进度计划是不可能的。

(2)群体多级网络计划层次的多少与工程规模的大小、监理的内容有关。例如,对于一个规模大而复杂的建设项目,如一个大型发电厂,或贯穿全市的地铁工程,仅用一个施工总进度计划来控制项目的进度是不行的,监理工程师还需编制按不同方面和不同特征分解而形成的子项目的控制性施工进度计划。另外,还需要掌握施工单位编制的各种施工进度计划,并按不同层次建立起用于进度控制的群体多级网络计划。一般地,项目的规模越大,监理内容越多,分解的层次越多,需编制的各种施工进度计划也越多。图 6-9 所示为某地铁工程施工阶段的群体多级网络计划,它是根据相应的结构分解图编制的,其中由监理工程师编制的网络计划共包括四个不同层次。对于大型建设项目,从建设总体部署到分部分项施工,通常可分为六个层次,如图 6-10 所示。

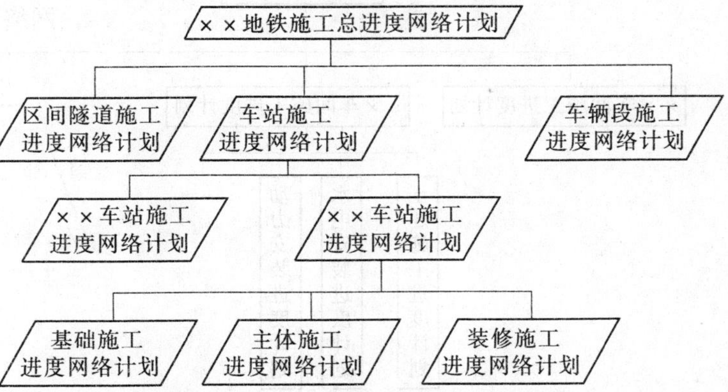

图 6-9　某地铁工程施工阶段群体多级网络计划

在一般情况下,并不是所有的工程都必须按六个层次编制群体多级网络计划。例如,一些标准的民用建筑或同类型的工业建筑,只要编一个具有通用性的标准网络计划,施工时,根据当时的具体条件适当调整一下持续时间即可使用。当然,在第六个层次以下,仍然可以编制更详细的操作进度,如挖土、排水等本身也可以排出工序操作的实施网络计划,但这可以根据具体情况而定。

(3)不同层次的网络计划,其编制者不同。一般地,项目的总网络计划由决策层人员编制,其他层次的网络计划可根据承包的形式,由监理工程师或承包单位人员编制。例如,在施工总承包方式下,施工总进度计划可由总承包单位负责编制,监理人员负责审核。

(4)群体多级网络计划可以随时进行分解和综合,它既可以被看成是若干个独立网络,又可以在需要时综合成一个总体网络。例如,图 6-11 所示为某工程施工主网络,其中将部分工作分包给其他施工单位,分别在合同 A、B、C、D 里明确各承包单元的完工日期及开竣工时间,在这个限制条件下,分包单位可根据自己的施工力量和条件自由安排网络计划,如图 6-12(a)、(b)、(c)、(d)所示。在需要时,可将主网络和子网络进行综合形成如图 6-13 所示的综合网络(两级)。

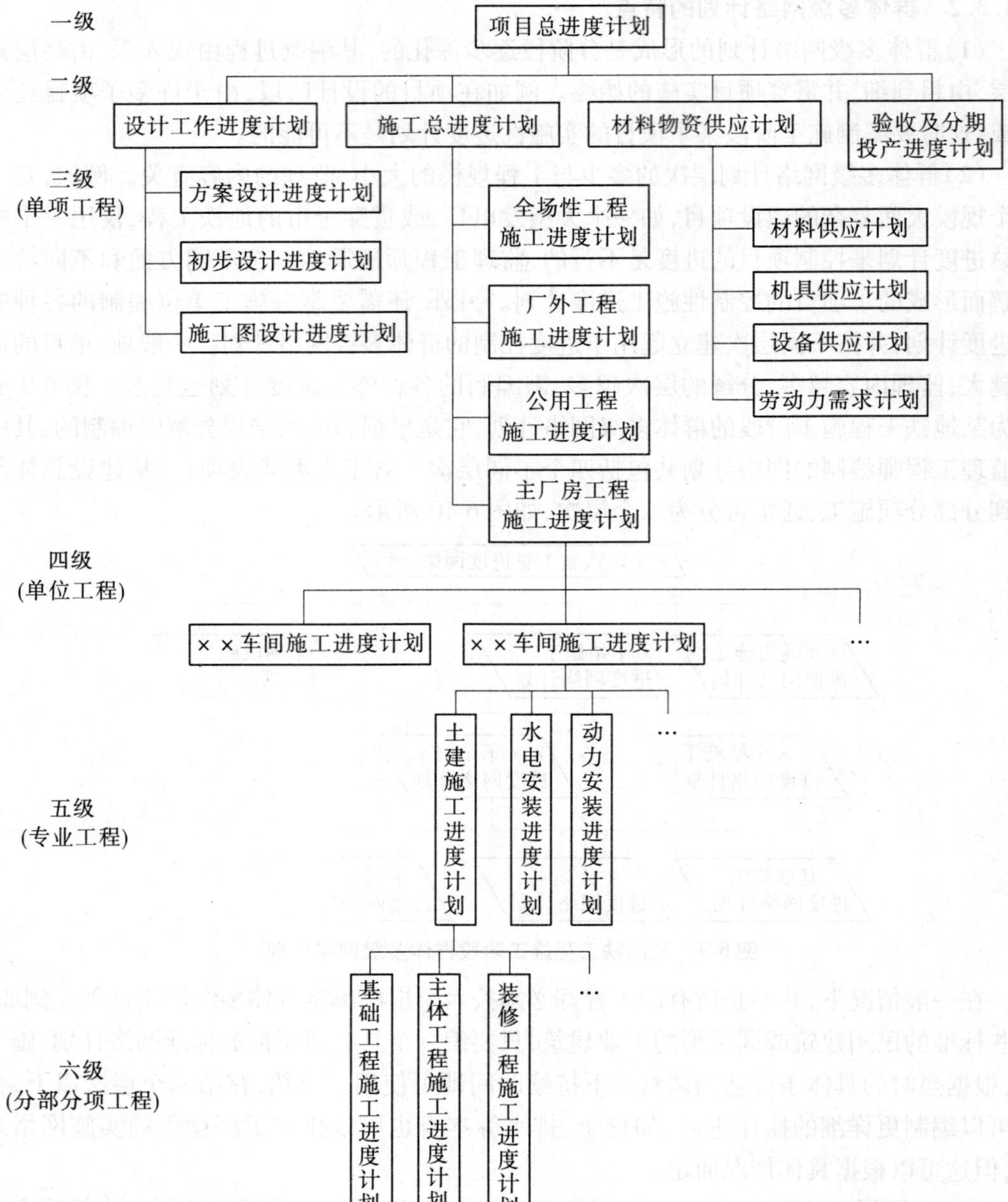

图 6-10 群体多级网络计划组成

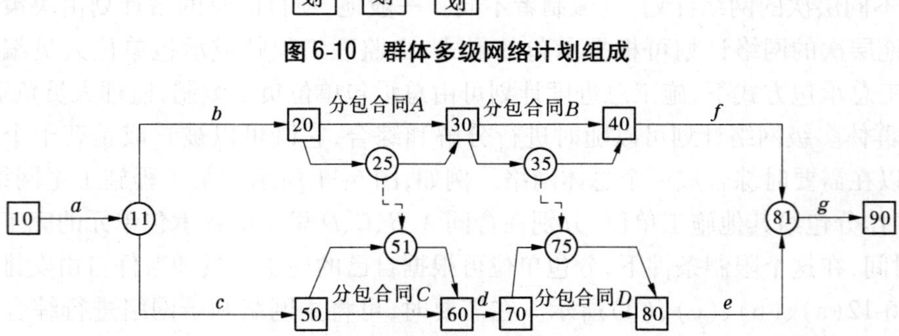

图 6-11 某工程施工主网络

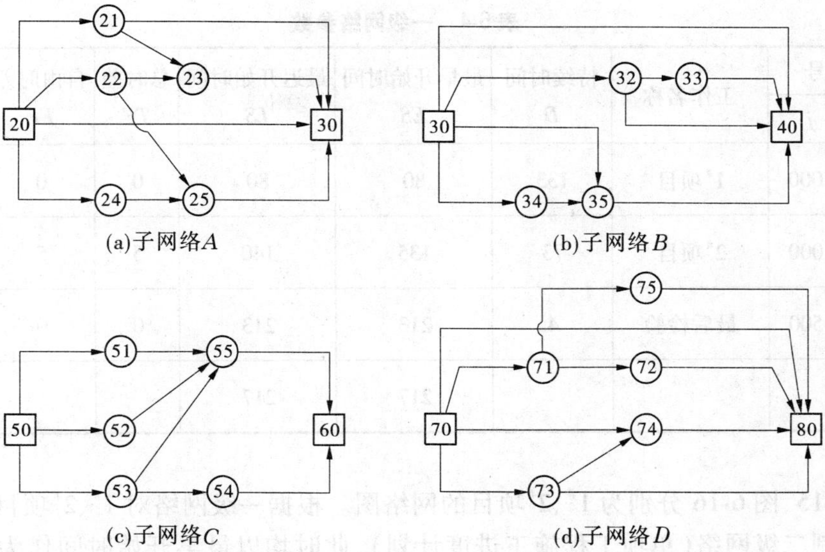

图 6-12　子网络

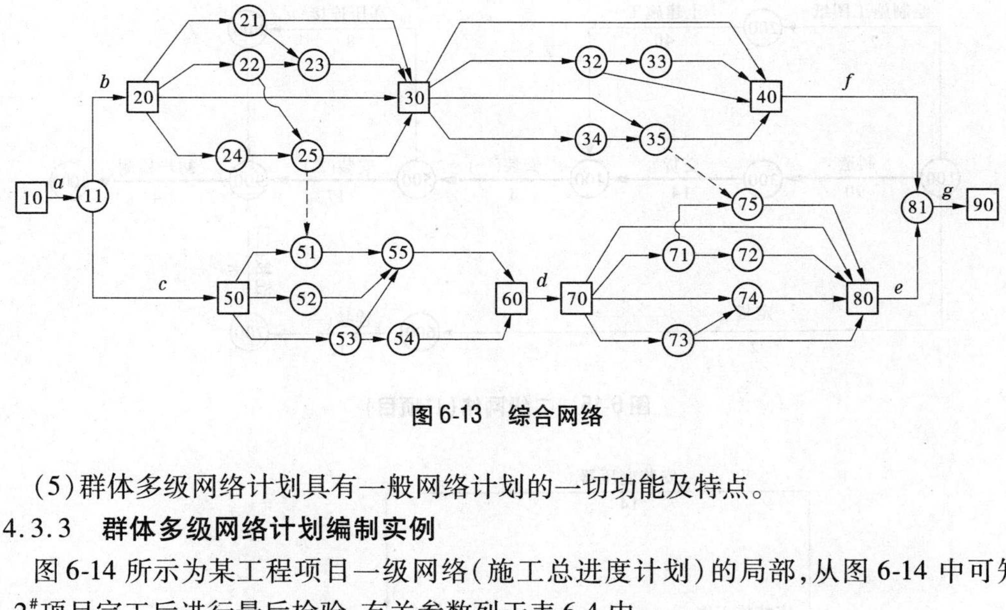

图 6-13　综合网络

(5)群体多级网络计划具有一般网络计划的一切功能及特点。

6.4.3.3　群体多级网络计划编制实例

图 6-14 所示为某工程项目一级网络(施工总进度计划)的局部,从图 6-14 中可知,1#、2#项目完工后进行最后检验,有关参数列于表 6-4 中。

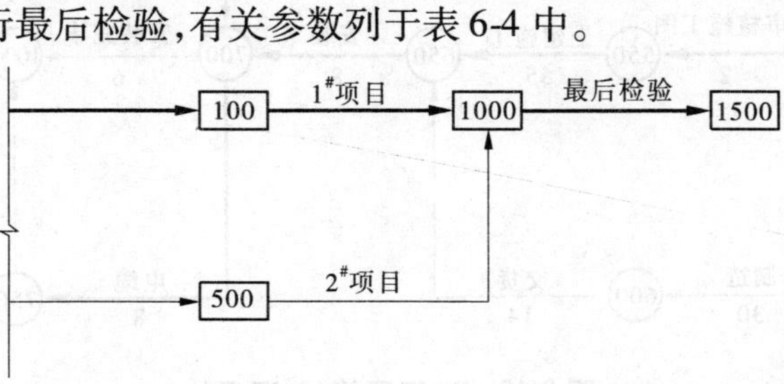

图 6-14　一级网络局部

表 6-4　一级网络参数

工作编号		工作名称	持续时间	最早开始时间	最迟开始时间	总时差	自由时差	关键工作
i	*j*		*D*	*ES*	*LS*	*TF*	*FF*	
100	1000	1[#]项目	133	80	80	0	0	★
500	1000	2[#]项目	73	135	140	5	5	
1000	1500	最后检验	4	213	213	0	0	★
1500				217	217			

图 6-15、图 6-16 分别为 1[#]、2[#]项目的网络图。根据一级网络对 1[#]、2[#]项目时间的控制，可编制二级网络（单项工程施工进度计划），此时均以最早开始时间作为二级网络开始时间的限制，并分别对 1[#]、2[#]项目进行网络参数计算，结果分别列于表 6-5、表 6-6 中。

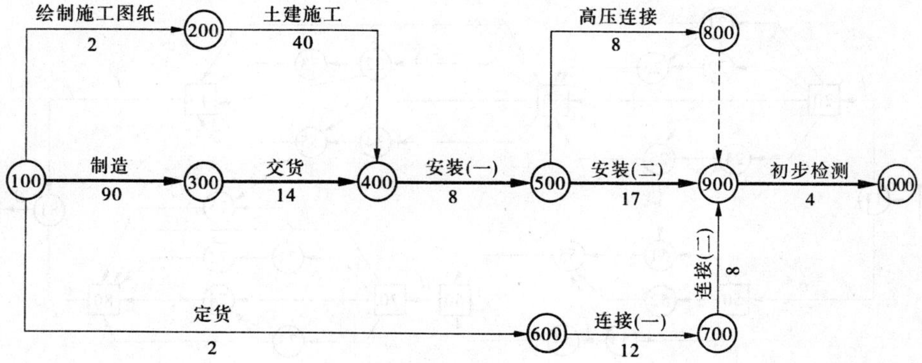

图 6-15　二级网络(1[#]项目)

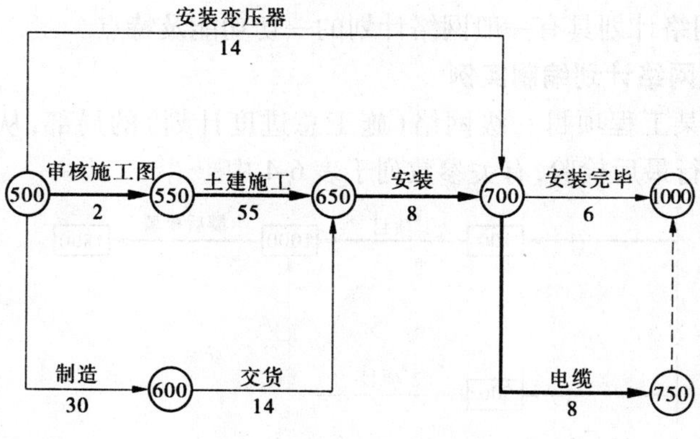

图 6-16　二级网络(2[#]项目)

表 6-5　1#项目网络参数

工作编号		工作名称	持续时间	最早开始时间	最迟开始时间	总时差	自由时差	关键工作
i	*j*		*D*	*ES*	*LS*	*TF*	*FF*	
100	200	绘制施工图纸	2	80	142	62	0	
100	300	制造	90	80	80	0	0	★
100	600	定货	2	80	187	107	110	
200	400	土建施工	40	82	144	62	62	
300	400	交货	14	170	170	0	0	★
400	500	安装(一)	8	184	184	0	0	★
500	800	高压连接	8	192	201	9	12	
500	900	安装(二)	17	192	192	0	0	★
600	700	连接(一)	12	82	189	107	0	
700	900	连接(二)	8	94	201	107	0	
900	1000	初步检测	4	209	209	0	0	★
1000				213	213			

表 6-6　2#项目网络参数

工作编号		工作名称	持续时间	最早开始时间	最迟开始时间	总时差	自由时差	关键工作
i	*j*		*D*	*ES*	*LS*	*TF*	*FF*	
500	550	审核施工图纸	2	135	135	0	0	★
500	600	制造	30	135	148	13	0	
500	700	安装变压器	14	135	186	51	51	
550	650	土建施工	55	137	137	0	0	★
600	650	交货	14	165	178	13	13	
650	700	安装	8	192	192	0	0	★
700	750	电缆	8	200	200	0	0	★
700	1000	安装完毕	6	200	202	2	2	
1000				208	208			

此外,施工单位可根据二级网络对土建施工部分编制详细施工进度计划——三级网络,这时又以二级网络的最早开始时间作为对三级网络开始时间的限制。图 6-17 是针对 2#项目土建施工部分编制的三级网络,其网络计算结果列于表 6-7 中。

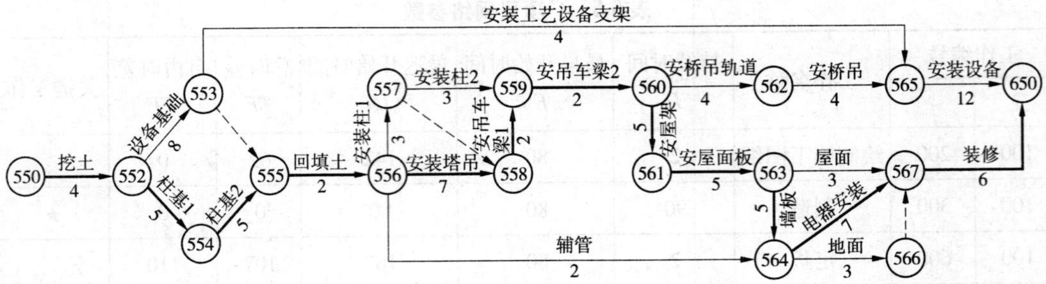

图 6-17　2#项目土建施工部分编制的三级网络

表 6-7　三级网络参数

工作编号		工作名称	持续时间	最早开始时间	最迟开始时间	总时差	自由时差	关键工作
i	j		D	ES	LS	TF	FF	
550	552	挖土	4	137	137	0	0	★
552	553	设备基础	8	141	143	2	0	
552	554	柱基 1	5	141	141	0	0	★
554	555	柱基 2	5	146	146	0	0	★
553	565	安装工艺设备支架	4	149	176	27	19	
555	556	回填土	2	151	151	0	0	★
556	557	安装柱 1	3	153	156	3	0	
557	559	安装柱 2	3	156	159	3	3	
556	558	安装塔吊	7	153	153	0	0	★
558	559	安吊车梁 1	2	160	160	0	0	★
559	560	安吊车梁 2	2	162	162	0	0	★
560	561	安屋架	5	164	164	0	0	★
560	562	安桥吊轨道	4	164	172	8	0	
561	563	安屋面板	5	169	169	0	0	★
562	565	安桥吊	4	168	176	8	0	
563	564	墙板	5	174	174	0	0	★
564	566	地面	3	179	183	4	4	
563	567	屋面	3	174	183	9	9	
556	564	铺管	2	153	177	24	24	
564	567	电器安装	7	179	179	0	0	★
565	650	安装设备	12	172	180	8	8	
567	650	装修	6	186	186	0	0	★
650				192	192			

6.5 影响建筑工程施工进度的因素

为了对建筑工程施工进度进行有效的控制，监理工程师必须在施工进度计划实施之前对影响建筑工程施工进度的因素进行分析，进而提出保证施工进度计划实施成功的措施，以实现对建筑工程施工进度的主动控制。影响建筑工程施工进度的因素有很多，归纳起来，主要有以下几个方面。

6.5.1 工程建设相关单位的影响

影响建筑工程施工进度的单位不只是施工承包单位。只要是与工程建设有关的单位（如政府部门、业主、设计单位、物资供应单位、资金贷款单位，以及运输、通信、供电部门等），其工作进度的拖后必将对施工进度产生影响。因此，控制施工进度仅仅考虑施工承包单位是不够的，必须充分发挥监理的作用，协调各相关单位之间的进度关系。而对于那些无法进行协调控制的进度关系，在进度计划的安排中应留有足够的机动时间。

6.5.2 物资供应进度的影响

施工过程中需要的材料、构配件、机具和设备等如果不能按期运抵施工现场或者运抵施工现场后发现其质量不符合有关标准的要求，都会对施工进度产生影响。因此，监理工程师应严格把关，采取有效的措施控制好物资供应进度。

6.5.3 资金的影响

工程施工的顺利进行必须有足够的资金作保障。一般来说，资金的影响主要来自业主，或者是没有及时给足工程预付款，或者是拖欠了工程进度款，这些都会影响到承包单位流动资金的周转，进而殃及施工进度。监理工程师应根据业主的资金供应能力，安排好施工进度计划，并督促业主及时拨付工程预付款和工程进度款，以免因资金供应不足拖延进度，导致工期索赔。

6.5.4 设计变更的影响

在施工过程中出现设计变更是难免的，或者是由于原设计有问题需要修改，或者是由于业主提出了新的要求。监理工程师应加强图纸的审查，严格控制随意变更，特别应对业主的变更要求进行制约。

6.5.5 施工条件的影响

在施工过程中一旦遇到气候、水文、地质及周围环境等方面的不利因素，必然会影响到施工进度。此时，承包单位应利用自身的技术组织能力予以克服。监理工程师应积极疏通关系，协助承包单位解决那些自身不能解决的问题。

6.5.6 各种风险因素的影响

风险因素包括政治、经济、技术及自然等方面各种可预见或不可预见的因素。政治方面有战争、内乱、罢工、拒付债务、制裁等,经济方面有延迟付款、汇率浮动、换汇控制、通货膨胀、分包单位违约等,技术方面有工程事故、试验失败、标准变化等,自然方面有地震、洪水等。监理工程师必须对各种风险因素进行分析,提出控制风险、减少风险损失的措施,并对发生的风险事件给予恰当的处理。

6.5.7 技术原因影响

技术原因也是引起进度失控的一个因素。例如施工单位有时会低估项目施工在技术上的困难,或者是未考虑到某些设计和施工问题的解决还需进行必要的科研和试验,而这一切既需要资金也需要时间。对新技术、新材料以及新工艺的采用,应以保证和加快施工进度并确保质量为原则。再如,若施工单位对设计意图和技术要求未能全部领会,必然导致施工的盲目性,以致出现质量缺陷。对此,监理工程师应组织技术交底和图纸会审,对疑难工程协助施工单位确定合理的施工方案,以确保项目进度目标的实现。

6.5.8 承包单位自身管理水平的影响

施工现场的情况千变万化,承包单位的施工方案不当、计划不周、管理不善、问题解决不及时等,都会影响建筑工程的施工进度。承包单位应通过分析、总结、吸取教训,及时改进。而监理工程师应提供服务,协助承包单位解决问题,以确保施工进度控制目标的实现。

正是由于上述因素的影响,才使得施工阶段的进度控制显得非常重要。在施工进度计划的实施过程中,监理工程师一旦掌握了工程的实际进展情况以及产生问题的原因,其影响是可以得到控制的。当然,上述某些影响因素,如自然灾害等是无法避免的,但在大多数情况下,其损失可以通过有效的进度控制得以弥补。

6.6 施工阶段进度计划的检查、监督与调整

6.6.1 施工进度计划的动态控制原理

施工阶段进度计划的动态控制,是一个循环渐进的过程,在施工进度计划的执行过程中,监理工程师经常地、定期地收集现场施工进度信息,并不断地将实际进度与计划进度进行比较,从中发现实际进度是提前、拖后还是与计划相符。一旦发现进度偏差,首先分析产生偏差的原因,并系统地分析其对后续工作产生的影响,在此基础上提出修改措施,以保证项目最终按预计目标实现。图 6-18 所示为施工进度动态控制循环图。

施工进度计划动态控制的主要任务,一是准确、及时、全面、系统地收集、整理、分析进度执行过程中的有关资料,明确地反映施工进度状况,进行必要的检查和监督;二是通过施工进度计划的执行情况,为计划的调整以及如何加强进度控制提供必要的依据。

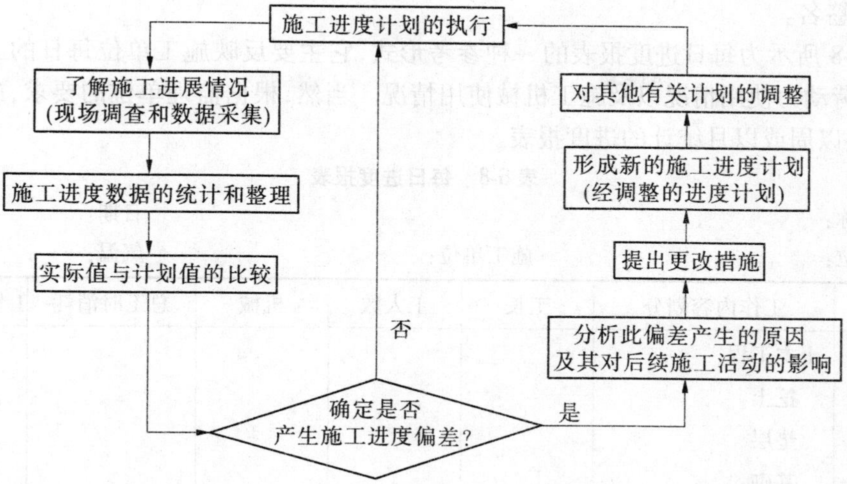

图 6-18　施工进度动态控制循环图

6.6.2　施工进度计划的检查与监督

在施工进度计划的实施过程中,由于外界条件发生变化的偶然性和不确定性,在计划阶段,施工进度计划编制者往往很难事先对项目在今后实施过程中出现的问题进行全面的估计。气候的变化、材料设备供应的拖延、劳动力的短缺、意外事故以及其他条件的变化都会打乱原始施工进度计划,与项目实施其他阶段相比(如设计阶段、招标阶段等),施工阶段进度计划在执行中的可变性更大,常常会打乱原始计划的安排而出现进度偏差。因此,监理工程师必须对施工进度计划的执行情况进行动态检查,并分析进度偏差产生的原因,以便为施工进度计划的调整提供必要的信息。施工进度的检查方式有以下几方面。

6.6.2.1　定期地、经常地收集由承包单位提交的有关进度报表资料

工程施工进度报表资料不仅是监理工程师实施进度控制的依据,同时也是其核对工程进度款的依据。在一般情况下,进度报表格式由监理单位提供给施工承包单位,施工承包单位按时填写完后提交给监理工程师核查。报表的内容根据施工对象及承包方式的不同而有所区别,一般应包括工作的开始时间、完成时间、持续时间、逻辑关系、实物工程量和工作量,以及工作时差的利用情况等。承包单位若能准确地填报进度报表,监理工程师就能从中了解到建筑工程的实际进展情况。

1. 每日进度报表

每日进度报表一般应包括如下内容:

(1)项目名称;

(2)施工活动名称,建设单位名称,施工单位名称,监理单位名称,气候情况;

(3)报表编号及日期;

(4)正在进行的工作,刚开始的工作,工作的位置以及工作描述;

(5)劳动力使用情况,材料消耗情况,设备使用情况;

（6）签名。

表6-8所示为每日进度报表的一种参考形式，它主要反映施工单位每日的工程量完成情况、劳动力使用情况以及施工机械使用情况。当然，根据监理单位的要求，施工单位也可提供以周或以月统计的进度报表。

表6-8 每日进度报表

工程名称：　　　　　　　　　　　　　　　　　　　　日期：

监理单位：　　　　　　　施工单位：　　　　　　　　气温：

编号	工作内容划分	工长	工人数	机械	总工时消耗	工作内容描述
	土木工程 挖土 垫层 基砌 回填					
	混凝土工程 支模 扎筋 浇混凝土					
	围护工程 砌墙 安板					
	屋面工程 隔热层 面层 ⋮					
	金属工程					
	特殊制品					
	设备					
	特殊施工					
	运输系统					

填表人：　　　　　　　　　　　　　　　　　　　　填表时间：

审核人：　　　　　　　　　　　　　　　　　　　　审核时间：

2. 作业状况表

表6-9所示为作业状况表的参考形式，无论采用何种形式的作业状况表，均应提供如下信息：

（1）必须列出当天所进行的所有施工活动，包括各项活动的名称和编号，并注明在这一天开始或在这一天结束的活动。

(2)不同工种的人数及不同机械设备的数量也应列出。如果可能,还应计算相应的生产率(如工人的劳动生产率以及施工机械的使用效率)。

如果施工单位能公正而准确地填写这些进度报表,监理工程师就能从中了解到工程进展的实际状况。

表 6-9　作业状况表

项目名称：　　　　　　　　　　　　　　　　　　　　　　　　监理单位：

编号	工作内容	计划（实际）	本期完成情况			到本期为止总的完成情况											
			数量	单位	%	数量	单位	10	20	30	40	50	60	70	80	90	100(%)

填表人：　　　　　　　　　　　　　　　　　　　　　　　　　填表日期：

审核人：　　　　　　　　　　　　　　　　　　　　　　　　　审核日期：

6.6.2.2　派监理人员常驻施工现场,具体检查进度的实际执行情况

为了了解工程进度的实际进展,避免施工单位超报已完工程量的现象,监理人员有必要进行现场实地检查和监督。在施工现场,监理人员除检查具体的施工活动外,还要注意其他一些工程变更对进度计划实施的影响。其中包括:

(1)合同日期的变化。任何合同日期的改变,如竣工日期的延长,都必须反映到实施计划中,并作为强制性的约束条件。

(2)后续工作的变动。有时施工单位从自己的利益考虑,未经允许改变一些后续施工活动。一般地,只要这些变动对整个施工进度的关键控制点无影响,监理人员可不加干涉。但是,如果影响到施工活动间正常的逻辑关系,并对总进度产生影响,现场监理人员要严格监督施工单位按计划实施,避免类似情况的发生。

(3)材料供应日期的变更。现场监理人员必须随时了解材料物资的供应情况,了解现场是否出现由于材料供应不上而造成施工进度拖延的现象。

(4)定期召开现场会议。监理人员组织现场施工负责人员召开现场会议,是获得现场施工信息的另一种方式。同时,通过这种面对面的交谈,监理人员还可以从中了解到施工活动潜在的问题,以便及时采取相应措施。

事实上,监理人员所获得的现场施工进度信息的具体表现形式是大量的未经整理的数据。因此,还必须对这些数据进行必要的处理和汇总,并利用这些经整理和处理的数据与原计划的数据进行比较,形成各种进度报告。

表 6-10 所示为某房屋工程施工进度网络参数。实施过程中,为了对进度计划执行情况进行检查,要求施工单位提供每日进度报表,表 6-11 为施工单位提供的作业状况表。从表 6-11中可知,在进度检查日期,进度正常。

表 6-10　某房屋工程施工进度网络参数

编号	工作内容	持续时间(d)	最早开始时间(d)	最迟开始时间(d)	总时差(d)	自由时差(d)
1—2	进场	6	0	0	0	0
1—5	机械设备进场	12	0	18	18	18
1—8	电气设备进场	12	0	48	48	48
2—3	挖土	6	6	6	0	0
3—4	模板	6	12	12	0	0
4—5	浇基础	12	18	18	0	0
5—6	钢结构	15	30	30	0	0
5—7	机械粗加工	6	30	45	15	15
6—7	模板楼板	6	45	45	0	0
7—8	浇楼板	9	51	51	0	0
8—9	砌筑Ⅰ	12	60	60	0	0
8—14	电气粗安装	6	60	102	42	42
8—15	屋顶	6	60	102	42	42
9—10	窗	12	72	72	0	0
9—11	门	3	72	81	9	9
11—12	砌筑Ⅱ	18	84	84	0	0
12—13	隔热	6	102	102	0	0
13—16	供热	12	108	108	0	0
15—16	电气	12	102	108	6	6
16—17	卫生设施	6	120	126	6	6
16—18	油漆	12	120	120	0	0
18			132	132		

表 6-11 施工单位提供的作业状况表

编号	持续时间(d)	计划/实际开始时间(d)	总时差(d)	完成百分比(%)	剩余持续时间(d)
8—9	12	60	0	16.7	10
8—14	6	60	42	83.3	1
8—15	6	60	42	0	1
9—10	12	72	0	0	12
9—11	3	72	9	0	3
11—12	18	84	0	0	18
12—13	6	102	0	0	6
13—16	12	108	0	0	12
15—16	12	102	6	0	12
16—17	6	120	6	0	6
16—18	12	120	0	0	12
18		132			

6.6.3 施工进度计划的分析与调整

6.6.3.1 施工进度计划的分析

施工进度检查的主要方法是对比法。即利用本书学习单元 4 所述的方法将经过整理的实际进度数据与计划进度数据进行比较,从中发现是否出现进度偏差以及进度偏差的大小。

通过检查分析,如果进度偏差比较小,应在分析其产生原因的基础上采取有效措施,解决矛盾,排除障碍,继续执行原进度计划。如果确实不能按原计划实现,再进行必要的调整,适当延长工期,或改变施工速度。计划的调整一般是不可避免的,但应当慎重,尽量减少变更计划性的调整。

例如,某仓库工程施工进度汇总后可得到表 6-12 所示的工作内容按分部分项工程计算的进度报告,利用表 6-12 中有关数据,可绘制图 6-19 中的实际进度曲线(横道线与 S 形曲线)。表 6-12 中拥有工时消耗所反映的是根据目前的施工速度(常用工时数表示),到报告期为止应完成的工作量,该值除以实际已完成的工作量便可得到实际的施工效率,具体计算公式如下

某施工过程拥有的工时消耗 = 计划的工时消耗 × 工程量完成百分比

某施工过程工程量完成百分比 = 实际完成的工程量/计划完成的工程量 ×100%

施工效率 = 拥有工时消耗/实际工时消耗 ×100%

例如,从表 6-12 可知,该项目计划总工时数为 45 500,拥有工时数为 4 367,则

该项目某时刻工程量实际完成百分比 =4 376/45 500 ×100% =9.6%

表 6-12 某仓库项目施工进度报告(汇总)

报告日期:

项目名称: 项目编号:

工作编号	工作名称	实际完成百分比(%)	计划工时消耗(工时)	拥有工时消耗(工时)	实际工时消耗(工时)	开始时间	结束时间
1	土方工程	72.4	1 470	1 065	936	10-04	
2	基础工程	20.8	7 730	1 610	1 656	10-03	
3	主体工程	14.5	7 330	1 065	952	11-08	
4	钢结构工程		3 770				
5	围护工程		2 640				
6	管道安装	12.9	4 250	547	512	11-15	
7	防火设施	2.5	3 220	80	72	11-24	
8	机电安装		3 470				
9	屋面工程		3 150				
10	装修工程		8 470				
11	总计	9.6	45 500	4 367	4 128	10-06	

填表人: 填表日期:

审核人: 审核日期:

6.6.3.2 施工计划进度的调整

通过检查分析,如果发现原有进度计划已不能适应实际情况,为了确保进度控制目标的实现或需要确定新的计划目标,就必须对原有进度计划进行调整,以形成新的进度计划,作为进度控制的新依据。

施工进度计划的调整方法如本书学习单元4中所述,主要有两种:一是通过缩短某些工作的持续时间来缩短工期;二是通过改变某些工作间的逻辑关系来缩短工期。在实际工作中应根据具体情况进行进度计划的调整。

1.缩短某些工作的持续时间

这种方法的特点是不改变工作之间的先后顺序关系,通过缩短网络计划中关键线路上工作的持续时间来缩短工期。这时,通常需要采取一定的措施来达到目的。具体措施包括以下几方面。

1)组织措施

(1)增加工作面,组织更多的施工队伍;

(2)增加每天的施工时间(如采用三班制等);

(3)增加劳动力和施工机械的数量。

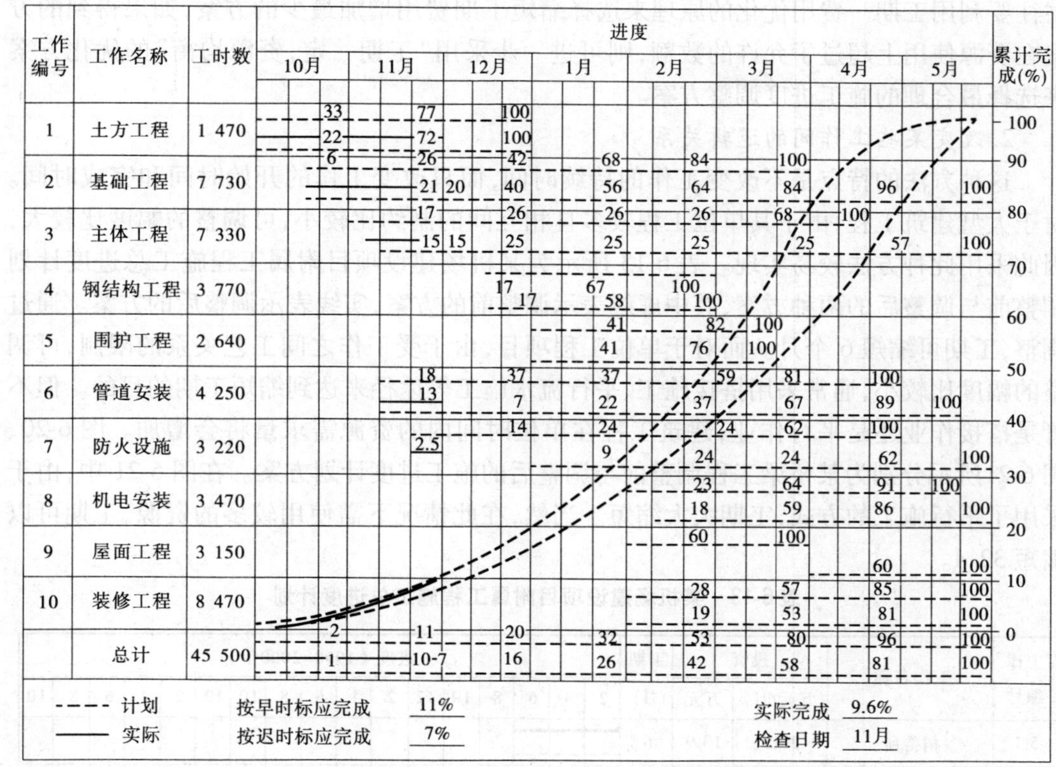

图 6-19 实际进度曲线

2）技术措施

（1）改进施工工艺和施工技术，缩短工艺技术间歇时间；

（2）采用更先进的施工方法，以减少施工过程的数量（如将现浇框架方案改为预制装配方案）；

（3）采用更先进的施工机械（例如将井架改为塔吊）；

（4）充分利用空间和争取时间，尽量采用平行流水施工，主体交叉施工。

3）经济措施

（1）实行包干奖励；

（2）提高奖金数额；

（3）对所采取的技术措施给予相应的经济补偿。

4）其他配套措施

（1）改善外部配合条件；

（2）改善劳动条件；

（3）实施强有力的调度等。

一般来说，不管采取哪种措施，都会增加费用。因此，在调整施工进度计划时，应利用费用优化的原理选择费用增加量最小的关键工作作为压缩对象。

经过调整，网络图中有时会出现新的关键线路。利用此种途径调整施工进度计划时，往往要利用工期—费用优化的原理来选择缩短工期费用增加最少的方案，如果得到的方案在资源使用上超过了允许的数额，则可进一步采用“工期一定，资源均衡”的优化方案来选择最合理的施工进度调整方案。

2. 改变某些工作间的逻辑关系

这种方法的特点是不改变工作的持续时间，而只改变工作的开始时间和完成时间。对于大型建筑工程，由于其单位工程较多且相互间的制约比较小，可调整的幅度比较大，因此采用此种方法较易实现。表 6-13 所示为某机场建设项目附属工程施工总进度计划调整前与调整后的两种方案，其中虚线表示调整前的方案，实线表示调整后的方案。通过调整，工期可缩短 6 个月。而对于单位工程项目，由于受工作之间工艺关系的限制，可调整的幅度比较小，通常采用搭接施工、平行流水施工等途径来达到缩短工期的目的。但不管是搭接作业还是平行作业，建筑工程在单位时间内的资源需求量将会增加。图 6-20、图 6-21所示分别为某桥梁工程调整前与调整后的施工进度计划方案。在图 6-21 中，由于采用了平行施工的方式，工期大大缩短。当然，在此情况下需使用较多的资源，工期可以缩短 32 d。

表 6-13　某机场建设项目附属工程施工总进度计划

工作编号	工作名称	投资		工期	进度（1998~2000年）																
		万元/月	万元	(月)	2	4	6	8	10	12	2	4	6	8	10	12	2	4	6	8	10
5.1	招待所	2.32	13.9	6																	
5.2	局食堂	2.83	17.0	6																	
5.3	卫生所	2.86	20.0	7																	
5.4	省局办公大楼	8.7	87.0	10																	
5.5	锅炉房及浴室	1.33	10.6	8																	
5.6	机械棚	2.00	10.0	5																	
5.7	建材库	2.25	9.0	4																	
5.8	场务仓库	1.80	5.4	3																	
5.9	变电站	5.83	35.0	6																	
5.10	木工间	0.75	3.0	4																	
5.11	花房	0.67	2.0	3																	
5.12	省局家属宿舍	14.00	126.0	9																	
5.13	单身职工宿舍	85.33	768.0	9																	
5.14	普通车库	4.00	36.0	9																	
5.15	小车库	8.00	40.0	5																	
5.16	备用水池	1.00	6.0	6																	
5.17	泵房建设安装	2.50	15.0	6																	
5.18	汽车修理办公间	2.00	10.0	5																	

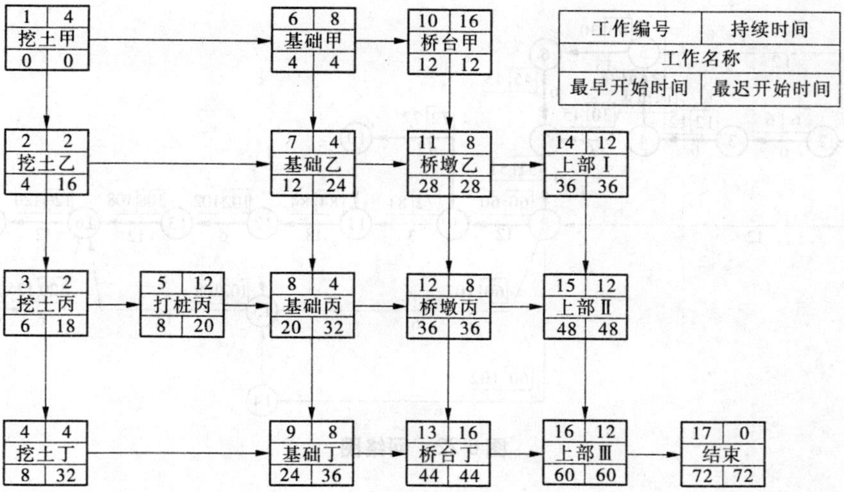

图 6-20　某桥梁工程施工进度计划(调整前)

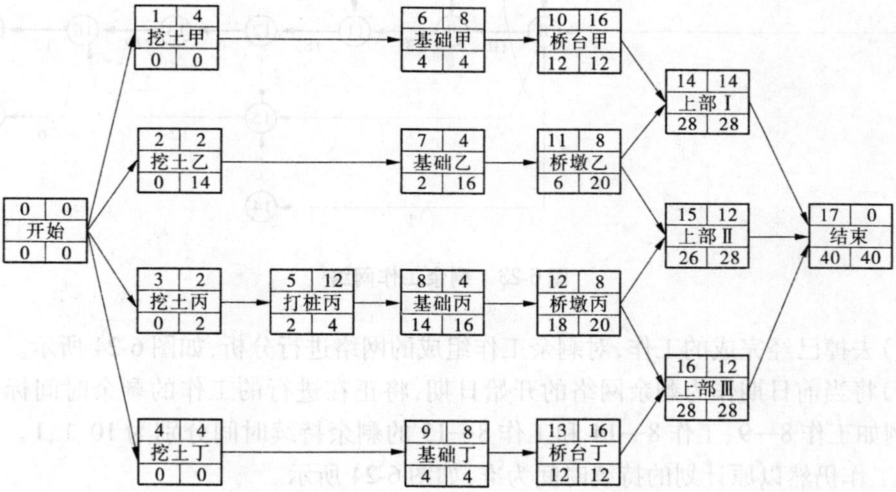

图 6-21　某桥梁工程施工进度计划(调整后)

除分别采用上述两种方法来缩短工期外,有时由于工期拖延得太多,当采用某种方法进行调整,其可调整的幅度又受到限制时,还可以同时利用这两种方法对同一施工进度计划进行调整,以满足工期目标的要求。

例如表 6-10 所示的房屋工程,其网络图见图 6-22。在第 65 天检查时发现工作 8—9 有延误,如图 6-23 所示。由于该工作处于关键线路上,必将对总工期产生影响,影响大小可通过对剩余网络的计算确定。步骤如下:

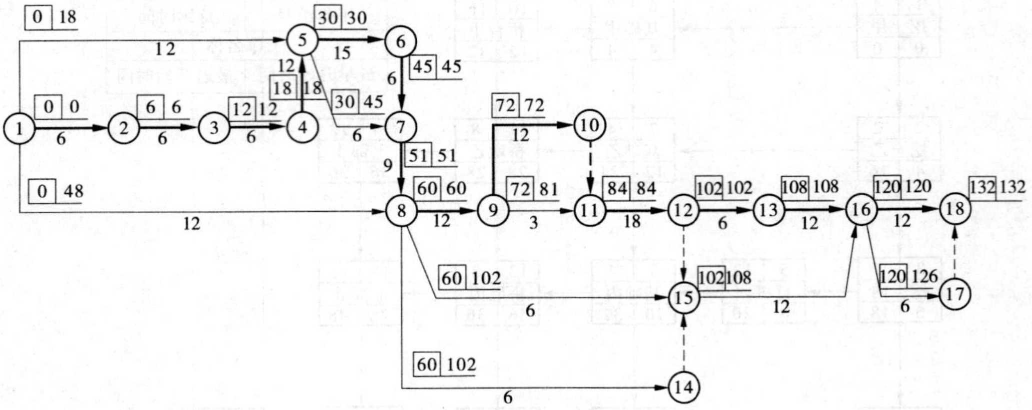

图 6-22　网络图

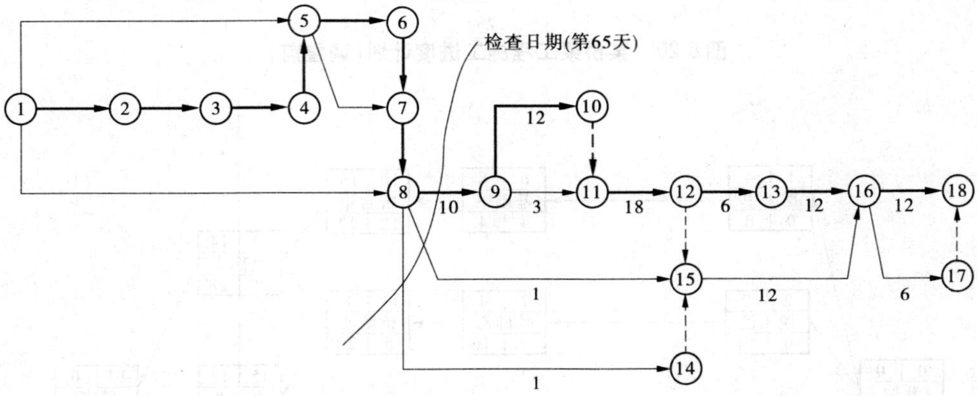

图 6-23　剩余工作网络

(1)去掉已经完成的工作,对剩余工作组成的网络进行分析,如图 6-24 所示。

(2)将当前日期作为剩余网络的开始日期,将正在进行的工作的剩余时间标于网络图上,例如工作 8—9、工作 8—14 和工作 8—15 的剩余持续时间分别为 10、1、1。其余未进行的工作仍然以原计划的持续时间为准,如图 6-24 所示。

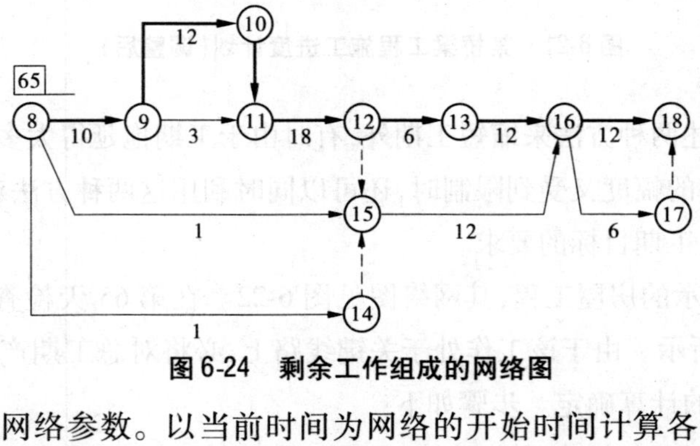

图 6-24　剩余工作组成的网络图

(3)计算剩余网络参数。以当前时间为网络的开始时间计算各工作的最早开始时间,各工作的最迟开始时间保持不变,然后计算各工作总时差。例如对图 6-24 所示的网络图进行计算,其结果列于表 6-14 中。由于工作 8—9 的拖延,总工期拖延 3 d,同时一些后续工作的最早开始时间也发生变化,表中的负时差反映了对后续工作影响的程度。

表 6-14 网络参数

工作编号	工作名称	持续时间(d)	最早开始时间(d)	最迟开始时间(d)	总时差(d)
8—9	砌筑Ⅰ	10	65	62	-3
8—14	电器粗安装	1	65	102	37
8—15	屋顶	1	65	102	37
9—10	窗	12	75	72	-3
9—11	门	3	75	81	6
11—12	砌筑Ⅱ	18	87	84	-3
12—13	隔热	6	105	102	-3
13—16	供热	12	111	108	-3
15—16	电气	12	105	108	3
16—17	卫生设施	6	123	126	3
16—18	油漆	12	123	120	-3
18			135	132	-3

(4)分析产生进度偏差的原因以及由此带来的影响以后,便可以在此基础上提出纠正进度偏差的措施,并制订相应的调整方案,经审查后继续执行。事实上,提出纠偏措施并不是一件容易的事情,必须进行全面而系统的分析,既要根据进度控制人员丰富的施工实践经验,又要考虑现实条件(内部和外部条件),还需采用必要的定量分析与计算。

在提出进度调整措施时,主要应考虑如下因素:

(1)后续施工活动合同工期的要求。如果施工项目由多个平行的施工单位承包,且各施工单位均代表自己的利益,既然负责后续工作的施工单位有按照合同规定的开工、竣工时间组织施工的责任,它就有权利向对他的施工活动带来不利影响的单位(无论是建设单位还是其他施工单位)提出索赔。为了尽可能避免这类现象的发生,并使协调工作控制在尽可能小的范围内,在对施工进度进行调整时,就必须考虑后续工作合同工期的要求。

(2)进度的调整给后续施工单位造成的损失。监理人员在考虑进度调整措施时,必须注意这个问题。有时候,在给出的进度调整方案中,初看起来好像对后续工作影响不大,监理人员可能会忽略一些潜在的索赔现象的发生。有时候,虽然从监理的角度看,所发生的时间变化在时差的范围内,而且对总工期不产生任何影响。但是,当施工单位接到进度调整的变更通知后,都要分析此变动究竟对自己承担的施工活动产生什么影响。这里举一简单的例子来说明这种情况。图 6-25 所示为某项目施工网络图。如果由于建设单位的原因(例如建设单位负责的施工材料未及时到场),使施工活动 E 的时间延长 6 d,这时从总网络图来看,由于该活动处于非关键线路上,因此不会对总工期产生任何影响。但是,由于施工活动 A、B、D 要使用同一种施工机械,而可供该施工单位使用的这种机械只有一台且施工机械的使用安排如图 6-26 所示,即在第 8 天完成工作 A 后转入工作 B,

在第 12 天完成工作 B 后，在第 14 天转入工作 D，该机械的使用在第 16 天结束而转入其他工程项目施工。现在，由于工作 E 的延误，使得工作 C 的开工时间受到影响，而导致工作 D 开始时间的拖后。这时，施工机械的使用安排必将发生变化，如图 6-27 所示。可见，由于 E 工作时间的延误，最终导致施工机械多闲置 2 d，因此施工单位会要求建设单位对这种强制的机械闲置时间给予补偿。

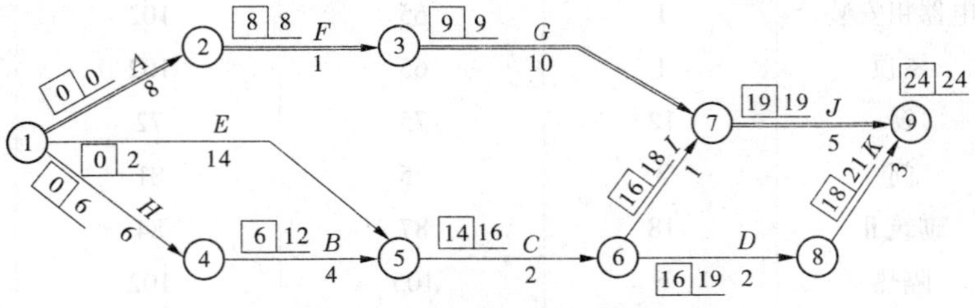

图 6-25　某项目施工网络图

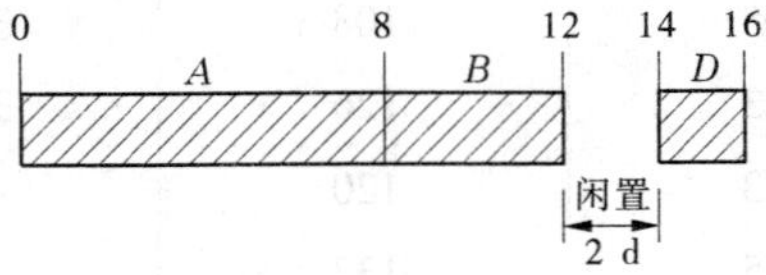

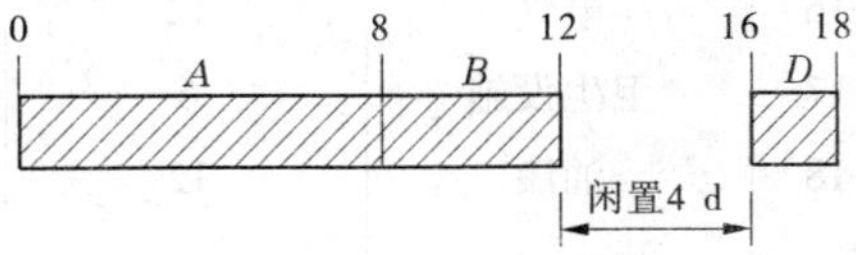

图 6-26　原施工机械使用安排　　　　**图 6-27　进度调整后施工机械使用安排**

(3)对材料物资供应的影响。在对进度进行调整时，监理人员还需要注意这种调整给材料物资供应带来的影响，重点分析如果采用调整后的方案，在材料物资供应上是否能够得到保证。

(4)劳动力供应情况。加快施工进度往往需要增加更多的劳动力，因此市场可能提供的劳动力是否足够也需加以考虑。

(5)对投资分配的影响。进度计划调整后，必然使投资分配发生变化，因此必须分析按调整后的施工进度计划实施时，在资金上是否能够保证。

(6)外界自然条件的影响。建筑工程施工的特点之一是露天作业多，受气候条件影响大，若在不宜季节施工，完成的工作量受限，工程进度不能按计划执行。因此，在对施工进度计划进行调整时，也要考虑这一因素，尽量避开不利的气候条件，以保证施工顺利进行。

(7)施工活动间的逻辑关系。施工进度计划的调整是通过改变施工活动间的搭接关系、逻辑关系或者是施工顺序来实现的，但无论采用何种调整途径，必须满足施工工艺和生产工艺的要求，遵循建设的原则并且符合施工程序，以保证项目总体目标的实现。

(8)后续施工活动及总工期允许拖延的幅度。

监理工程师在进行施工进度计划调整时还需注意这样一个问题，在进度执行过程中，当发现进度拖延时，首先应该考虑的是如何使此种拖延尽可能早地消失。也就是说，首先应调整的对象是直接引起拖延的施工活动或其紧后的施工活动，以使拖延的影响面尽可能小，特别是在采用多个施工单位平行分包时这一点更为重要。如果这种拖延的影响面扩大，则对后续施工单位的影响大，因而索赔现象发生的次数也会增多。当然，有时由于直接拖延的施工活动或其紧后的施工活动费用率很大，赶工成本太高，调整的对象也可适当后移到费用率较低的施工活动上。对于施工活动间逻辑关系较复杂的工程，通常需要采用工期—费用优化的方法来选择调整对象。

6.7　工程延期

在建筑工程施工过程中，其工期的延长分为工程延误和工程延期两种。虽然它们都是使工程拖延，但由于性质不同，因而业主与承包单位所承担的责任也就不同。如果是属于工程延误，则由此造成的一切损失由承包单位承担。同时，业主还有权对承包单位实行误期违约罚款。而如果是属于工程延期，则承包单位不仅有权要求延长工期，而且还有权向业主提出赔偿费用的要求以弥补由此造成的额外损失。因此，监理工程师是否将施工过程中工期的延长批准为工程延期，对业主和承包单位都十分重要。

6.7.1　工程延期的申报与审批

6.7.1.1　申报工程延期的条件

由于以下原因导致工程拖延，承包单位有权提出延长工期的申请，监理工程师应按合同规定，批准工程延期时间。

（1）监理工程师发出工程变更指令而导致工程量增加；

（2）合同所涉及的任何可能造成工程延期的原因，如延期交图、工程暂停、对合格工程的剥离检查及不利的外界条件等；

（3）异常恶劣的气候条件；

（4）由业主造成的任何延误、干扰或障碍，如未及时提供施工场地、未及时付款等；

（5）除承包单位自身以外的其他任何原因。

6.7.1.2　工程延期的审批程序

工程延期的审批程序如图6-28所示。当工程延期事件发生后，承包单位应在合同规定的有效期内以书面形式通知监理工程师（即工程延期意向通知），以便于监理工程师尽

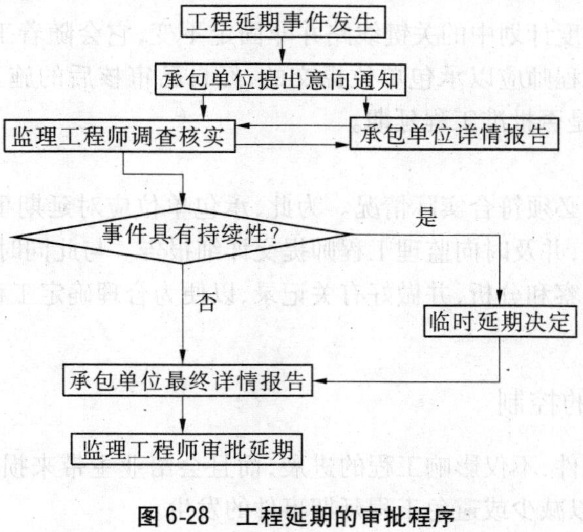

图6-28　工程延期的审批程序

早了解所发生的事件,及时作出一些减少延期损失的决定。随后,承包单位应在合同规定的有效期内(或监理工程师可能同意的合理期限内)向监理工程师提交详细的申述报告(延期理由及依据)。监理工程师收到该报告后应及时进行调查核实,准确地确定出工程延期时间。

在合同规定的有效期内不能提交最终详细的申述详情报告时,应先向监理工程师提交详情报告,监理工程师应在调查核实阶段性报告的基础上,做出延期决定。临时决定的延期时间不宜太长,一般不超过最终批准的延误时间。

待延期事件结束后,承包单位应在合同规定的期限内向监理工程师提交最终的详情报告。监理工程师应复查详情报告的全部内容,然后确定该延期事件所需要的延期时间。

如果遇到比较复杂的延期事件,监理工程师可以成立专门小组进行处理。对于一时难以作出结论的延期事件,即使不属于持续性的事件,也可以采用先作出临时延期的决定,然后再作出最后决定的办法。这样既可以保证有充足的时间处理延期事件,又可以避免由于处理不及时而造成的损失。

监理工程师在作出临时工程延期批准或最终工程延期批准之前,均应与业主和承包单位进行协商。

6.7.1.3 工程延期的审批原则

监理工程师在审批工程延期时应遵循下列原则。

1. 合同条件

监理工程师批准的工程延期必须符合合同条件。也就是说,导致工期拖延的原因确实属于承包单位自身以外,否则不能批准为工程延期。这是监理工程师审批工程延期的一条根本原则。

2. 影响工期

发生延期事件的工程部位,无论其是否处在施工进度计划的关键线路上,只有当其所延长的时间超过相应的总时差而影响到工期时,才能批准工程延期。如果延期事件发生在非关键线路上,且延长的时间并未超过总时差,即使符合批准为工程延期的合同条件,也不能批准工程延期。

建筑工程施工进度计划中的关键线路并非固定不变,它会随着工程的进展和情况的变化而转移。监理工程师应以承包单位提交的、经自己审核后的施工进度计划(不断调整后)为依据来决定是否批准工程延期。

3. 实际情况

批准的工程延期必须符合实际情况。为此,承包单位应对延期事件发生后的各类有关细节进行详细记载,并及时向监理工程师提交详细报告。与此同时,监理工程师也应对施工现场进行详细考察和分析,并做好有关记录,以便为合理确定工程延期时间提供可靠依据。

6.7.2 工程延期的控制

发生工程延期事件,不仅影响工程的进展,而且会给业主带来损失。因此,监理工程师应做好以下工作,以减少或避免工程延期事件的发生。

6.7.2.1 选择合适的时机下达工程开工令

监理工程师在下达工程开工令之前,应充分考虑业主的前期准备工作是否充分。特别是征地、拆迁问题是否已解决,设计图纸能否及时提供,以及付款方面有无问题等,以避免由于上述问题缺乏准备而造成工程延期。

6.7.2.2 提醒业主履行施工承包合同中所规定的职责

在施工过程中,监理工程师应经常提醒业主履行自己的职责,提前做好施工场地及设计图纸的提供工作,并及时支付工程进度款,以减少或避免由此而造成的工程延期。

6.7.2.3 妥善处理工程延期事件

当延期事件发生以后,监理工程师应根据合同规定进行妥善处理。既要调查核实延期原因及其损失,又要在详细调查研究的基础上合理批准工程延期时间。

此外,业主在施工过程中应尽量减少干预、多协调,以避免由于业主的原因导致延期事件的发生。

6.7.3 工程延误的处理

如果由于承包单位自身的原因造成工期拖延,而承包单位又未按照监理工程师的指令改变延期状态,通常可以采用下列手段进行处理。

6.7.3.1 拒绝签署付款凭证

当承包单位的施工活动不能使监理工程师满意时,监理工程师有权拒绝承包单位的支付申请。因此,当承包单位的施工进度拖后且又不采取积极措施时,监理工程师可以采取拒绝签署付款凭证的手段制约承包单位。

6.7.3.2 误期损失赔偿

拒绝签署付款凭证一般是监理工程师在施工过程中制约承包单位延误工期的手段,而误期损失赔偿则是当承包单位未能按合同规定的工期完成合同范围内的工作时对其的处罚。如果承包单位未能按合同规定的工期和条件完成整个工程,则应向业主支付投标书附件中规定的金额,作为该项违约的损失赔偿费。

6.7.3.3 取消承包资格

如果承包单位严重违反合同,又不采取补救措施,则业主为了保证合同工期有权取消其承包资格。例如:承包单位接到监理工程师的开工通知后,无正当理由推迟开工时间,或在施工过程中无任何理由要求延长工期,施工进度缓慢,又无视监理工程师的书面警告等,都有可能受到取消承包资格的处罚。

复习思考题

6-1 简述施工进度计划在执行过程中呈现出的特点。

6-2 进度失控的主要原因有哪些?

6-3 确定施工阶段进度目标应考虑的因素有哪些?

6-4 简述施工阶段进度控制的内容。

6-5 施工阶段如何进行进度控制?

6-6 施工阶段进度控制工作细则应包括哪些内容？

6-7 简述施工总进度计划的审核内容。

6-8 简述单位工程施工进度计划的审核内容。

6-9 简述编制施工总进度计划的依据及应考虑的因素。

6-10 简述施工总进度计划的编制方法和步骤。

6-11 优选施工总进度计划时应考虑的因素有哪些？

6-12 编制单位工程施工进度计划的依据及应考虑的因素有哪些？

6-13 简述单位工程施工进度计划的编制方法和步骤。

6-14 简述监理工程师的职责与权限。

6-15 简述群体多级网络计划的概念。

6-16 简述进度计划分解和综合的目的。

6-17 简述群体多级网络计划的特点。

6-18 如何编制群体多级网络计划？

6-19 简述施工阶段进度计划的动态控制原理。

6-20 简述施工进度检查的途径。

6-21 如何计算实际与计划进度参数？

6-22 制定施工进度调整措施时应考虑的因素有哪些？

6-23 施工进度调整的方法有哪些？

6-24 承包商申报工程延期的条件是什么？

6-25 监理工程师审批工程延期时应遵循什么原则？

6-26 监理工程师如何减少或避免工程延期事件的发生？

6-27 如何处理工程延误？

学习单元7 建筑工程物资供应的进度控制

【学习目标】

通过本单元的学习，了解材料物资供应进度控制的意义、材料物资供应进度控制程序，能够编制材料物资供应计划，能够在材料物资供应计划执行过程中对其进行检查与调整。

建筑工程物资供应是实现建筑工程投资、进度和质量三大目标控制的物质基础。正确的物资供应渠道与合理的供应方式可以降低工程费用，有利于投资目标的实现；完善合理的物资供应计划是实现进度目标的根本保证；严格的物资供应检查制度是实现质量目标的前提。因此，保证建筑工程物资及时而合理地供应，乃是监理工程师必须重视的问题。

7.1 物资供应进度控制概述

7.1.1 物资供应进度控制的含义

建筑工程物资供应进度控制是指在一定的资源（人力、物力、财力）条件下，为实现工程项目一次性特定目标而对物资的需求进行计划、组织、协调和控制的过程。其中，计划是将建筑工程所需物资的供给纳入计划轨道，进行预测、预控，使整个供给有序地进行；组织是划清供给过程中诸方的责任、权利和利益，通过一定的形式和制度，建立高效率的组织保证体系，确保物资供应计划的顺利实施；协调主要是针对供应的不同阶段，沟通不同单位和部门之间的情况，协调其步调，使物资供应的整个过程均衡而有节奏地进行；控制是对物资供应过程的动态管理，需要经常地、定期地将实际供应情况与计划进行对比，发现问题，及时进行调整，使物资供应计划的实施始终处在动态循环控制过程中，以确保建筑工程所需物资按时供给，最终实现供应目标。

根据建筑工程项目的特点，在物资供应进度控制中应注意以下几个问题：

(1)由于建筑工程的特殊性和复杂性，物资的供应存在一定的风险性。因此，要求编制周密的计划并采取科学的管理方法。

(2)由于建筑工程项目局部的系统性和整体的局部性，要求对物资的供应建立保证体系，并处理好物资供应与投资、进度、质量之间的关系。

(3)物资的供应涉及众多不同的单位和部门，因而给物资供应管理工作带来一定的复杂性，这就要求与有关的供应部门认真签订合同，明确供求双方的权利和义务，并加强各单位、部门之间的协调。

7.1.2 物资供应进度控制目标

建筑工程物资供应是一个复杂的系统过程,为了确保这个系统过程的顺利实施,必须首先确定这个系统的目标(包括系统的分目标),并为此目标制订不同时期和不同阶段的物资供应计划,用以指导实施。

物资供应的总目标就是按照物资需求适时、适地、按质、按量以及成套齐备地提供给使用部门,以保证项目投资目标、进度目标和质量目标的实现。为了总目标的实现,还应确定相应的分目标。目标一经确定,应通过一定的形式落实到各有关的物资供应部门,并以此作为考核和评价其工作的依据。

对物资供应进行控制,必须确保如下几点:

(1)按照计划所规定的时间供应各种物资。如果供应时间过早,将会增大仓库和施工场地的使用面积;如果供应时间过晚,则会造成停工待料,影响施工进度计划的实施。

(2)按照规定的地点供应物资。对于大中型建筑工程,由于单位工程多,施工场地范围大,如果卸货地点不适当,则会造成二次搬运,增加费用。

(3)按规定的质量标准(包括品种与规格)供应物资。特别要避免质量、品种及规格不符合标准要求的现象发生。如果标准低,则会降低工程质量;而标准高则会增加材料费,增大投资额。

(4)按规定的数量供应物资。如果数量过多,则会造成超储积压,占用流动资金;如果数量过少,则会出现停工待料,影响施工进度,延误工期。

(5)按规定的要求使所需物资齐全、配套,零配件齐备,符合工程需要,成套齐备地供应施工机械和设备,充分发挥其生产效率。

事实上,物资供应进度与工程实施进度是相互衔接的。建筑工程实施过程中经常遇到的问题,就是由于物资的到货日期推迟而影响施工进度。在大多数情况下,引起到货日期推迟的因素是不可避免的,也是难以控制的。但是,如果控制人员随时掌握物资供应的动态信息,并能及时地采取相应的补救措施,就可以避免因到货日期推迟而造成的损失或者把损失减少到最低程度。

为了有效地解决以上问题,必须认真确定物资供应目标(总目标和分目标),并合理制订物资供应计划。在确定目标和编制计划时,应着重考虑以下因素:

(1)能否按施工进度计划的需要及时供应材料,这是保证建筑工程顺利实施的物质基础。

(2)资金能否得到保证。

(3)物资的需求是否超出市场供应能力。

(4)物资可能的供应渠道和供应方式。

(5)物资的供应有无特殊要求。

(6)已建成的同类或相似建筑工程的物资供应目标和计划实施情况。

(7)其他,如市场条件、气候条件、运输条件等。

7.2 物资供应计划的编制

建筑工程物资供应计划是对建筑工程施工及安装所需物资的预测和安排,是指导和组织建筑工程物资采购、加工、储备、供货与使用的依据。其根本作用是保障建筑工程的物资需要,保证建筑工程按施工进度计划组织施工。

编制物资供应计划的一般程序分为两个阶段:准备阶段和编制阶段。准备阶段主要是调查研究,收集有关资料,进行需求预测和购买决策。编制阶段主要是核算需要、确定储备、优化平衡、审查评价和上报或交付执行。

在编制物资供应计划的准备阶段,监理工程师必须明确物资的供应方式。按供应单位划分,物资供应可分为:建设单位采购供应、专门物资采购部门供应、施工单位自行采购或共同协作分头采购供应。

物资供应计划按其内容和用途分类,主要包括:物资需求计划、物资供应计划、物资储备计划、申请与订货计划、采购与加工计划和国外进口物资计划。

通常,监理工程师除编制建设单位负责供应的物资计划外,还需对施工单位和专门物资采购部门提交的物资供应计划进行审核。因此,负责物资供应的监理人员应具有编制物资供应计划的能力。

7.2.1 物资需求计划的编制

物资需求计划是指反映建筑工程所需物资情况的计划。它的编制依据主要有施工图纸、预算文件、工程合同、项目总进度计划和各分包工程提交的材料需求计划等。

物资需求计划的主要作用是确认需求,对于施工过程中涉及的大量建筑材料、制品、机具和设备,确定其需求的品种、型号、规格、数量和时间。它为组织备料、确定仓库与堆场面积和组织运输等提供依据。

物资需求计划一般包括一次性需求计划和各计划期需求计划。编制需求计划的关键是确定需求量。

7.2.1.1 建筑工程一次性需求量的确定

一次性需求计划,反映整个工程项目及各分部、分项工程材料的需求量,亦称工程项目材料分析,主要用于组织货源和专用特殊材料、制品的落实。一次性需求量的计算步骤可分为如下三步:

(1)根据设计文件、施工方案和技术措施计算或直接套用施工预算中建筑工程各分部、分项工程的工程量。

(2)根据各分部、分项工程的施工方法套取相应的材料消耗定额,求得各分部、分项工程各种材料的需求量。

(3)汇总各分部、分项工程的材料需求量,求得整个建筑工程各种材料的总需求量。

7.2.1.2 建筑工程各计划期需求量的确定

计划期物资需求计划一般是指年、季、月度物资需求计划,主要用于组织物资采购、订货和供应。主要依据已分解的各年度施工进度计划,按季、月度作业计划确定相应时段的需求量。计划期需求量的确定方式有两种:计算法和卡段法。计算法是根据计划期施工进度计划中的各分部、分项工程量,套取相应的物资消耗定额,求得各分部、分项工程的物资需求量,然后再汇总求得计划期各种物资的总需求量。卡段法是根据计划期施工进度形象部位,从工程项目一次性计划中摘出与施工计划相应部位的需求量,然后汇总求得计划期各种物资的总需求量。

物资需求计划的参考格式如表7-1～表7-6所示。

表7-1 主要材料需求计划

序号	材料名称	规格	需要量		需要时间	备注
			单位	质量		

表7-2 材料需求计划

序号	分项工程	计量单位	实物工程量	材料名称及数量							
				钢材		木材		水泥		…	
				定额(kg)	数量(t)	定额(kg)	数量(m^3)	定额(kg)	数量(t)	…	…
甲	乙	丙	丁	1	2	3	4	5	6	…	…

表7-3 材料需求计划汇总表

序号	材料名称	规格质量	计量单位	需求合计	各工程项目需求量				需用时间		
					×工程	…	…	…	季(月)	…	…
甲	乙	丙	丁	1	2	…	…	…	…	…	…

表7-4 构件、配件需求计划

序号	品名	规格	图号	需求量		使用部位	加工单位	需用时间
				单位	数量			

表7-5 施工机具需求计划

序号	设备名称	简要说明(型号、生产率等)	数量	需求量							
				××年				××年			
				一	二	三	四	一	二	三	四

表 7-6 建设项目土建工程所需各项物资汇总表

序号	类别	物资名称	单位	总计	运输线路	上下水工程	电气工程	工业建筑		居住建筑		其他临时建筑	需求量							
								主要	辅助及附属	永久性住宅	临时性住宅		××年				××年			
													一	二	三	四	一	二	三	四
	构件及半成品	钢筋、钢筋混凝土及混凝土、木结构、钢结构、砂浆…																		
	主要建筑材料	砖、水泥、钢材…																		

7.2.2 物资储备计划的编制

物资储备计划是用来反映建筑工程施工过程中所需各类材料储备时间及储备量的计划。它的编制依据是物资需求计划、储备定额、储备方式、供应方式和场地条件等。材料的储备计划如表 7-7 所示。它是为保证施工所需材料的连续供应而确定的材料合理储备。

表 7-7 材料储备计划

序号规格	材料名称	规格质量	计量单位	全年计划需求量	平均日耗量	储备天数			储备量	
						合计	经常储备	保险储备	最高	最低
甲	乙	丙	丁	1	2	3	4	5	6	7

7.2.3 物资供应计划的编制

物资供应计划是反映物资的需要与供应的平衡、挖掘潜力，安排供应的计划。它的编制依据是需求计划、储备计划和货源资料等。它的作用是组织指导物资供应工作。

物资供应计划的编制，是在确定计划需求量的基础上，经过综合平衡后，提出申请量和采购量。因此，供应计划的编制过程也是一个平衡过程，包括数量、时间的平衡。在实际工作中，首先考虑的是数量的平衡，因为无论是计划期的需用量，还是申请量或采购量，必须扣除库存量，考虑为保证下一期施工所必需的储备量。因此，供应计划的数量平衡关系是：期内需用量减去期初库存量，再加上期末储备量。经过上述平衡，如果出现正值，说明本期不足，需要补充；如果出现负值，说明本期多余，可供外调。

建筑工程材料的储备量，主要由材料的供应方式和现场条件决定，一般应保持 35 d 的用量。有时可以在施工现场不储备，例如在单层工业厂房施工过程中，预制构件采用随运随吊的吊装施工方案时，不需要储备现场，用多少供多少。

材料供应计划的参考格式如表 7-8 所示。

表 7-8　材料供应计划

序号	材料名称	规格质量	计量单位	需求量				期初库存	节约量	平衡结果			
				合计	工程用料	储备需求	其他需求			多余	不足		
											数量	单位	金额
甲	乙	丙	丁	1	2	3	4	5	6	7	8	9	10

7.2.4　申请、订货计划的编制

申请、订货计划是指向上级要求分配材料的计划和分配指标下达后组织订货的计划。它的编制依据是有关材料供应政策法令、预测任务、概算定额、分配指标、材料规格比例和供应计划。它的主要作用是根据需求组织订货。

物资供应计划确定后，即可以确定主要物资的申请计划，如表 7-9 所示。

表 7-9　××年主要物资申请计划

物资名称	规格质量	计量单位	××年申请计划						备注
			合计	上半年	下半年	其中:分项申请数			
						维修	机械制造	基本建设	

订货计划通常采用卡片形式，以便把不同的自然属性（如规格、质量、技术条件、代用材料）和交货条件反映清楚。订货卡片填好后，按物资类别汇入订货明细表，如表 7-10 所示。

表 7-10　订货明细表

填报单位__________　　　　　　物资类别__________

材料名称	规格	技术要求	计量单位	合计	第×季			第×季			使用地点或到站	收货人
					月	月	月	月	月	月		

国外进口材料计划也使用订货卡片，正常要求中、英文对照填写。制造周期长的关键

大型设备在初步设计审批以后安排，一般设备可按工程项目年度计划与设备清单安排订货。

7.2.5 采购、加工计划的编制

采购、加工计划是指向市场采购或专门加工订货的计划。它的编制依据是需求计划、市场供应信息、加工能力及分布。它的作用是组织和指导采购与加工工作。加工、订货计划要附加工详图。加工计划如表 7-11 所示。

表 7-11 加工计划

序号	构件名称规格	数量（件）	折合体积（m^3）面积（m^2）质量（t）	××建设单位				××建设单位			
				××单位工程		××单位工程		××单位工程		××单位工程	
				件数	折合体积（m^3）面积（m^2）质量（t）	件数	折合体积（m^3）面积（m^2）质量（t）	件数	折合体积（m^3）面积（m^2）质量（t）	件数	折合体积（m^3）面积（m^2）质量（t）
甲	乙	1	2	3	4	5	6	7	8	9	10

7.2.6 国外进口物资计划的编制

国外进口物资计划是指需要从国外进口物资又得到动用外汇批准后，填报进口订货卡，通过外贸谈判并签约的计划。它的编制依据是设计选用进口材料所依据的产品目录、样本。它的主要作用是组织进口材料和设备的供应工作。

首先应编制国外材料、设备、检验仪器、工具等购置计划，如表 7-12 所示。然后再编制国外引进主要设备到货计划，如表 7-13 所示。在国际招标采购的机电设备合同中，买方（业主）都要求供方按规定的形式，逐月递交一份进度报告，列出所有设计、制造、交付等工作的进度状况。

表 7-12 国外材料、设备、检验仪器、工具购置计划

序号	主要材料设备及工器具名称	规格型号	单位	数量	金额（万元）	资金来源	备注

表 7-13 国外引进主要设备到货计划

序号	主要设备名称	数量（台件或 t）		发货港口	发货日期	到港日期	备注
		合计	其中超限设备				

7.3 物资供应计划实施中的动态控制

7.3.1 物资供应进度检测与调整的系统过程

物资供应计划经监理工程师审批后便开始执行,在计划执行过程中,应不断将实际情况与计划供应情况进行比较,找出差异,及时调整与控制计划执行。

在物资供应计划的执行过程中,内外部条件的变化可能对其产生影响。例如,施工进度的变化(提前或拖延)、设计变更、价格变化、市场各供应部门突然出现的供货中断以及一些意外情况的发生,都会使物资供应的实际情况与计划不符。因此,在物资供应计划的执行过程中,进度控制人员必须经常地、定期地进行检查,认真收集反映物资供应实际状况的数据资料,并将其与计划数据进行比较,一旦发现实际与计划不符,要及时分析产生问题的原因并提出相应的调整措施。物资供应进度检测与调整的系统过程如图 7-1 所示。

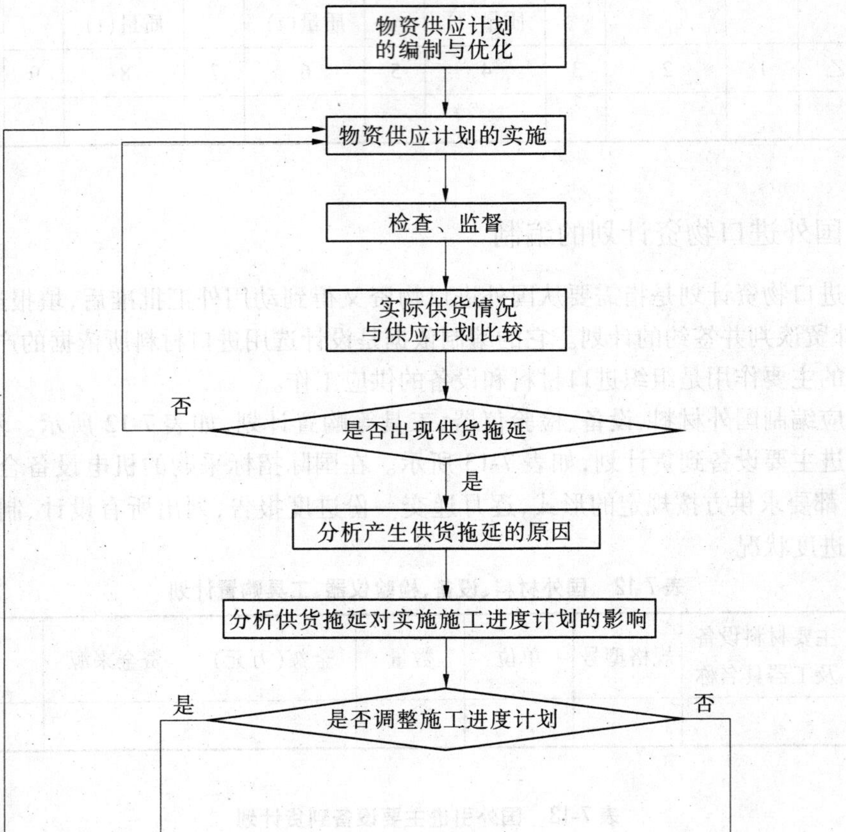

图 7-1 物资供应进度检测与调整的系统过程

7.3.2 物资供应计划实施中的检查与调整

7.3.2.1 物资供应计划的检查

物资供应计划实施中的检查通常包括定期检查(一般在计划期中、期末)和临时检查两种。通过检查收集实际数据,在统计分析和比较的基础上提出物资供应报告。控制人员在检查过程中的一项重要工作就是获得真实的供应报告。

在物资供应计划实施过程中进行检查的重要作用有如下几点:

(1)发现实际供应偏离计划的情况,以便进行有效的调整和控制;

(2)发现计划脱离实际的情况,据此修订计划的有关部分,使之更切合实际情况;

(3)反馈计划执行结果,作为下一期决策和调整供应计划的依据。

由于物资供应计划在执行过程中发生变化的可能性始终存在,且难以预测。因此,必须加强计划执行过程中的跟踪检查,以保证物资可靠、经济、及时地供应到现场。一般对重要的设备要经常地、定期地进行实地检查,如亲临设备生产厂,亲自了解生产加工情况,检查核对工作负荷、已供应的原材料、已完成的供货单、加工图纸、制作过程以及实际供货状况。例如,美国凯撒工程将设备采购的检查方法分为9类,根据其重要程度,对各类材料设备分别采取不同的跟踪检查方式。如对1~4类材料基本采取电话联系的方式进行检查;对5~8类材料,需经常定期地亲自对供应情况进行检查和监督;对第9类材料,则需派专人常驻设备制造厂进行现场监督。

物资供应过程检查后,需提出供应情况报告,主要是对报告期间实际收到的材料数量与材料订购数量以及预计的数量进行比较,从中发现问题,预测其对后期工程实施的影响,并根据存在的问题,提出相应的补救措施。

7.3.2.2 物资供应计划的调整

在物资供应计划执行的过程中,当发现物资供应过程中的某一环节出现拖延现象时,其调整方法与进度计划的调整方法类似,一般采取以下措施进行处理:

(1)如果这种拖延不致影响施工进度计划的执行,则可采取措施加快供货过程的有关环节,以减少此拖延对供货过程本身的影响;如果这种拖延对供货本身产生的影响不大,则可将实际数据代入,并对供应计划做相应的调整,不必采取加快供货进度的措施。

(2)如果这种拖延将影响施工进度计划的执行,则应首先分析这种拖延是否允许(通常的判别条件是受影响的施工活动是否处在施工进度计划的关键线路上或是否影响到分包合同的执行)。若允许,则可采用(1)所述调整方法进行调整;若不允许,则必须采取措施加快供货速度,尽可能消除此拖延对施工进度计划的影响。如果采取加快供货速度的措施后,仍不能避免对施工进度的影响,则可考虑同时加快其他工作施工进度的措施,并尽可能将此拖延对整个施工进度的影响降低到最低程度。

7.3.3 监理工程师控制物资供应进度的工作内容

监理工程师受业主的委托,对建筑工程投资、进度和质量三大目标进行控制的同时,需要对物资供应进行控制和管理。根据物资供应方式的不同,监理工程师的主要工作内容也有所不同,其基本内容包括如下几方面。

7.3.3.1 **协助业主进行物资供应决策**

(1)根据设计图纸和进度计划确定物资供应要求。

(2)提出物资供应分包方式及分包合同清单,并获得业主认可。

(3)与业主协商提出对物资供应单位的要求,以及明确其在财务方面应负的责任。

7.3.3.2 **组织物资供应招标工作**

1. 组织编制物资供应招标文件

招标文件的内容一般包括:

(1)投标须知;

(2)招标物资清单和技术要求及图纸;

(3)主要合同条款;

(4)规定的投标书格式;

(5)包装及运输方面的要求。

2. 受理物资供应单位的投标文件

(1)对投标文件进行技术评价。监理工程师可受业主的委托参与投标文件的技术评价。

(2)对投标文件进行商务评价。监理工程师也可受业主的委托对物资供应单位的投标文件进行商务评价。商务评价一般应考虑以下因素:①材料、设备价格;②包装费及运费;③关税;④价格政策(固定价格还是变动价格);⑤付款条件;⑥交货时间;⑦材料、设备的质量和体积。

3. 推荐物资供应单位及进行有关工作

(1)向业主推荐优选的物资供应单位。在投标文件评审会上,监理工程师可作为评标委员会成员之一与其他成员一起将优选的物资供应单位推荐给业主,经其认可后即可发包。

(2)主持召开物资供应单位的协商会议。监理工程师主持召开物资供应单位的协商会议,进行有关合同的谈判工作。

(3)帮助业主拟定并认真履行物资供应合同。在协商谈判的基础上,监理工程师帮助业主拟定正式合同条文,业主与物资供应单位双方签字生效后,付诸实施。

7.3.3.3 **编制、审核和控制物资供应计划**

1. 编制物资供应计划

监理工程师编制由业主负责(或业主委托监理单位负责)的物资供应计划,并控制其执行。

2. 审核物资供应计划

物资供应单位或施工承包单位编制的物资供应计划必须经过监理工程师审核,并得到认可后才能执行。物资供应计划审核的主要内容包括:

(1)供应计划是否能按建筑工程施工进度计划的需要及时供应材料和设备;

(2)物资的库存量安排是否经济、合理;

(3)物资采购安排在时间上和数量上是否经济、合理;

(4)由于物资供应紧张或不足而使施工进度拖延现象发生的可能性。

3. 监督检查订货情况，协助办理有关事宜

(1)监督、检查物资订货情况；

(2)协助办理物资的海运、陆运、空运以及进出口许可证等有关事宜。

4. 控制物资供应计划的实施

(1)掌握物资供应全过程的情况。监理工程师要监测从材料、设备订货到材料、设备到达现场的全过程，及时掌握动态，分析是否存在潜在的问题。

(2)采取有效措施保证急需物资的供应。监理工程师对可能导致建筑工程拖延的急需材料、设备采取有效措施，促使其及时运到施工现场。

(3)审查和签署物资供应情况分析报告。在物资供应过程中，监理工程师要审查和签署物资供应单位的材料、设备供应情况分析报告。

(4)协调各有关单位的关系。在物资供应过程中，由于某些干扰因素的影响，要进行有关计划的调整。监理工程师要协调涉及的建设、设计、材料供应和施工等单位之间的关系。

复习思考题

7-1 确定物资供应进度目标时应考虑哪些问题？

7-2 物资供应计划按其内容和用途，可划分为哪几种？

7-3 物资供应出现拖延时，应采取哪些处理措施？

7-4 监理工程师控制物资供应进度的工作内容包括哪些？

学习单元8　建筑工程进度控制的计算机系统

【学习目标】

通过本单元的学习，了解计算机辅助建筑工程进度控制的必要性，能够利用计算机等辅助设备对建筑工程进度进行分析，并能够合理地对施工进度进行控制。本单元学习重点是计算机辅助项目进度控制系统的应用。

现代建筑工程项目具有规模巨大、组成结构日趋复杂的特点，监理工程师在项目进度计划的执行过程中，需收集和处理大量的进度信息资料，以随时掌握进度的动态趋势，对进度出现的偏差进行及时的分析和调整，提出合理的修改措施，以保证各进度目标的实现。项目管理软件可以快速精确地处理海量数据，提供精美的报表，处理效率高，可实现数据共享，所以应用项目管理软件进行工程建设的控制和管理是非常必要的。

8.1　计算机辅助项目进度控制的特点和必要性

8.1.1　计算机辅助项目进度控制的特点

应用计算机辅助项目管理软件对工程建设进行控制和管理是非常合适有效的，因为计算机具有两大用途：一是进行复杂的科学计算，其特点是输入大量信息，通过计算机处理，得到要求的少量结果；二是进行辅助管理，其特点是输入少量信息，通过计算机处理，得到大量有用的结果。而项目进度控制的两大主要工作亦即大量的计算（如时间参数的计算）和协调管理（如及时地调整计划）。计算机辅助项目进度控制的有效性还在于计算机可以集中存储大量的信息，可以产生多种信息，可以准确、快速地处理信息。

计算机技术在工程建设行业应用的根本目的在于通过利用先进的计算机技术，建立与之相适应的建筑工程管理模式，实现工程建设项目管理全方位和全过程的信息化，从而提高建设和管理的效率，进而提高整个行业的竞争力。目前，信息技术在工程建设行业的应用，呈现以下几个特点：

（1）标准化。工程建设行业两大国际标准（行业基准分类标准 IFC：Industry Foundation Classes 和产业模型信息交换标准 STEP：Standard for The Ex-change of Product Model Data）的出台和广泛采用，进一步推动了工程建设行业的计算机应用。

（2）集成化。基于工程建设全过程和全方位管理的需要，工程建设行业的软件逐渐从独立系统向集成系统发展。

（3）网络化。将工程建设全过程信息管理基于互联网甚至卫星通信技术集成，可实现信息共享。

（4）虚拟化。就是工程建设全过程的数字化。

8.1.2 计算机辅助项目进度控制的必要性

大中型工程项目,尤其是水利枢纽工程项目规模宏大,准备工作包罗万象,导流工程独具特色,机电工程博大精深,工期长、投资大,进度控制受到社会、经济、地质、水文、气象等多方面条件的制约和影响。要搞好进度控制,需做大量的计划编制、优化、实施、检查和调整工作,而这些工作用人工办法是很难完成的,甚至是说不可能做到的。为此,借助计算机进行辅助项目进度控制势在必行。

计算机辅助工程网络计划编制的优势如下:

(1)解决工程网络计划计算量大,而手工计算难以承担的困难;

(2)确保工程网络计划计算的准确性;

(3)有利于工程网络计划及时调整;

(4)有利于编制资源需求计划等。

8.2 计算机辅助项目进度控制系统

8.2.1 计算机辅助项目进度控制的系统过程

利用计算机来辅助项目的进度控制就是将大量的进度控制工作交给计算机来完成,以提高项目进度控制的综合效益。事实上,项目进度控制实现计算机化,其效益非常显著。因为项目进度控制主要以网络计算技术为基础来进行进度计划的编制、优化、检查、分析和调整。进度控制是一个动态编制和调整计划的过程,初始的进度计划和在项目实施过程中不断调整的计划,以及与进度控制有关的信息应尽可能对项目各参与方透明,以便各方为实现项目的进度目标协同工作。为使业主方各工作部门和项目各参与方便捷地获取进度信息,可利用项目专用网站作为基于网络的信息处理平台辅助进度控制。图 8-1表示了项目专用网站提供的各种进度信息。

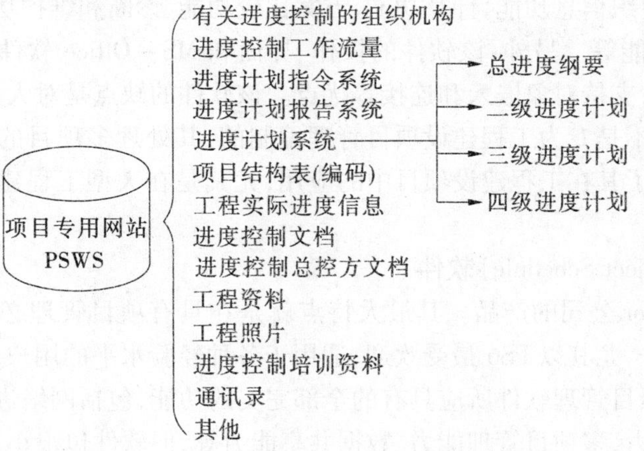

图 8-1 项目专用网站提供的信息

8.2.2 项目进度控制软件的选择

在工程项目管理中,需要应用大量的实用软件,包括文字处理类软件、电子表格类软件、数据库管理类软件、图形处理及绘图类软件,甚至包括动画处理类软件、多媒体类软件等,但是,最贴近工程建设实际的还是工程项目管理类软件。用户在选择购买应用项目管理软件时,应进行必要的规划,首先考虑自己需要实现的功能,如网络处理功能,需要考虑:能处理的网络模型(单代号、双代号、不确定性网络),网络数据输入的便利性,最大的处理作业能力,多项目的管理能力,网络分解能力等。尚需考虑的功能还包括资源处理能力、成本管理能力、报表管理能力、与其他软件的兼容性等,再考虑操作方便性、价格、售后服务、硬件要求等。另外,应考虑自己的资金准备情况,是委托开发自己专用的软件还是购买通用软件,软件与现有的管理信息系统的数据共享和信息交换性等。

下面介绍几个常用的软件。

8.2.2.1 P3 软件

P3 是 Primavera Project Planner 软件的简称,该软件是由美国 Primavera 公司组织专门从事工程项目管理的人员,为工程管理人员编制的对工程进度、投资和质量进行管理的软件,可以满足在复杂的工程环境中进行项目管理的需要。该软件对工程进度和投资进行直接管理与控制,并把工程质量满足相关技术规范、规定的要求作为基础和隐性条件。该软件已在我国的大型水利水电工程、路桥工程、大型工厂、市政工程等工程实践中获得了成功的应用。

8.2.2.2 MS - Project 系统

该软件是由美国微软(Microsoft)公司推出的项目计划和管理软件,其设计的基本思想是:假设有许多用户其专业并不是项目管理,但又经常用到项目管理所提供的进度计划、资源安排和成本计算的工具。由于基于这样的思想,该项目管理软件是在一般项目管理中应用最广的专业软件。

随着用户需求的增长和操作系统改版,该软件也不断地升级改版。目前,该软件的功能主要有编著和组织信息功能、计算功能、方案比较功能、诊断和维护功能、共享项目信息功能、跟踪作业功能等。另外,该软件的操作、界面和 MS - Office 软件类似,菜单与其兼容;有可编程接口;支持对象嵌入和连接等优点。该软件的缺点是对大型工程项目的适用性差,毕竟该软件不是专为工程建设项目管理编制的,其处理多项目的能力欠缺,计划优化能力不足,影响了其在工程建设项目中的应用,尤其是在大型工程建设项目中,其应用较少。

8.2.2.3 PS (Project Schedule)软件

该软件是 Scitor 公司的产品。其最大特点就是在具有项目管理必要功能的同时,操作方便、价格较低。尤其以 PS6 最受欢迎,适用于各种经验水平的用户。

该软件具有项目管理软件所应具有的全部完美的功能,包括网络进度计划能力、资源管理能力、报表能力、多项目管理能力、数据共享能力等,但软件包很小,易于安装和维护。软件界面整洁友好,操作方便,有经验的项目管理人员或初学者都可以体会到该软件尽可能地反映了实际作业的需要,很实用。

该软件的缺点是没有向用户提供引导帮助，不支持动态数据交换（OLE）、编程语言，网络处理能力较差。

8.2.2.4 SureTrak Project Management 软件

该软件是 Primavera 公司的产品。其除具有项目管理相应功能外，界面特别友好，操作方便。该软件允许用户采用不同的方式组织数据，还支持类似于文章章节结构及编号的概要功能，一般的文字处理软件和 MS - Project 都有此功能，有利于快速输入数据，还具有局部网络功能（Fragnet），同时支持 CPM 和 PERT，可处理 10 种外加时间约束、7 种类型作业、作业日历等。在所有的功能中，该软件最享有盛誉的是用户界面和用不同方式组织数据的能力。该软件的缺点是不支持多项目管理，数据接口功能不够好。

8.2.2.5 Project Workbench——PMW 软件

该软件是应用商业技术公司——ABT 的产品。其简单易用，只要了解您的项目，就可以在很短时间内学会使用该软件。它包括了项目管理所需要的各种功能，比如：项目计划、进度安排、资源定义与分配、项目跟踪和分析等，并支持多项目管理。该软件主要用于商业项目的管理，在工程项目管理中应用较少。

8.3 计算机辅助项目进度控制系统的应用

计算机辅助项目进度控制系统是由人、计算机组成，进行项目进度计划的编制，数据的收集、处理、存储以及进度调整的人—机系统。它的应用，不仅仅是一个计算机软件应用的技术问题，还涉及项目管理的体制和同项目有关的单位、个人等多方面因素，其应用的成功与否，与外部环境条件密切相关。项目进度控制系统的应用，实质上是一套科学的项目进度控制思想、方法和手段的应用。

项目进度控制系统的应用范围是非常广泛的，从使用者来看，它不仅可以用做建设单位（或监理单位）的项目进度控制，而且还可以用做各不同承包单位的进度控制（如设计单位、施工单位）；从项目实施阶段来看，它不仅适用于施工阶段的进度控制，而且还适用于其他各阶段，如设计阶段、施工招投标阶段的进度控制；从项目的不同层次分解来看，它不仅适用于低层次如施工实施性进度的控制，而且还适用于高层次如项目总进度、施工总进度的控制。

8.3.1 P3 软件的功能

（1）能同时管理多个工程；

（2）能有效控制大型、复杂项目；

（3）能处理大时间跨度、繁杂和多日历的工程；

（4）可连接企业信息系统，能与大量软件进行数据交换；

（5）能使它的数据与整个公司的信息相结合，支持 ODBC，通过与本公司其他系列产品结合来支持数据采集、数据存储和风险分析；

（6）具有丰富、直观的图形接口，可以快速地编排任何大型和复杂工程的进度与资源计划。

8.3.2 P3 软件的应用

谈及专业的项目管理软件，首推 P3 软件。据对国际工程建设管理领域的调查分析，P3 软件是应用最广、最优秀的工程管理系统。下面将简单介绍一下 P3 软件的应用程序。

8.3.2.1 **流程图**

P3 软件的应用流程如图 8-2 所示。

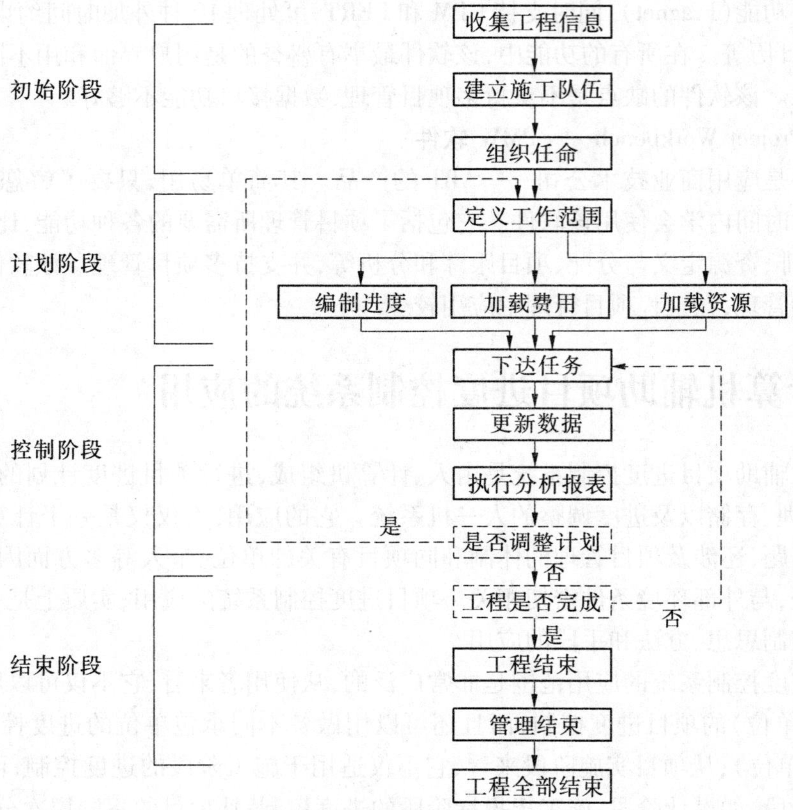

图 8-2 P3 软件应用流程

8.3.2.2 **启动 P3 应用程序**

1. *启动流程*

启动 P3 流程如图 8-3 所示。

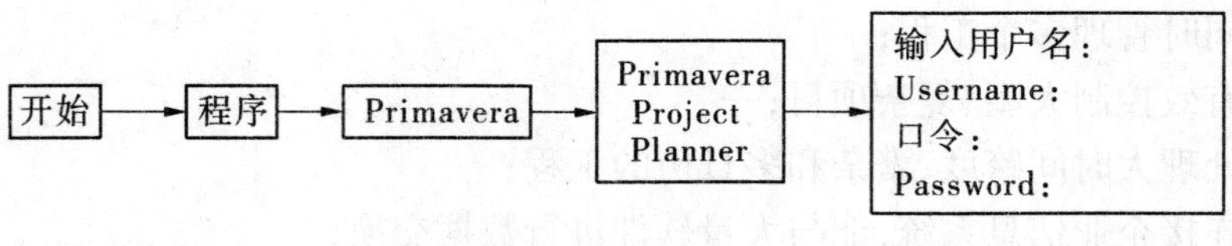

图 8-3 启动 P3 流程

2. 文件菜单

文件菜单见图 8-4。

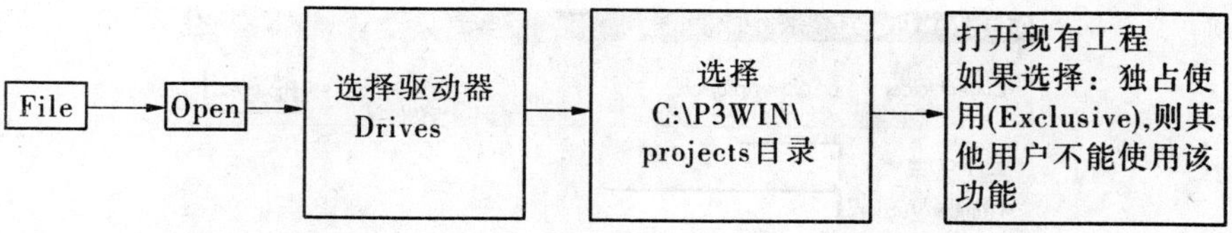

图 8-4　文件菜单

8.3.2.3　建立工程和编码结构

1. 初始工程设置

工程组是自身的作业和若干个子工程的集合工程,也叫主工程。

使用工程组可以简化多个工程的管理,便于在不同的工程级别汇总和组织数据。为了确保各工程组之间数据的一致性,需要统一以下数据:

(1)日历;

(2)作业分类码;

(3)WBS;

(4)资源编码;

(5)费用科目自定义数据项目。

2. 创建工程

创建工程菜单见图 8-5,创建工程界面见图 8-6。

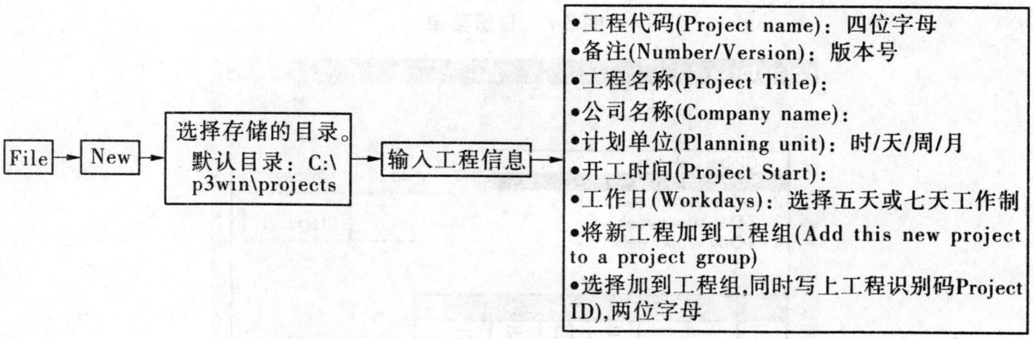

图 8-5　创建工程菜单

3. 编码

1)日历

对于业主,需要统一日历代码,如:编号 1 为五天工作制,编号 2 为七天工作制,再分别给每个承包商单独的两个日历编码,以便他们使用。日历菜单见图 8-7,日历界面见图 8-8。

2)作业分类码

作业分类码界面见图 8-9。

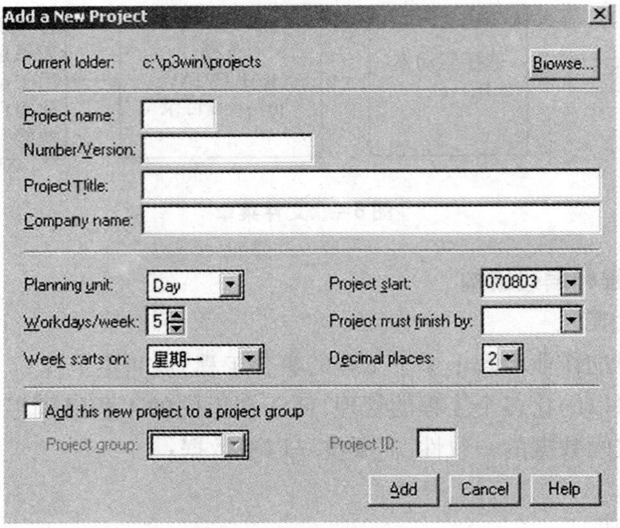

图 8-6　创建工程界面

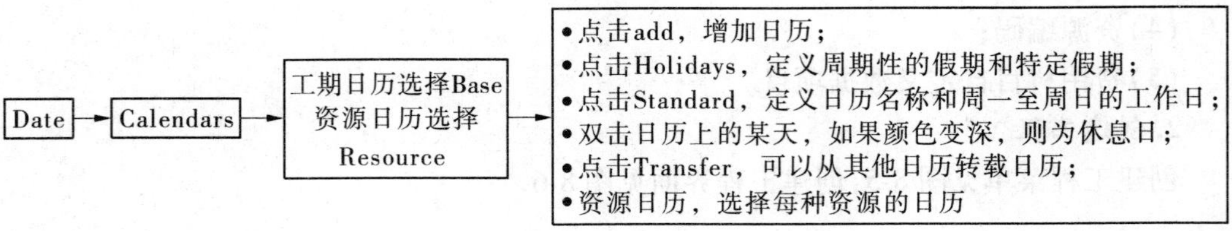

图 8-7　日历菜单

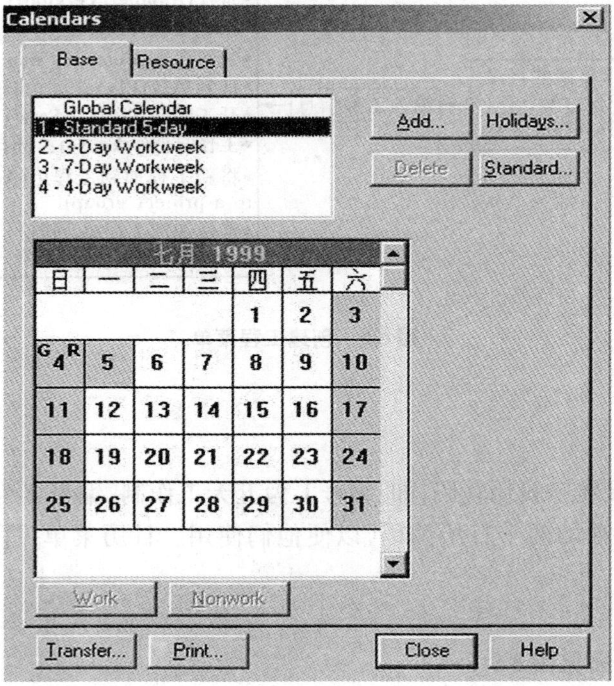

图 8-8　日历界面

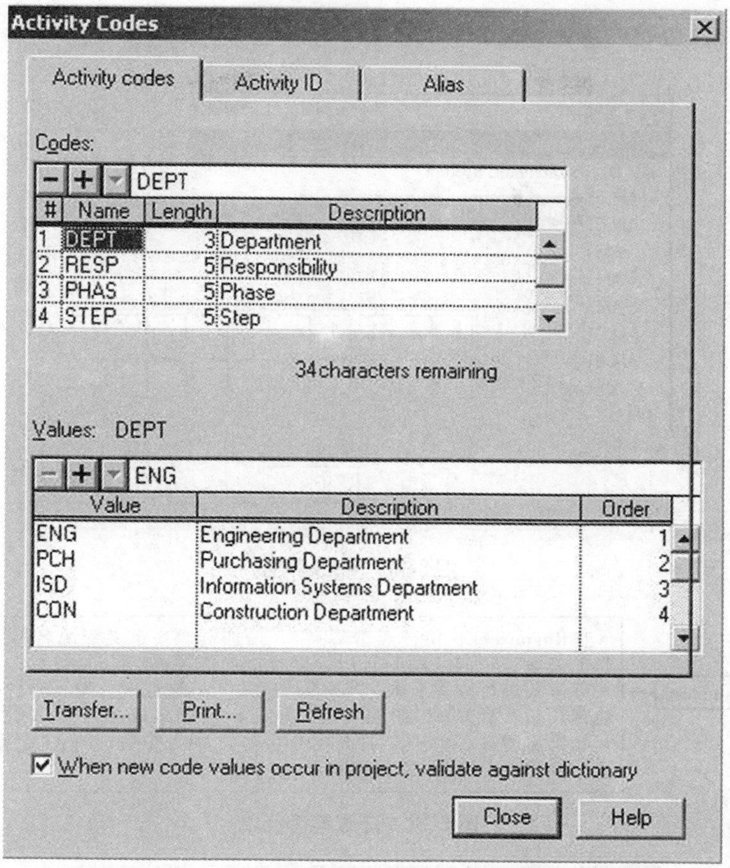

图 8-9　作业分类码界面

3) WBS

WBS 的划分,通常按照工程实体和项目阶段划分两种方式,每个项目可以依据项目具体情况进行划分,但是只有标准统一,才有利于汇总承包商的数据和相关信息。WBS 菜单和界面分别见图 8-10 和图 8-11。

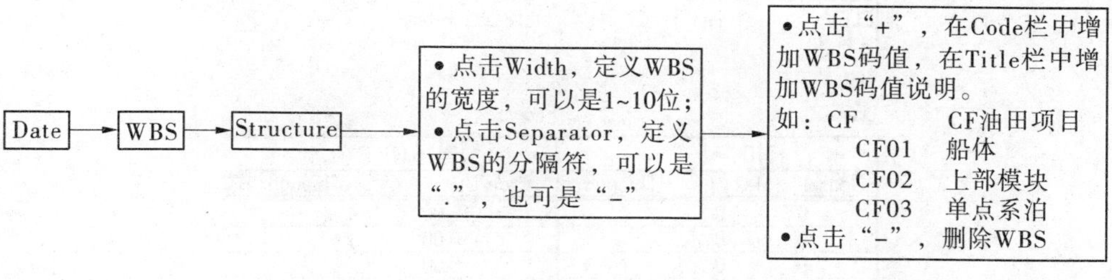

图 8-10　WBS 菜单

WBS 编码还可以从其他项目中转载,如果项目比较相似,那么可以直接转载。

4) 资源编码

资源编码菜单和界面分别见图 8-12 和图 8-13。

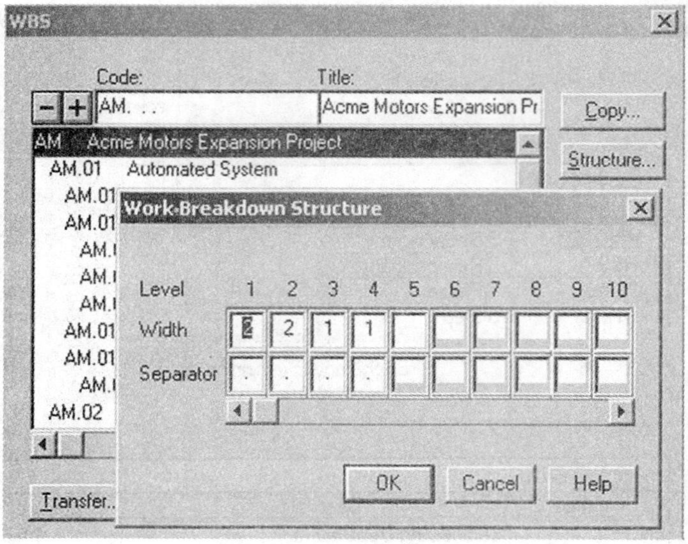

图 8-11　WBS 界面

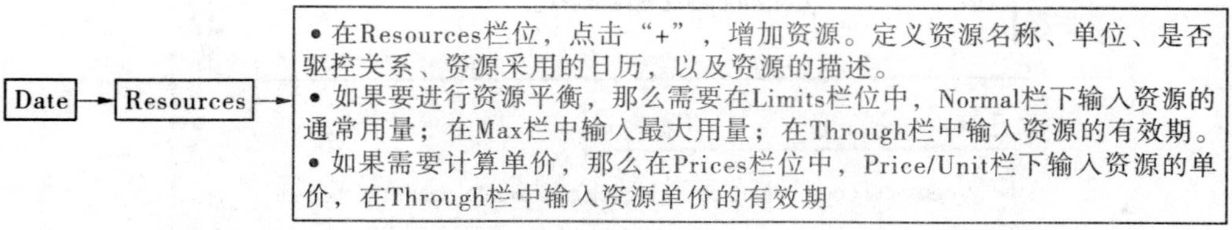

图 8-12　资源编码菜单

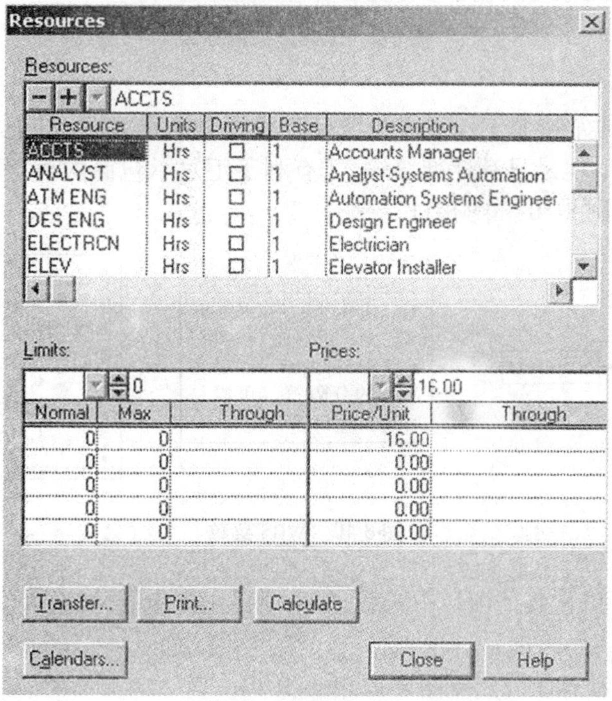

图 8-13　资源编码界面

8.3.2.4 建立进度

1. 编写作业清单

根据以往项目经验和项目工作范围，编写作业清单，包括作业编码、作业说明、作业工期。增加作业步骤见图 8-14。

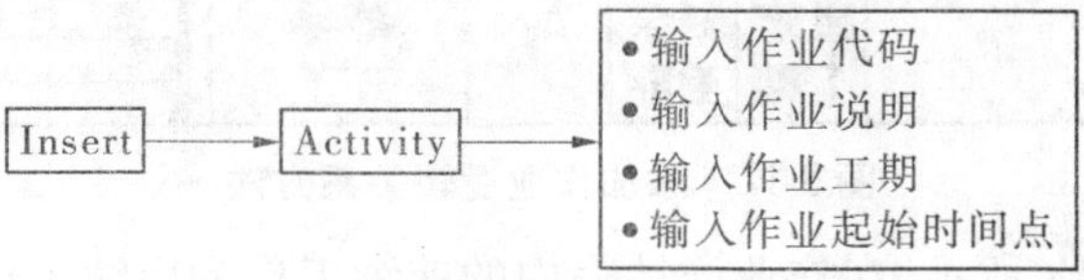

图 8-14 增加作业步骤

增加作业的方法有两种。方法一：如图 8-15 所示，直接点击“Insert”按钮。方法二：直接在作业详情表中增加作业的详细信息，如图 8-16 所示。F7 是打开作业详情表的快捷键。也可以在 View → Activity Form 中打开。

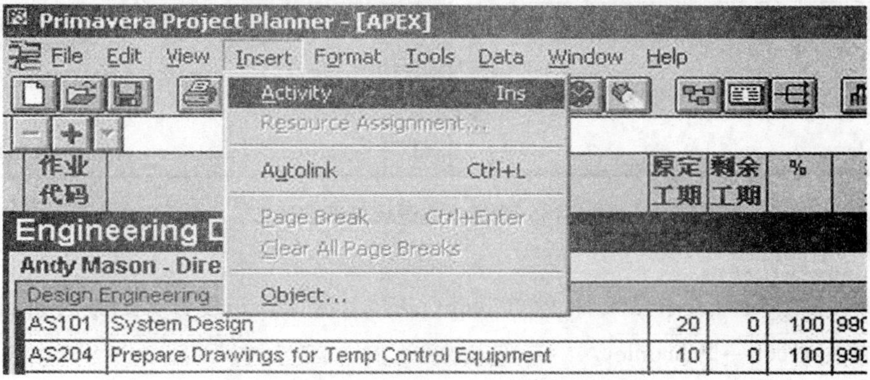

图 8-15 增加作业方法一

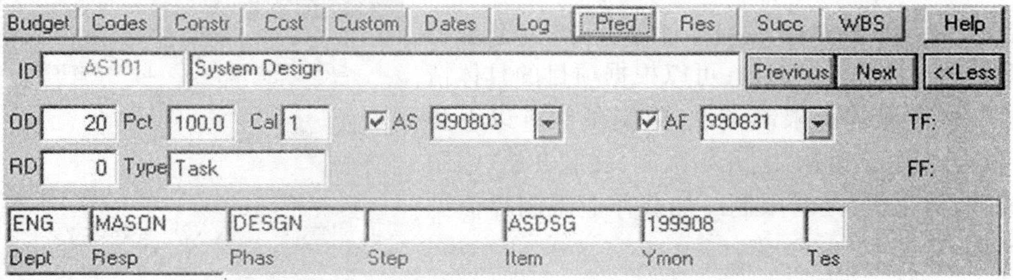

图 8-16 增加作业方法二

2. 添加作业逻辑关系

作业清单增加完成之后，需要给作业之间连接逻辑关系，以反映各项作业之间的工作顺序。添加作业逻辑关系有以下方法。

方法一：如图 8-17 所示，点击“Relationship Lines”按钮，就可以直接在横道图中添加关系线。

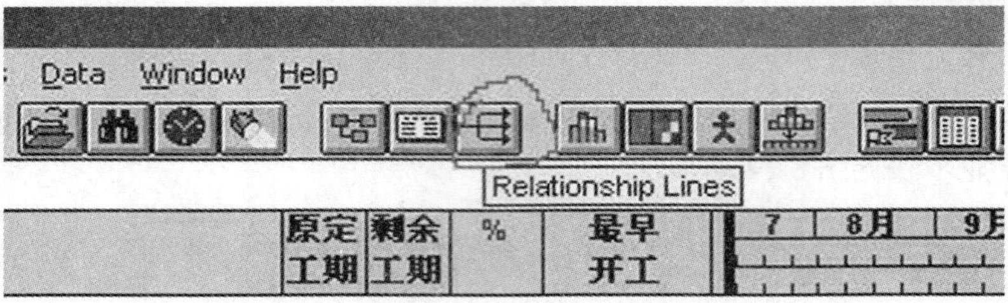

图 8-17　添加作业逻辑关系方法一

方法二：如图 8-18 所示，在作业详情表中的前续工作和后续工作中添加逻辑关系。

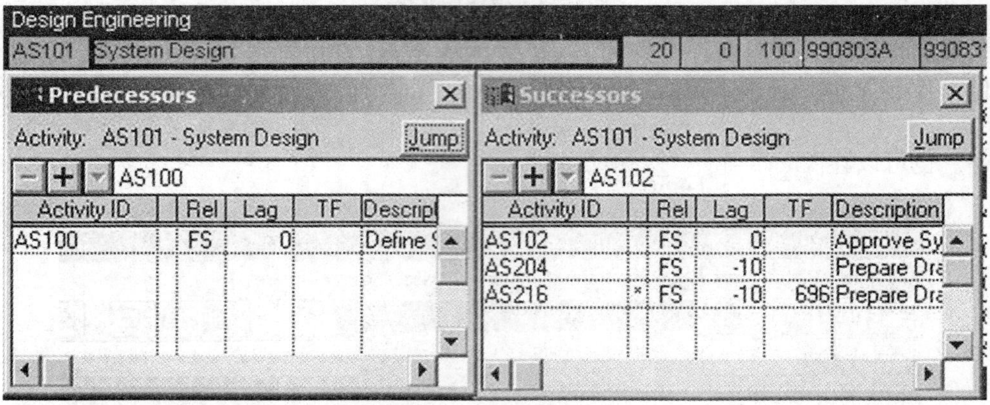

图 8-18　添加作业逻辑关系方法二

8.3.2.5　进度计算

增加作业和逻辑关系完成后，就可以进行进度计算了。进度计算的方法如下。

方法一：Tool→Schedule。

方法二：直接点击快捷键“F9”。

8.3.2.6　加载作业限制

进度计算之后，P3 会自动计算出每一项作业的四个时间参数和浮动时间，可以根据项目的具体情况给一些作业加上限制条件，限制条件有以下类型：最早限制、最晚限制、开始限制、强制开始、强制完成、期望完成、浮时限制。加载作业限制界面见图 8-19。

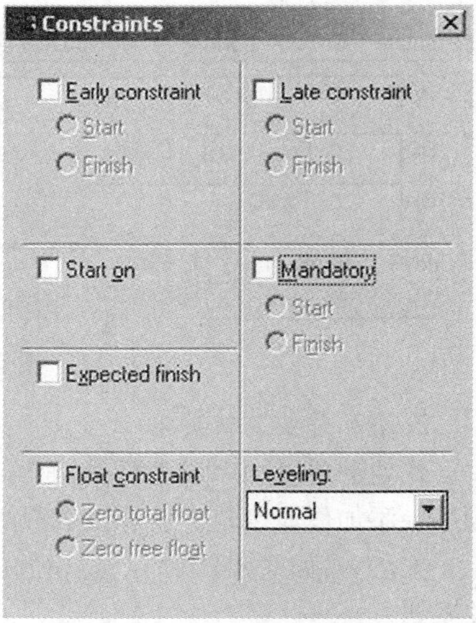

图 8-19　加载作业限制

8.3.2.7　自定义视图

P3 的数据都存储在数据库里，我们可以通过组织视图的方式来整理所需要的视图。

8.3.2.8　其他程序

除上述应用程序外，P3 软件还包括资源和费用管理、建立目标计划、更新现行进度等功能。

复习思考题

8-1　计算机辅助项目进度控制的主要特点是什么？

8-2　为什么要利用计算机进行项目的进度控制？

8-3　简述计算机辅助项目进度控制的一般程序。

参考文献

[1] 全国监理工程师培训教材编写委员会. 工程建设进度控制[M]. 北京:中国建筑工业出版社,2008.

[2] 赖少武,曹晓岩. 公路工程施工进度控制[M]. 北京:人民交通出版社,2000.

[3] 赵正印,张迪. 建筑施工组织设计与管理[M]. 郑州:黄河水利出版社,2003.

[4] 严薇. 土木工程施工项目管理与施工组织设计[M]. 北京:人民交通出版社,1999.

[5] 危道军. 建筑施工组织[M]. 北京:中国建筑工业出版社,2008.

[6] 中国建设监理协会. 建设工程进度控制[M]. 北京:中国建筑工业出版社,2010.

[7] 杨劲,李世蓉. 建设项目进度控制[M]. 北京:地震出版社,1997.

[8] 中国水利工程协会. 水利工程建设进度控制[M]. 北京:中国水利水电出版社,2007.